生态资本运营

Ecological Capital Operation

—— 生态涵养发展区走向生态文明的价值观和方法论

—— Values and Methodology Leading to **Ecological Civilization** in the Ecological Conservating & Developing Areas

王海滨○著

○ 认识生态价值的科学视角

Scientific Visual Angle to Understand **Ecological Value**

○ 实现生态补偿的有效途径

Efficient Pathes to Realize **Ecological Compensation**

○ 建设生态文明的经典案例

Classical Cases on Ecological **Civilization Construction**

做出了生态上的贡献却得不到经济上的认可和回报，这是生态环境优良、经济发展落后的地区发展乏力的根本原因之一。在一个环境污染无国界的“地球村”时代，经济区的“一荣”未必能带来“共荣”，而生态区的“一损”却必定带来“俱损”。这是世界和各国要实现科学发展、构建和谐社会所必须明确地认识和坚守的理念。

中國農業大學出版社

ZHONGGUONONGYEDAXUE CHUBANSHE

前 言

人类文明史在走过了原始文明、农业文明、工业文明之后，出现了严重的生态危机。经过阵痛和反思，人类不得不携手走向一个崭新的文明——生态文明。

在很长的时期内，人们习惯地认为生态服务功能是天生的、没有价值的。马克思在分析价值的时候就举例说，因为水和空气当中没有凝结无差别的人类劳动所以没有价值。西方经济学认为稀缺产生价值，在水和大气污染越来越严重的今天，越来越多的人开始认识到，过去“无价”的水和空气已经变得“无价”的宝贵。可对生态系统服务价值意识上的认同无法使其经济价值自动实现。在现有的理论体系及由此派生的政策体制框架下，资源和环境等生态要素无法以一种应有的形态进入市场，结果导致人类在愈发重要却愈发脆弱的大自然面前愈发的彷徨失措。

中国政府推进生态文明建设面临三种困境：①现行的行政体系容易割裂经济发展与环境保护之间的内在联系，甚至有时会把二者对立起来。有些地方会简单地认为经济发展是环境破坏的根源，有些地方则会简单地认为环境保护是经济发展的制约。②各级政府生态环境建设的政策和措施普遍在制止环境破坏方面比较有效，而在激励环境保护方面的作用和能力很有限。③由于缺乏成型的理论系统和可借鉴的案例，各地生态文明建设工作出现了各式各样的“形式主义”和“掩耳盗铃”的现象。

在人类共同迈入生态文明的时候，在中国要实现全面协调可持续发展的时候，我们迫切需要建立和完善基于生态的价值观和方法论。

本书是作者八年理论研究和四年工作实践的结果，其主要内容以作者的博士学位论文《生态资本及其运营的理论与实践》和博士后研究报告《都市水源区生态补偿机制与政策研究》为基础，吸收融合了作者主持的北京市科委重大课题“密云地区生态价值评估与生态补偿研究”和与哈佛大学合作开展的“密云水库生态系统服务价值评估”的研究成果，特别结合了密云县从创建国家生态县到建设全国生态文明试点的发展实践。

随着生态文明时代的到来，优良的生态环境越来越“值钱”，而拥有这样宝贝的人却因为其很难“变现”而依然贫困。密云是北京唯一的地表饮用水源基地，生态环境在京津冀地区首屈一指，北京城里人很喜欢享受密云的阳光、空气和水，可密云却是北京这个繁华大都市中“相对贫困的孤岛”。为向密云这类自然生态环境优良、经济社会发展落后的区域提供一套理直气壮地把“值钱”的生态环境有效“变现”的理论和一个现实的案例，就是作者撰写《生态资本运营》的初衷和目标。

自己深知，现在这点东西实在很难支撑“生态资本运营”这样的题目，之所以还勉为其难的把自己这几年的积累“攒”成这本书，是想抛砖引玉，以期得到学界诸位师长和同仁更多的批评和指教，以盼得到密云同类地区更多实践的校验和充实。

二〇〇九年五月四日

CONTENTS

目 录

认知篇 1

理论篇 99

认知篇

第一章　北京地表水源区的生态价值
第二章　北京地表水源区建设的历史代价和现实困境
第三章　生态文明相关概念和理论的再认识

——优良的生态环境是一种“资本”，它具有越来越多的市场需求和易于货币化的特征，它可以支持优质食品生产、休闲娱乐等，而这些活动都可以实现很好的经济价值。这个从自然资本出发，又超越了自然资本的生态环境质量，作者将其命名为“生态资本”。生态资本的概念有益于帮助生态脆弱地区、农村落后地区实现经济和生态双赢。

——1997 年，R. Costanza 在 *Nature* 杂志上发表文章，对全球生态系统的服务价值进行了测算。这篇文章的意义在于首次提出了全球生态系统的功能和服务并进行了赋值计算。但其测算的结果是缺乏说服力甚至是荒诞的。R. Costanza 以及至今的很多人都认为，当年全球 GNP18 万亿美元，而全球生态系统服务价值为 33 万亿美元，已经是非常多了。殊不知，不论他怎样赋值和采用任何计算方法，其结果也只是生态系统服务价值中能够进行产品转化的一小部分即货币价值。道理非常简单，全球生态系统提供的最重要的服务是生命支撑，从这个最基本的角度对生态系统服务价值进行计算，首先要对个体生命进行赋值，而到目前为止还没有以后也不可能会有一个大家接受的生命的价格。按照文中的结果进行倒推，1994 年全球 55.3 亿人，平均每人分得地球服务价值是 6 000 美元，但谁会认为自己的生命就值 6 000 美元呢！产生这一结果的根源在于混淆了生态资本的服务价值和货币价值。

第一章 北京地表水源区的生态价值

北京市水源保护区分为三类:一是地表水水源保护区,包括密云、官厅水库水源保护区,市域范围内保护区面积约 4 380 km^2。二是水源八厂与城市应急备用水源保护区,水源八厂水源地(含怀柔应急备用水源地)保护区(补给区)面积约 866 km^2,张坊、平谷应急备用水源保护区有关部门初步划定约 200 km^2。三是卫星城及村镇饮用地下水水源保护区,依据《北京市郊区卫星城、中心镇饮用水源保护规划》测算约 750 km^2(其中,与水源八厂保护区重叠 100 km^2)。

水源保护区的特点有三:一是相对集中,主要分布在密云、延庆、怀柔三个区县。密云县密云水库保护区面积 1 310.5 km^2,水源八厂补给区面积 530 km^2,共占全县总面积的 82.6%;延庆县水源保护区面积占总面积的 94.6%,怀柔区占 97.2%。所以,保护区政策对这三个区县经济社会发展影响巨大。二是区内经济发展水平相对较低,大部分乡镇产业以农业为主,限制性的保护措施对种养业影响很大。三是市区用水的供给主体,2004 年,郊区水源地为市区供水 8.9 亿 m^3,占市区用水总量的 73%。

密云县是北京面积最大、人口最多的远郊山区县,也是首都重要的饮用水源地。全县总面积 2 229.45 km^2,水源一、二、三级保护区共计 1 469 km^2,占全县总面积的 66%。全县有大中型水库 4 座,小型水库 20 座。其中,密云水库最大库容 43.75 亿 m^3,近 10 年平均蓄水量 26.3 亿 m^3,每年向北京市区供水 6 亿 m^3,是北京最主要的地表水源供应地,在首都可持续发展战略中具有重要的地位。密云水库周边地区是密云水库生态系统的重要组成部分,对水库水源的保护起着十分重要的作用。

密云县位于北京市东北部(东经 116°39′～117°30′,北纬 40°13′～

40°47′)，地处燕山山地与华北平原交接地，总面积 2 229 km^2，平均海拔 408 m，最高海拔 1 734 m。区域属于典型的暖温带半湿润季风型大陆性气候，年平均温度 9℃左右，常年≥10℃的积温为 3 385～4 210℃，年平均日照 2 801 h 左右，无霜期 176 d 左右，年降雨量 660 mm 左右，降水多集中在 6～8 月份，雨热同期，能够满足作物的生长需要。区内土壤以淋溶褐土为主，有少部分棕壤，地貌为以山地为主，山区面积占 79.5%，平原面积占 11.8%，水面面积占 8.7%，主要作物品种有玉米、花生、杂粮等。

密云县总人口 42.4 万人，其中农业人口 29.4 万人，占总人口数的 69.3%。全县土地使用面积 22.3 万 hm^2，山区面积 1 771.75 km^2，属于以农业为主的山区县份，俗称“八山一水一分田”。其中耕地面积 2.2 万 hm^2，林地 11 万 hm^2，牧草地 3 万 hm^2，水域 1.9 万 hm^2，其他用地 4.2 万 hm^2。2005 年国内生产总值 78.87 亿元，农民人均纯收入 7 200 元。

自从密云水库建成之后，全县一直高度重视环境保护和生态保育工作。多年来密云县大力推广农家肥，积极使用生物农药和物理方式来防治病虫害，加强生物病虫害的综合防治，限制使用化肥和农药。1998 年以来，重点加强了以保持水土和污染防治为主的小流域综合治理工作，效果显著。持续不断努力的结果换来了密云优质的环境。密云县环境状况优良，空气质量好，噪声污染小，生物多样性丰富，具有“北京郊野动物园”之称。在环境建设的同时，密云的生态农业、生态工业和生态旅游业也得到了较好的发展，近年密云获得了包括全国生态示范区、全国绿化模范县、全国林业生态县、国家级无公害蔬菜生产示范基地县、全国首个绿色经济产业园区和示范基地、2007 中国最佳生态旅游县等三十余项荣誉和称号。

第一节　密云县生态环境质量概况

一、环境质量优良

1. 环境质量整体评价

密云县当前环境状况优良，森林、水、大气等资源与环境状态良好。在水环境方面，2004 年检测表明，密云水库上游主要河流中除总铁超标外，其余各项污染物浓度年均值均符合国家《地表水环境质量标准》(GB 3838—2002)中规定的Ⅱ类水体标准。密云水库、三座中型水库以及密云水库—北京供水渠道密云段水质，检测结果年均值中除个别指标超标外，其余各项污染物浓度年均值均符合国家《地表水环境质量标准》(GB 3838—2002)中规定的Ⅱ类水体标准，其中密云水库和密云水库—北京供水渠道密云段水质符合饮用水源要求。

2004 年，密云县全县空气质量达到功能区标准；全年 API 指数小于 100 的天数占全年天数的比例为 68.3%。

密云县城声环境质量现状良好。2004 年，密云县城噪声功能区划定的一类区(居民文教功能区)噪声昼间均值为 54.2 分贝，二类区(居住、商业、工业混杂区)噪声昼间均值为 52.7 分贝，三类区(工业区)噪声昼间均值为 53.0 分贝，四类区(交通干线两侧环境)噪声昼间均值为 54.1 分贝。均符合国家《城市区域环境噪声标准》规定限值。

2. 生物多样性丰富

密云县野生植物较多，已知的有 110 科、394 属、772 种。主要科种有：卷柏科、木贼科、阴地蕨科、铁角蕨科、水龙骨科、松科、杨柳科、胡桃科、桦木科、榆科、桑科、豆科等。全县已知的野生动物有 11 纲、131 科，主要有狐、狼、蜥蜴、大天鹅、苍鹰、鸿雁、大山雀、黄鳝等。密云县珍稀濒危野生动物资源主要有 21 种，分属国家一、二级和北京市一、二级(表 1-1)，密云具有“北京郊野动物园”之称。

表 1-1　密云县珍稀濒危野生动物名录

序号	种名	级别	序号	种名	级别	序号	种名	级别
1	黑鹳	国家一级	8	灰鹤	国家二级	15	秃鹫	国家二级
2	白鹳	国家一级	9	大天鹅	国家二级	16	狐	市一级
3	大鸨	国家一级	10	鸳鸯	国家二级	17	貉	市一级
4	金雕	国家一级	11	勺鸡	国家二级	18	狼	市一级
5	金钱豹	国家一级	12	苍鹰	国家二级	19	野猪	市一级
6	斑羚	国家二级	13	雕鸮	国家二级	20	苍鹭	市二级
7	豺	国家二级	14	猎隼	国家二级	21	狍	市二级

注：据密云环保局。

3. 水土保持取得显著成绩

从 1998 年以来，密云县把小流域综合治理作为控制水土流失、保护密云水库饮用水源的重点工程来抓。以山、水、林、田、路统一规划，拦、蓄、灌、排、节综合治理为目标，实施治理高岭、太师屯、新城子等55条小流域，到2004年共完成治理水土流失面积1 069 km²，凡经过治理的小流域保土拦沙效益都在60％～70％，土壤侵蚀模数明显下降，已不存在强度以上侵蚀。石匣小流域治理示范区已成为全国水土保持及试验、示范、科研、教学和对外交流的窗口。水土保持工程不仅加快了首都绿色生态屏障和水源区环境建设，同时也改善了农民的生产、生活条件，产生了巨大的经济、生态和社会效益。

二、水源保护型生态产业快速发展

密云县近年来大力推广使用农家肥，加强了生物病虫害的综合预防措施，有效减少了病虫害的发生，同时积极寻求生物农药和物理方式来防治病虫害，使化肥、农药使用量呈不断下降趋势（表1-2）。农膜年使用总量变化不稳定，与当年农作物的主导品种有关，一般在种植地膜花生、玉米制种及早春玉米、甘薯等作物时使用地膜。另外，密云县在探索生物可降解地膜的应用方面做了一些尝试，环保效果很好。

表1-2　1995—2003年密云县化肥、农药和农膜施（使）用量　　t

年份	氮肥	磷肥	钾肥	复合肥	化肥合计	农药	农膜
1995	32 906	3 820	1 351	4 349	42 426	312	248
1996	32 528	5 587	362	4 166	42 643	343	420
1997	34 337	4 361	474	6 075	45 247	347	229
1998	33 198	3 531	337	811	45 177	317	254
1999	35 031	3 403	569	9 514	48 517	306	254
2000	28 874	2 590	426	8 720	40 610	332	325
2001	22 653	2 489	378	7 071	32 591	203	362
2002	17 125	12 016	680	6 814	26 635	207	348
2003	12 018	1 440	443	5 892	19 793	123.5	204

注：据密云统计年鉴。

2001年密云县依托良好的生态环境，被农业部确定为创建全国百家无公害蔬菜生产示范基地县之一。2002年县政府、县农委、种植中心、各菜田基地乡镇全力以赴投入创建工作，密云县以设施菜田为重点，在河南寨等6个乡镇建立了5 000亩[①]无公害蔬菜生产示范基

①1亩≈0.066 7 hm²，全文同。

地，综合应用配套的无公害蔬菜生产技术，辐射带动全县10万亩菜田无公害生产。2002年9月通过农业部验收，并荣获“国家级无公害蔬菜生产示范基地县”称号。

在生物防治病虫害技术方面，特别是赤眼蜂防治农林害虫技术是密云县种植业近几十年来的较为突出的技术成果，从1977年开始至今已累计繁蜂2 100亿头，防治农林害虫面积1 050万亩次，在全国首创了在一个县连续28年防治二代玉米螟不用化学农药的先例，并不断向果树、蔬菜、经济作物、花卉、绿化植物拓展，累计减少农药用量3 300余t，省工600余万个，挽回产量损失2.62亿kg。同时因降低了化学农药的使用次数与总量使农产品的品质与产量得到明显提高，增加了农民收入，促进了种植业的可持续发展。

此外，近几年还充分利用了瓢虫、草蛉、肿腿蜂等天敌；引进了百草1号、蜡蚧轮枝菌、厚孢轮枝菌、多抗霉素、农抗120、浏阳霉素、护卫鸟、白僵菌、Bt等生物农药。

第二节　密云县生态系统服务价值核算

本节试图在前人研究的基础上，对密云森林、土地和水资源生态系统的服务价值进行核算。由于清洁的大气环境是森林生态系统服务的结果，因此不再单独核算大气的服务价值。在计算时，所用到的单位服务价值多为前人的研究成果，用相对静态的数值对密云生态系统进行动态衡量，所以得出的密云生态系统的服务价值仅是一个大概的估计数值，但是考虑到生态系统服务价值的复杂性、变化性及人们的认识程度高低，这种估计也具有较强的参考意义。

在核算中，只挑选那些对人类有使用价值、能够有潜力进行生态资本经营和价值转化的服务价值进行核算，而一些目前没有潜力转化的服务价值不进行核算。例如森林的养分循环功能、土壤形成功能和废物处理功能；密云水库水资源的娱乐文化价值；土地生态系统的水源涵养功能和生物多样性保护价值等等。

本研究的目的是在目前的发展状况和人们的认识水平下，对生态系统的服务价值及其之间的相互关系有一个大概的估计，并预测下一步能够进行用于经营的生态服务功能潜力，为相关发展政策的制定以及生态补偿等问题提供一个较为科学的计算基础。

在计算生态服务价值时，采用以下计算公式：

$$V = \sum_{i=1}^{n} \sum_{j=1}^{m} P_{ij} \times W_i$$

式中，V 是生态系统服务价值；i 是“生态—经济—社会”复合系统中生态环境质量要素的总体数量，本研究中密云县复合生态系统可以分为森林、水、耕地 3 大要素，即 $i=3$；而在计算森林生态系统服务价值时，包括针叶林、阔叶林、针阔混交林以及灌木林，$i=4$；j 是第 i 种组分的生态服务的种类。P_{ij} 是第 i 种组分的第 j 种服务的单位价值，可能是单位面积、重量或体积，这个服务价值一般引用前人研究中被广泛认同的标准，并根据密云县的具体情况进行相应调整，如根据物价指数变化对价格进行调整；W_i 是第 i 种组分的总面积、体积或重量。

一、密云县森林生态系统服务价值计算

密云县多年来按照市委市政府的要求，高举“保水、富民”的战略旗帜，以水源保护为中心，以小流域为单元，在水库上游大力开展小流域综合治理工程建设，在水土保持生态环境建设方面取得了丰硕的成果。目前，已在水库周边地区营造生态防护林、生态经济林 137 万亩，修建各类水土保持工程 6 000 多座(处)，全县六成以上的小流域得到初步治理。森林覆盖率为 60.3%，大大改善了水库周围的生态环境。

在计算森林生态系统服务价值时，采用以下计算公式：

$$V = \sum_{i=1}^{n} \sum_{j=1}^{m} P_{ij} \times W_i$$

式中，V 是森林生态系统服务价值；i 是森林的组分，包括针叶林、阔叶林、针阔混交林以及灌木林，即 $i=4$。j 是第 i 种组分的生态服务的种类，包括提供产品功能、净化和改善大气环境功能、保持土壤功能、保持水资源功能、生物多样性价值和娱乐文化价值，即 $j=6$。P_{ij} 是第 i 种组分的第 j 种服务的单位价值。W_i 是第 i 种组分的总面积和体积。

密云森林面积及分布见表 1-3 和图 1-1，从图 1-1 可以更明显的看出，密云的森林覆盖率的增长情况。

表 1-3　密云历年森林面积　　hm²

年份	林地面积				灌木林地面积
	总计	针叶	阔叶	针阔混交	
1995	97 457.0	41 992.0	55 465.0	—	19 507.0
1999	104 053.8	38 500.5	54 087.7	11 465.6	24 753.7
2004	118 732.6	39 691.5	97 606.0	21 126.6	28 265.8

注：数据来自密云林业局，果树面积包括在林地面积内。

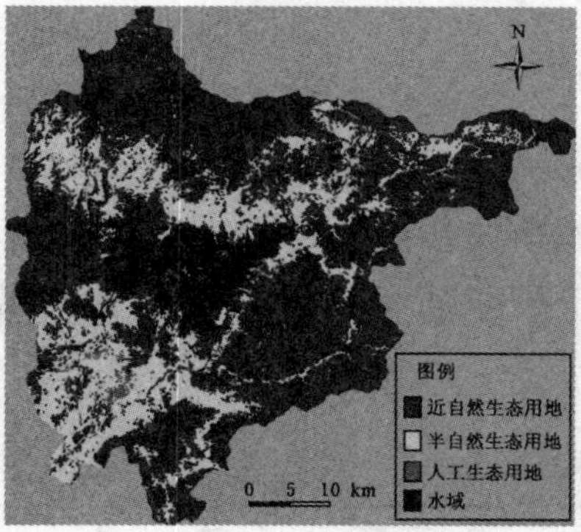

1988 年

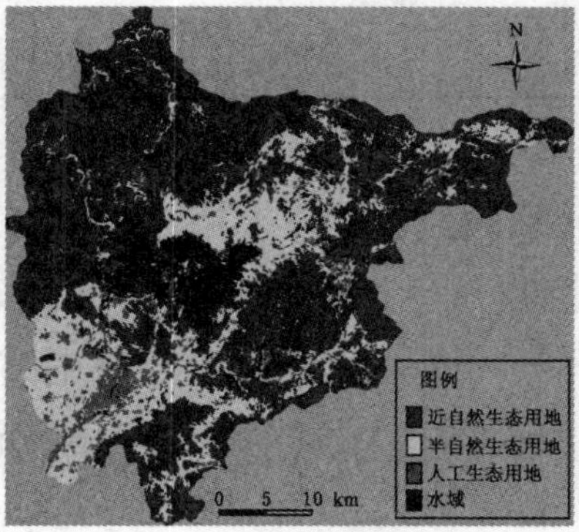

2002 年

图 1-1　1998 年和 2002 年的密云县域用地遥感解析

1. 森林年提供产品的服务价值

森林提供的产品包括林木、野生食物、果品等产品。

参考谢高地等(2003)在对国内 200 位生态学家进行问卷调查基础上形成的数据(表 1-4)，森林每年每公顷提供食物的价值为 88.5 元，得出森林的食物生产价值。而提供林木的价值则按照蓄积量和单位价格得到，2002 年北京每立方米木材价格 240 元(余新晓等，2002)，按照价格指数对其进行调整得到每年的实际价格(刘志雄等，2005)，从而得出每年的林木蓄积总价值(表 1-5)。果品价值按照统计年鉴历年的现值进行汇总。

表 1-4　中国陆地森林系统单位面积生态服务价值　　元/hm²

森林服务	气体调节	气候调节	水源涵养	土壤形成与保护	废物处理	生物多样性保护	食物生产	原材料	娱乐文化
价值	3 097	2 389.1	2 831.5	3 450.9	1 159.2	2 884.6	88.5	2 300.6	1 132.6

注：谢高地等，2003。

表 1-5　森林年提供产品服务价值　　m^3,万元/年

年份	林木总蓄积量	林木价值	食物生产价值	果业产值	总计
1995	885 531	25 081.28	1 035.13	6 484.7	32 601.11
1999	1 393 257	33 095.91	1 139.95	4 215.6	38 451.46
2004	2 118 235.7	54 532.10	1 152.84	7 011.6	62 696.54

注:表中 2004 年果业产值数据用 2003 年数据代替。

2. 森林对大气的改善和净化价值

(1)森林固定二氧化碳的服务价值

要计算森林的固碳释氧价值,首先需要计算森林的净生产力。

根据宋如华(2003)测算,北京市林木单位蓄积量为 24.61 m^3/hm^2,由此得出蓄积量后按照 0.6 的比例(树干干物质生长量占树木蓄积量的比重)计算森林净生产力。

表 1-6　密云森林净生产力　　t/(hm^2·年)

年份	林地	灌木林地
1995	1 439 050	288 040.36
1999	1 536 458	365 513.13
2004	1 753 206	417 372.80

注:根据蓄积量计算。

森林固定二氧化碳的服务价值计算,根据光合作用法计算 CO_2 吸收量。根据光合作用化学反应式,植物每生产 1 单位的干物质,就会固定 1.63 单位的 CO_2,产生 1.2 单位的 O_2。由此得出森林对 CO_2 的固定量。固定二氧化碳的价值,按照我国造林成本法 260.92 元/t 碳(欧阳志云等,1999)计算(表 1-7)。

(2)森林释放氧气的服务价值

利用光合作用法,植物每生产 1 单位的干物质,就会产生 1.2 单位的 O_2。释放氧气的成本按照造林成本法 352.93 元/t(欧阳志云等,1999)计算,得表 1-8。

(3)森林净化空气的服务价值

森林具有强烈的吸收能力。对二氧化硫的吸收能力为:针叶林、柏类和杉类等平均为 215.6 kg/hm^2,阔叶树为 88.65 kg/hm^2(欧阳志云等,1999)。按照密云针叶林∶阔叶林=3∶7 的比例进行计算,SO_2 处理成本按照 600 元/t 计算,密云森林年吸收 SO_2 的服务价值见表 1-9。

表 1-7　密云森林年 CO_2 的固定量和服务价值

t/年，万元/年

年份	林地								灌木林地		服务价值总计
	总计		针叶		阔叶		针阔混交				
	量	值	量	值	量	值	量	值	量	值	
1995	2 345 652	60 946.07	1 010 688	7 192.05	1 334 964	34 685.80	0	0.00	469 506	3 341.00	20 032.66
1999	2 504 427	65 071.47	926 652	6 594.06	1 301 814	33 824.49	275 961	1 963.74	595 786	4 239.62	22 061.12
2004	2 857 725	74 251.06	955 318	6 798.04	2 349 238	61 039.25	508 487	3 618.40	680 318	4 841.14	25 176.71

表 1-8　密云森林释氧服务价值计算

万元/年

年份	林地				灌木林地	总计
	总计	针叶	阔叶	针阔混交		
1995	60 946.07	26 260.27	34 685.80	0.00	12 198.97	73 145.04
1999	65 071.47	24 076.82	33 824.49	7 170.17	15 480.07	80 551.54
2004	74 251.06	24 821.62	61 039.25	13 211.81	17 676.41	91 927.47

表 1-9　密云森林净化和改善大气服务价值

万元/年

年份	二氧化碳固定	释放氧气	吸收 SO_2	吸收 NO_x	滞尘价值	全局小计	调节小气候	总计
1995	20 032.66	73 145.04	889.41	94.04	33 876.17	128 037.32	4 921.13	132 958.45
1999	22 061.12	80 551.54	979.47	103.56	37 306.39	141 002.08	4 579.14	145 581.22
2004	25 176.71	91 927.47	1 117.79	118.19	42 575	160 915.16	5 382.07	166 297.23

森林对氮氧化物的吸收量参考宋如华(2003)的研究,按照每公顷森林年吸收 NO_x 6.0 kg/hm²,处理成本 1.34 元/kg 计算。结果见表 1-9。

森林滞尘能力,按照郑建华(1999)的研究,阔叶林滞尘能力 10.11 t/hm²,针叶林为 33.2 t/hm²。削减粉尘的成本按照 170 元/t 计算,结果见表 1-10。

表 1-10 森林净化空气的服务价值计算 hm²,万元

年份	森林面积	吸收 SO_2 价值	吸收 NO_x 价值	滞尘价值	总计
1995	116 964.0	889.41	94.04	33 876.17	34 859.61
1999	128 807.5	979.47	103.56	37 306.39	38 389.41
2004	146 998.4	1 117.79	118.19	42 575	43 810.98

(4)森林调节小气候的服务价值

森林的蒸发蒸腾、对风力的阻滞等作用,调节了农田小气候,改善和提高了第一性生产力,同时也有促进人们身体健康等作用。据不完全估计(郎奎建等,2000),每公顷林带的森林改善小气候的年效益为 361 元,经过价格调整后计算调节小气候的服务价值。

由此计算森林调节小气候的服务价值见表 1-11。

表 1-11 密云森林调节小气候的服务价值 万元

年份	1995	1999	2004
调节小气候的价值	4 921.13	4 579.14	5 382.07

(5)森林改善和净化空气的总价值

森林对二氧化碳的固定、对氧气的释放、对 SO_2 和 NO_x 的吸收,以及滞尘价值,属于全局性的生态服务,这些功能的原料不仅来自于密云,也来自于周围其他地区;同样它所产生的效益也对密云及周围地区产生有益的影响。而调节小气候则具有明显的本区域服务性质。因此将它们分类分别进行汇总,最后加和,得出密云森林总的净化和改善大气的价值。从表 1-9 中可以看出,密云森林净化空气的服务价值在不断增长,其中全局服务价值占总改善大气价值的 96%以上。

3. 森林保持土壤的服务价值计算

根据冯秀兰等(1998)的研究公式,$E_i = E_c \times C_i$,其中 E_i 指任一类型林地的土壤侵蚀量(t/(hm² · 年)),E_c 是刺槐林的平均土壤侵蚀量 0.855 9 t/(hm² · 年),C_i 指任一林地的地表径流产量与刺槐林的地

表径流产量之比值。本研究中采用加权平均值(根据针叶林∶阔叶林=3∶7得出,高成德等,2005)得出密云林地平均的 C_i 为0.608 6。本研究中森林减少土壤侵蚀的参照物采用无林荒地的土壤侵蚀量4.211 6 t/(hm^2·年)(冯秀兰等,1998),而不是采用裸露土地作为参照,这样比较符合实际自然情况。

森林拦截土壤的服务价值计算如下。根据廖浪涛等(2000)研究资料,拦截1 m^3 土壤的工程投资为3.876 9元(1990年不变价格)。而北京山区的土壤容重,根据廖浪涛等(2000)年资料,北京土壤容重为2.525 t/m^3,以及宋如华(2003)的资料1.10 t/m^3,得平均得土壤容重为1.812 5 t/m^3。同时,由于土壤中所含有的营养成分,所以应同时计算固定土壤中所含有的养分而产生的生态服务价值。根据赵红(2004)的研究,密云水库周围土壤的养分含量是有机质2.480 5%,全氮1.147 25 g/kg,全磷0.753 16 g/kg。有机质的价格根据薪柴转换成有机质的比例为2∶1和薪柴的机会成本价格51.3元/t计算,得出保持有机质的价格为102.6元/t(杨志新等,2005)。而氮和磷的价格采用我国化肥平均价格2 549元/t(余新晓等,2005)进行计算。

表1-12　密云森林保持土壤的服务价值　　t,万元/年

年份	林地比无林荒地减少土壤侵蚀量	减少土壤侵蚀的服务价值	固持有机质价值	固持氮肥价值	固持磷肥价值	总计
1995	431 678.9	92.34	109.86	126.24	177.27	505.70
1999	475 389.7	101.68	120.99	139.02	195.22	556.91
2004	542 526.8	116.05	138.07	158.65	222.78	635.56

4. 密云森林保持水资源的服务价值

森林通过林冠、枝干、枯枝落叶层对降雨具有缓冲的功能,使降雨过程中从林地流出的径流明显减少,从而降低了降雨所能导致的洪水危害。森林的这种减轻洪水危害、涵养水源的作用可以分为两个部分:其中一部分作为森林的涵养水量,另一部分则用于蒸发蒸腾。不同去向的水资源应用不同的价格标准进行衡量。

(1)森林总蓄水量的计算

由于森林的缓冲作用,使流出林地的径流比荒草地大大减少,减少的这部分水量就是森林的总蓄积水量。根据宋如华(2003)的研究,荒草地年蓄水能力为92.30 t/(hm^2·年);而在降雨过程中流出林地的地表径流仅占降雨量的1.71%,由此计算森林比荒草地多出

的总蓄水量(表 1-13)。

表 1-13　森林年总蓄水量

年份	降雨量(mm)	森林总面积(hm^2)	总蓄水量(m^3)
1995	623.3	116 964.0	705 810 137.2
1999	389.1	128 807.5	480 755 332.5
2004	681.8	146 998.4	971 578 173.7

注:降雨量据密云统计年鉴。

(2)森林涵养水源量计算

按照欧阳志云等(1999)、宋如华(2003)等的研究,林地的蒸发蒸散量占降雨量的65%,其余的35%则是森林的涵养水源(表 1-14),作为土壤含水量、地下水以及地表径流的来源。

表 1-14　森林涵养水源量

年份	降雨量(mm)	森林总面积(hm^2)	涵养水量(m^3)
1995	623.3	116 964.0	255 175 572.3
1999	389.1	128 807.5	175 425 264.7
2004	681.8	146 998.4	350 799 821.0

注:降雨量据密云统计年鉴。

(3)森林保持水资源服务价值计算

对森林蒸散的水量,应采用工程法进行计算,根据廖浪涛等(2000)的研究,密云平均单位库容的造价为 3.150 687 元/m^3。而对森林涵养水源水量的价值计算采用刘璨(1998)的研究数据,从水源涵养林流出的水达到国家一二级标准,单价以 0.988 5 元/m^3 比较合适。考虑到减洪效应,则应在此基础上再加上工程费用的价格。计算结果如表 1-15 所示。

表 1-15　密云森林蓄水服务价值计算　　m^3,万元/年

年份	涵养水量	涵养价值	蒸散量	蒸散水价值	合计
1995	255 175 572	105 621.94	450 634 565	141 980.85	247 602.79
1999	175 425 265	72 611.80	305 330 068	96 199.95	168 811.75
2004	350 799 821	145 202.61	620 778 353	195 587.83	340 790.43

5. 森林生物多样性保护价值和娱乐文化价值

森林生物多样性保护的价值采用谢高地等(2003)的 2 884.6 元/hm^2

进行计算。森林提供娱乐文化的价值采用谢高地等(2003)的1 132.6元/hm^2 进行计算(表 1-16)。

表 1-16 密云森林生物多样性及娱乐文化价值核算 万元/年

年份	生物多样性保护价值	娱乐文化价值
1995	33 739.44	13 247.34
1999	37 155.81	14 588.74
2004	42 403.16	16 649.04

6. 密云森林生态服务总价值

从表 1-17 可以看出,密云森林生态系统服务价值总体上是上升的趋势。到 2004 年已经达到了 56.3 亿元。从组成看,森林保护水资源的服务价值占比重最大,其次是净化大气环境的服务价值,然后依次是生物多样性保护价值、提供产品价值、娱乐文化价值和保持土壤价值。这充分体现了密云森林对保护水资源和大气环境的重要性。森林是密云生态环境保持优良的关键和主要因素。森林保护土壤资源的服务价值较少,可能与本研究采用的参考系是无林荒草地而不是裸露农田有较大的关系。而 1999 年服务价值下降与当年降雨量较少而导致的保护水资源价值较小有关。

表 1-17 密云森林总生态服务价值核算 万元/年

年份	提供产品	净化改善大气环境	保持土壤	保护水资源	生物多样性保护价值	娱乐文化价值	总计
1995	32 601.11	132 958.45	505.7	247 602.79	33 739.44	13 247.34	460 654.83
比例	7.08	28.86	0.11	53.75	7.32	2.88	100.00
1999	38 451.46	145 581.22	556.91	168 811.75	37 155.81	14 588.74	405 145.89
比例	9.49	35.93	0.14	41.67	9.17	3.60	100.00
2004	62 696.54	166 297.23	635.56	340 790.43	42 403.16	16 649.04	629 471.96
比例	9.96	26.42	0.10	54.14	6.74	2.64	100.00

二、密云耕地的服务价值计算

耕地农田种植绿色植物,同样也具有较大的生态服务价值,仅有少数人研究农田的生态服务问题,如高旺盛、杨志新等。

在计算耕地生态系统服务价值时,采用以下计算公式:

$$V = \sum_{i=1}^{n} \sum_{j=1}^{m} P_{ij} \times W_i$$

式中，V 是耕地生态系统服务价值；i 是耕地或耕地上的产出产品，包括粮食作物、经济作物和蔬菜，即 $i=1$ 或 3。j 是第 i 种组分的生态服务的种类，包括提供产品功能、对大气服务价值、碳汇功能、废物处理和娱乐文化价值，即 $j=5$。P_{ij} 是第 i 种组分的第 j 种服务的单位价值。W_i 是第 i 种组分的总面积或产量。

1. 提供产品服务功能

按照密云历年种植业的增加值（除去果业）作为耕地提供产品的服务价值（表 1-18）。

表 1-18　密云耕地面积及食物生产价值　　万元/（现值）

年份	占地面积（亩）	提供产品功能
1995	369 152	27 456.6
1996	327 706	27 868.3
1997	319 424	22 238.1
1998	318 886	27 740.5
1999	313 522	19 652.4
2000	309 442	19 177.5
2001	257 168	23 689.1
2002	173 406	25 507.8
2003	155 335	29 255.9
2004	176 882	29 255.9

注：据密云统计年鉴，2004 年数据采用 2003 年数据。

2. 密云耕地对大气服务功能

（1）固碳放氧功能服务价值

如表 1-19 所示，由于果园的生态服务价值已经包括在森林的服务价值内，因此这里只计算大田农作物的服务价值。

计算固碳放氧价值时，采用公式如下（杨志新等，2005）：

$$V=B\times(1-R)\times E\times P/f$$

式中，V 为服务价值；B 为作物经济产量；R 为经济产量的部分含水量；E 为作物固碳和放氧系数（分别是 1.63 和 1.2）；P 为固碳和放氧的成本（分别为 260.92 元/t 和 352.93 元/t）；f 为作物的收获系数（表 1-20）。

表 1-19　密云大田作物产量

万 kg

种类	年份									
	1995	1996	1997	1998	1999	2000	2001	2002	2003	2004
粮食作物	13 681.1	13 555.3	11 059.2	12 959.3	9 802.1	5 420.6	6 160.8	3 499.1	1 229	3 462.4
经济作物	956.1	981.5	752.1	959	854.84	767.6	1 199	1 648.7	525.7	809.6
蔬菜	14 952.3	14 041.4	16 629.8	16 134.9	15 906.1	18 238.5	25 023.4	33 981.9	34 537	35 179

注:据密云统计年鉴。

表 1-20　密云大田作物固定二氧化碳和释放氧气服务价值

万元

种类		年份									
		1995	1996	1997	1998	1999	2000	2001	2002	2003	2004
粮作	碳	3 451.47	3 419.73	2 790.02	3 269.37	2 472.87	1 367.51	1 554.25	882.75	310.05	873.49
	氧	12 602.31	12 486.43	10 187.15	11 937.42	9 029.18	4 993.17	5 675.00	3 223.19	1 132.09	3 189.38
经作	碳	221.80	227.69	174.47	222.47	198.31	178.07	278.15	382.47	121.95	187.81
	氧	809.85	831.36	637.05	812.30	724.08	650.18	1 015.59	1 396.50	445.28	685.76
蔬菜	碳	231.24	217.16	257.19	249.53	245.99	282.07	387.00	525.55	534.13	544.06
	氧	844.34	792.90	939.06	911.12	898.20	1 029.91	1 413.04	1 918.92	1 950.26	1 986.52
总计	碳	3 904.51	3 864.58	3 221.68	3 741.38	2 917.18	1 827.64	2 219.39	1 790.77	966.13	1 605.37
	氧	14 256.49	14 110.69	11 763.27	13 660.85	10 651.45	6 673.26	8 103.64	6 538.61	3 527.64	5 861.65

(2)耕地净化空气的服务价值

耕地种植的大田作物平均对 SO_2 的吸收能力为 45 kg/(hm^2·年),对 NOx 吸收能力为 33.5 kg/(hm^2·年),滞尘能力为 9.5 t/(hm^2·年)。净化 SO_2 的成本为 600 元/t,NOx 为 1.34 元/kg,滞尘能力为 170 元/t 计算(杨志新等,2005)。从表 1-21 可以看出,密云耕地的大气服务价值随着耕地的逐渐减少而呈现逐渐减少的趋势。

表 1-21　密云耕地净化空气价值(亩,万元/年)与大气服务价值总和

年份	耕地面积(亩)	净化 SO_2 价值(万元/年)	净化 NOx 价值(万元/年)	滞尘价值(万元/年)	耕地大气服务价值总和(万元)
1995	369 152	66.45	110.47	3 974.54	22 312.46
1996	327 706	58.99	98.07	3 528.30	21 660.63
1997	319 424	57.50	95.59	3 439.13	18 577.17
1998	318 886	57.40	95.43	3 433.34	20 988.39
1999	313 522	56.43	93.83	3 375.59	17 094.48
2000	309 442	55.70	92.61	3 331.66	11 980.87
2001	257 168	46.29	76.96	2 768.84	13 215.12
2002	173 406	31.21	51.89	1 867.00	10 279.48
2003	155 335	27.96	46.49	1 672.44	6 240.66
2004	76 882	31.84	52.93	1 904.43	9 456.22

3. 耕地保持碳汇服务价值

农田土壤在人类不断的栽培和耕作下,土壤有机质逐步提高,从而不但保持了土壤养分,也积累了大量的碳,为缓解温室效应做出了一定的贡献。赵荣钦等(2003)研究表明我国沿海地区农田生态系统每年固碳量达到 1 亿 t 以上,而川中丘陵区平均每年每平方公里固定碳也达到 97.11 t 左右(李首成,2005)。本研究按照耕层土壤平均 0.3 m 计算,固碳量按照美国和加拿大的定位试验结果土壤的固碳潜力为 0.2～0.4 t/(hm^2·年)(方华军等,2003),这里取 0.3 t/(hm^2·年)计算。价格按照 260.92 元/t 碳计算。

表 1-22 密云耕地固碳服务价值

年份	耕地面积(亩)	有机质含量情况(%)	固碳服务价值(万元)
1995	369 152	1.31	192.6
1996	327 706	1.21	171.0
1997	319 424	1.36	166.7
1998	318 886	1.35	166.4
1999	313 522	1.43	163.6
2000	309 442	1.39	161.5
2001	257 168	1.40	134.2
2002	173 406	1.36	90.5
2003	155 335	1.38	81.1
2004	176 882	1.39	92.3

4. 耕地废物处理服务价值和娱乐文化价值

农田土壤及其微生物对废弃物如畜禽粪便、污水、作物秸秆等具有较强的降解功能,可以减少环境污染。这部分价值按照谢高地等(2003)的研究,取 1 451.2 元/hm^2 计算。按照谢高地等的研究,单位面积娱乐文化服务价值定为 8.8 元/hm^2。

表 1-23 密云耕地的废物处理和娱乐文化服务价值 万元

年份	废物处理	娱乐文化价值
1995	3 571.42	21.66
1996	3 170.45	19.23
1997	3 090.32	18.74
1998	3 085.12	18.71
1999	3 033.22	18.39
2000	2 993.75	18.15
2001	2 488.01	15.09
2002	1 677.65	10.17
2003	1 502.81	9.11
2004	1 711.27	10.38

注:基础数据据密云统计年鉴和土地局。

5. 密云耕地总生态服务价值核算

从表 1-24 可以看出,密云耕地提供产品的服务价值最高,其次

表 1-24 密云耕地总生态服务价值

万元

年份	产品生产	释放氧气	固定二氧化碳	净化 SO_2 价值	净化 NO_x 价值	滞尘价值	土地碳汇服务价值	废物处理	娱乐文化价值	总和
1995	27 456.6	14 256.49	3 904.51	66.45	110.47	3 974.54	192.6	3 571.42	21.66	53 554.74
1996	27 868.3	14 110.69	3 864.58	58.99	98.07	3 528.30	171.0	3 170.45	19.23	52 889.61
1997	22 238.1	11 763.27	3 221.68	57.5	95.59	3 439.13	166.7	3 090.32	18.74	44 091.03
1998	27 740.5	13 660.85	3 741.38	57.4	95.43	3 433.34	166.4	3 085.12	18.71	51 999.13
1999	19 652.4	10 651.45	2 917.18	56.43	93.83	3 375.59	163.6	3 033.22	18.39	39 962.09
2000	19 177.5	6 673.26	1 827.64	55.7	92.61	3 331.66	161.5	2 993.75	18.15	34 331.77
2001	23 689.1	8 103.64	2 219.39	46.29	76.96	2 768.84	134.2	2 488.01	15.09	39 541.52
2002	25 507.8	6 538.61	1 790.77	31.21	51.89	1 867.00	90.5	1 677.65	10.17	37 565.60
2003	29 255.9	3 527.64	966.13	27.96	46.49	1 672.44	81.1	1 502.81	9.11	37 089.58
2004	29 255.9	5 861.65	1 605.37	31.84	52.93	1 904.43	92.3	1 711.27	10.38	40 526.07
平均比例	58.36	22.05	6.04	0.11	0.19	6.79	0.33	6.10	0.04	—

是释放氧气的服务价值，再次为废物处理功能、固定二氧化碳和碳汇的服务功能。可见耕地在提供产品的同时，也提供了巨大的生态服务价值。应加强对农田生态系统服务的重视。而从发展趋势看，密云的耕地在不断减少，因而耕地的总生态服务价值也在逐步缩小。

三、密云水资源服务价值计算

水是密云生态资本中最具有特色的资本（表 1-25），从密云实际情况看，水资源具有以下服务价值：水资源存量本身具有的资源价值；水面水分的蒸发对调节区域小气候具有重要作用；水面的吸收功能、水面植物、沉降和微生物等对氮磷等废物的去除功能；生物多样性保护功能；水体中鱼类等资源作为食物的生产功能。按照谢高地等（2003）的研究，气候调节按照 407 元/hm^2 计算，食物生产功能按照实际产值计算，生物多样性保护按照 2 203.3 元/hm^2 计算。废弃物处理功能按照欧阳志云等（2004）的研究成果，氮素去除率为 3.98 t/(km^2・年)，磷素去除率为 1.86 t/(km^2・年)，而去除成本按照氮 1.5 元/kg计算，磷按照 2.5 元/kg 计算。

在计算水资源的生态系统服务价值时，采用以下计算公式：

$$V = \sum \sum_{j=1}^{m} P_j \times W$$

式中，V 为水生态系统服务价值；j 为水资源的服务种类，包括水资源本身服务价值、食物生产、气候调节、氮、磷去除和生物多样性，即 $j=6$；P_j 为第 j 种服务的单位价值；W 为水资源的面积或体积。

表 1-25　密云水库、沙厂水库、半城子水库、遥桥峪水库历年水资源情况

年份	蓄水总量（亿 m^3）	密云水库蓄水量（亿 m^3）	总水面面积（km^2）
1995	32.956	32.61	166.03
1996	29.13	28.816	157.58
1997	31.99	31.649	164.02
1998	27.033	26.72	148.35
1999	28.779	28.417	155.96
2000	21.702.	21.544	130.99
2001	15.582	15.405	108.92
2002	14.677	14.355	106.2
2003	9.951	9.71	84.59
2004	7.476	7.22	67.9

注：基础数据据密云水务局。

水源涵养功能中水资源价格的计算。首先河流的生态用水不应该参加计算，按照李丽娟等(2000)的研究，北京潮白河平均基本生态需水量为3.478亿m^3，考虑到密云的死库容为4亿m^3，因此两项进行合并，按照4亿m^3的生态需水量进行扣除。而水资源价格的计算，前人研究多用自来水厂的平衡成本作为水资源价值，这是不恰当的。因为水价应包括三部分：水资源费(税)，目前没有征收；工程水价，目前表现为供水价格和环境水价；污水净化费，目前表现为污水处理费。不应以自来水厂的平衡成本代替水资源价值。污水处理使没有价值、对环境有害的废水成为可以排放到环境中的水，从而实现了水的循环。因此本研究按照污水净化费标准进行计算。密云水库的水资源属于Ⅱ类水，按照王舒曼等(2001)的研究数据1.25元/m^3进行物价调整后进行计算。

从表1-26可以看出，密云水资源的服务价值随着水资源量的减少而呈逐渐减少的趋势。2004年的服务价值仅是1995年的13%。而从构成看，水资源价值占总价值的比例最大，平均为96%左右。其次是食物生产和生物多样性保护的价值。而其余服务的价值占比重很小。

表1-26 密云水资源服务价值计算 万元

年份	水资源价值	食物生产	气候调节	氮素去除价值	磷素去除	生物多样性	总计
1995	420 897.17	3 156.5	675.71	99.12	77.20	3 657.96	428 563.66
1996	337 832.55	3 149.5	641.32	94.08	73.27	3 471.79	345 262.50
1997	357 171.30	3 413.2	667.53	97.92	76.27	3 613.67	365 039.89
1998	283 623.83	3 468.7	603.75	88.56	68.98	3 268.43	291 122.30
1999	303 278.23	4 092.0	634.73	93.11	72.52	3 436.09	311 606.68
2000	220 615.79	4 700.0	533.10	78.20	60.91	2 885.96	228 873.96
2001	144 775.00	9 200.0	443.28	65.03	50.65	2 399.71	156 933.67
2002	131 474.48	12 038.3	432.21	63.40	49.38	2 339.79	146 397.56
2003	74 756.85	9 187.0	344.26	50.50	39.33	1 863.68	86 241.63
2004	43 665.74	9 187.0	276.34	40.54	31.57	1 495.97	54 697.15

第三节　密云县生态系统服务价值总体评价

一、密云生态系统总体服务价值

从表 1-27 中可以看出，密云生态系统服务价值中，森林的服务价值最大，并且稳中有升；土地资源和水资源的服务价值在逐渐缩小。密云总的生态服务价值大于 GDP 的数值。从表 1-27 还可以看出，虽然密云 GDP 在不断增长，但是生态系统的服务价值却在逐渐减少，原来的生态系统服务优势逐渐降低，其中水资源减少造成的影响最大，其次是耕地减少的影响。

表 1-27　密云生态系统总服务价值核算　　万元

年份	森林服务价值	耕地服务价值	水服务价值	总计	其中产品价值	密云 GDP（亿元）
1995	460 654.83	53 554.74	428 563.66	942 773.23	63 214.21(6.71%)	25.40
1999	405 145.89	39 962.09	311 606.68	756 714.66	62 195.86(8.22%)	30.63
2004	629 471.96	40 526.07	54 697.15	724 695.18	101 139.4(13.96%)	76.00

在总服务中(图 1-2)，森林、耕地和水资源提供产品(渔业)的价值仅占总服务价值的小部分(6.71%～13.96%)。今后需要提升产品服务的价值以及能够实现价值的产品范围。

图 1-2　密云生态系统服务价值比较

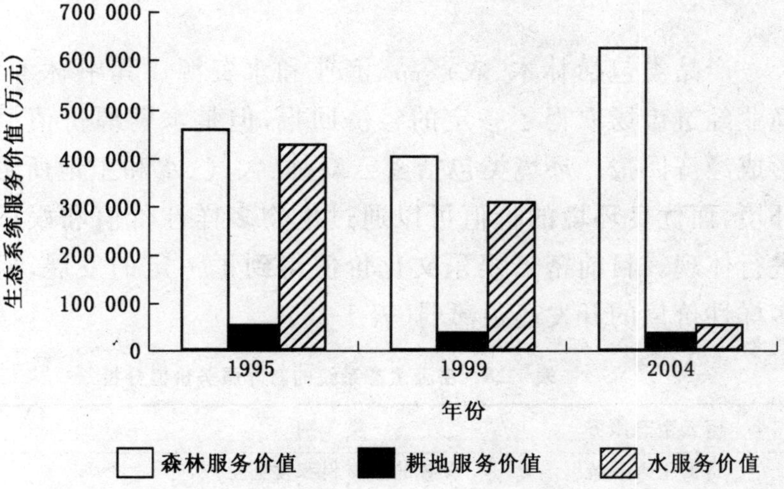

森林对密云生态系统服务价值具有重要的意义。正是由于森林的涵养功能,密云独特的水资源才有了良好的保证,也造就了密云洁净的大气环境。

二、密云生态系统各种功能与服务之间的关系

下面结合密云的实际情况以及进行生态资本运营的需要,对密云生态系统服务价值之间的关系及区域关系进行分析,如图 1-3 所示。密云各种生态系统服务价值可以归结为两大类:产品类和环境类。

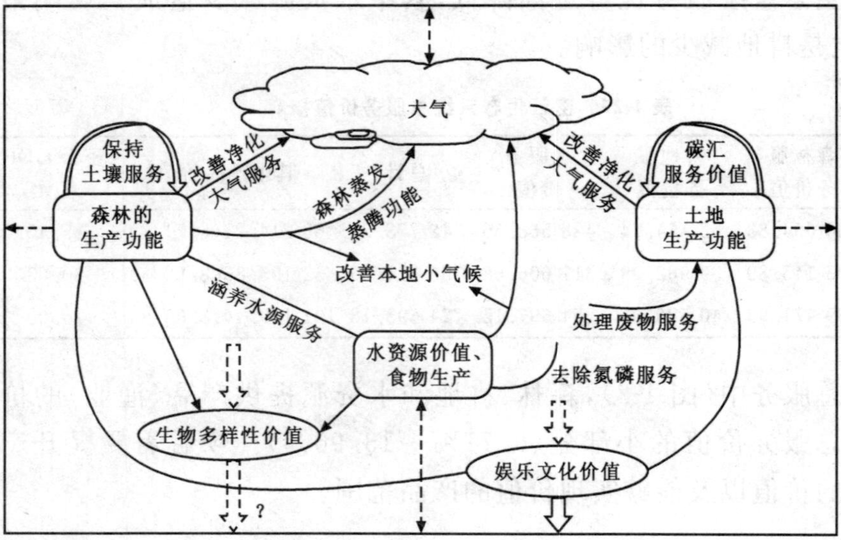

图 1-3 密云生态系统服务的相互关系及区域关系

产品类包括林木、农产品、渔业和水资源。其中林木、农产品和渔业经过市场取得了一定的经济回报,但是水资源价值目前尚没有形成经济回报。环境类包括密云森林、大气、水和土地所形成的优良环境,而优良环境的价值可以通过生物多样性价值和娱乐文化价值进行体现。目前密云娱乐文化价值得到了一定的发展,但是就生物多样性价值的开发还很薄弱(表 1-28)。

表 1-28 密云生态系统的对外服务价值分析

密云生态服务	类 别
密云生态系统 直接产品服务	森林的原材料和食物生产 土地生产功能 水资源的食物生产功能 水资源的直接转移

续表 1-28

密云生态服务	类别
密云生态系统间接服务价值	娱乐文化价值
	生物多样性价值
	密云整体环境对其他产业的带动(工业、服务业等)

三、密云生态系统服务价值潜力分析

要进行生态资本的运营,首先需要对密云生态系统服务功能的潜力作较为全面的分析,以找出发展的潜力所在。

1. 森林的原材料和食物生产潜力分析

从表 1-29 可以看出,密云森林当前实现的总价值离计算出的平均森林服务价值尚有一定的差距。但是考虑到森林对密云环境的绝对保护意义,因此,不宜大规模发展林木采伐等产业,而应从内部挖潜、改善林地的结构组成、提高林业的质量方向入手,抓林业效益的提高。本计算包括果品的价值。密云的山地面积占了全县面积的 1/8,而且近年来,果树种植面积在逐年扩大。密云地方特色的果品资源丰富,如板栗、梨等,这方面有较大的潜力,要大力发展生态农业,塑造密云的生态果品品牌优势,以生态产品创造高效益。如果按照生态品牌果品比普通果品价格提高 5 倍计算,可以预计,密云的果品生产会有较大幅度的增长。

表 1-29 密云历年的林木及果品产值 万元

年份	林业产值	果业产值	采集野生植物	总计	计算服务价值	差距
1995	3 744	6 484.7	1 551	11 779.7	32 601.11	20 821.41
1996	6 247.4	6 769.5	1 399.3	14 416.2		
1997	4 510.1	4 558.3	1 399	10 467.4		
1998	5 797.98	5 270.21	1 399	12 467.19		
1999	4 573.2	4 215.6	786.3	9 575.1	38 451.46	28 876.36
2000	6 176.0	3 955.4	300	10 431.4		
2001	9 543.8	6 901.7	300	16 745.5		
2002	11 271.4	8 013.3	—	19 284.7		
2003	15 182.2	7 011.6	—	22 193.8	62 696.54	40 502.74

注:基础数据据密云林业局。

仅以有机果品比普通果品价值提高 5 倍计算,以 2003 年为例,果业产值就可在此基础上再提高 3.51 亿元。

2. 密云土地(种植业)生产潜力分析

如图 1-4 所示,密云的种植业主要集中在水库下游的平原地区,从 2000 年以来,密云在逐步调整种植结构,压缩粮食作物的面积,发展蔬菜等经济作物的面积,而生态农业的思想开始逐渐深入民心。2003 年种植业的产值比 1995 年高出 71.3%。发展生态农业,卖生态食品,种植业能创造更高的经济效益,发展潜力极大。

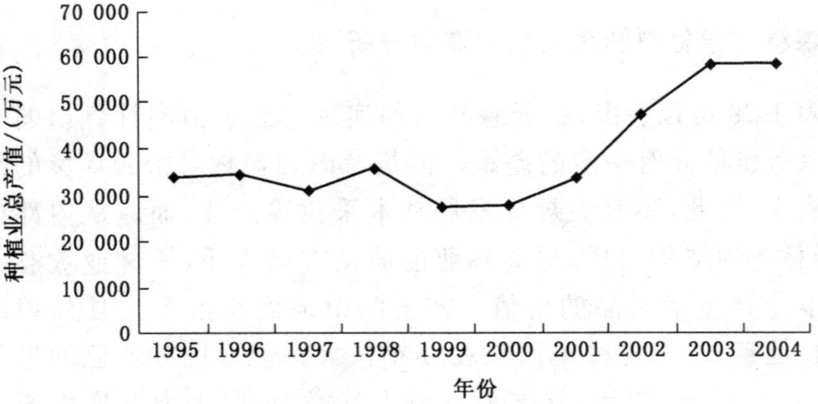

图 1-4 密云种植业总产值(不包括果业)

3. 密云渔业生产潜力分析

如图 1-5 所示,密云水库的鱼因为生态而且鲜美在市场上供不应求,近年来,密云的渔业产值实现了较快发展。2003 年的产值较低是因为 SARS 的影响。近年来,密云大打生态品牌,塑造渔文化,在 2004 年的鱼王美食节上,一条鱼拍卖出了 68 800 元的天价。品质优良的鱼类产品是密云良好生态环境和水质的充分体现,实现水生态资本增值的关键点是鱼类产品的增值。应结合旅游业,大力宣传密云特色的鱼产品和鱼文化。实现密云渔业的品牌营销,提升密云鱼类产品巨大的增值潜力。

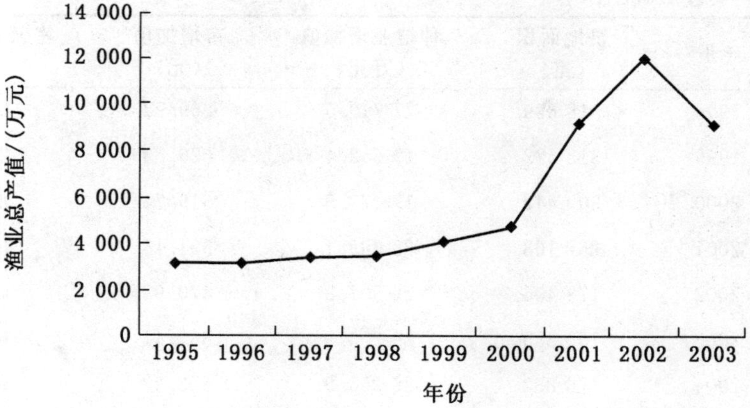

图 1-5 密云渔业总产值

4. 水资源的直接转移价值

北京属于严重缺水的城市，近年来水的价格不断上涨，如表 1-30 所示。但密云水库作为北京最大的生活用水水源地，所得到水资源费几乎为零。从 1996 年开始，北京市按照工业用水 0.02 元/m^3 和其他用水 0.01 元/m^3 的价格对密云水库移民进行扶助。也就是说水资源费仅为 0.01～0.02 元/m^3。

表 1-30 北京居民用水价格构成 元

	年份						
	1999	2000	2001	2002	2003	2004	2005
自来水价格	1	1.29	1.6	1.87	2.3	2.3	2.8
污水处理费	0.1	0.3	0.4	0.5	0.6	0.6	0.9

从另一方面看，密云水库占据的是农民的耕地，而这部分耕地用于农业可以为农民获得一定的农业收入，保障他们的基本生活所需。而用于水库建设，则剥夺了农民的这部分收入。

根据密云历年的种植业增加值(不包括果业)，计算密云水库占地的机会成本(表 1-31)，从 1995 年到 2004 年为 34.73 亿元(现值累计)。

表 1-31 密云水库机会成本

年份	耕地面积(亩)	种植业增加值(万元)	亩增加值(元)	密云水库机会成本(万元)
1995	369 152	27 456.6	743.78	24 989.61
1996	327 706	27 868.3	850.40	28 572.18
1997	319 424	22 238.1	696.19	23 390.98

续表 1-31

年份	耕地面积（亩）	种植业增加值（万元）	亩增加值（元）	密云水库机会成本（万元）
1998	318 886	27 740.5	869.92	29 227.84
1999	313 522	19 652.4	626.83	21 060.37
2000	309 442	19 177.5	619.74	20 822.35
2001	257 168	23 689.1	921.15	30 949.25
2002	173 406	25 507.8	1 470.98	49 422.60
2003	155 335	29 255.9	1 883.41	63 279.29
2004	176 882	29 255.9	1 653.98	55 570.88
		总和		347 285.35

注：现值，2004 年采用 2003 年数据。

密云水库的机会成本，应当是可以实现的密云水资源的价值。

5. 娱乐文化、生物多样性价值

这部分价值的实现通过旅游收入的形式进行体现。密云的旅游收入可以分为两类，生态系统的景观直接价值和间接价值。直接价值体现在景区收入上面，间接价值体现在宾馆、饭店、度假村等服务业方面。从表 1-32 分析，密云生态系统的景观直接价值在总的旅游收入占的比例太小，一直在几个百分点附近，最高为 2001 年的 5.93％。

密云优良的环境所形成景观对人们具有强烈的吸引力，从而形成景观价值。本文以森林生物多样性、森林娱乐文化、土地娱乐和水资源生物多样性作为密云景观价值的粗略估计。从表 1-33 可以看出，密云生态系统的景观价值在 6 亿元左右。而从景区收入看，差距太大，还有很大的空间可以发展，需要加大宣传力度和配套设施建设。况且密云邻近北京这个国际化的巨大消费市场，游客资源丰富。从表 1-34 可以看出，人均消费意愿在不断上升，当前人均为 173.33 元。可见，密云的旅游发展空间是很广阔的。

表 1-32 密云历年旅游收入情况

万元

	年份									
	1995	1996	1997	1998	1999	2000	2001	2002	2003	2004
综合收入	8 593.37	15 000	20 100.7	25 008.58	30 000	36 000	44 000	101 100	101 100	130 000
人次	190.53	260	312	359.72	400	450.15	513	708.3	710	750
人均消费(元)	45.10	57.69	64.43	69.52	75	79.97	85.77	142.74	142.39	173.33
其中景区收入	88.74	458	770.2	830.4	989.6	1 130	2 608	3 088	4 533	4 235
比例	1.03	3.05	3.83	3.32	3.30	3.14	5.93	3.05	4.48	3.26

表 1-33 密云生态系统服务价值开发潜力分析

密云生态服务	类别	开发潜力	开发建议	开发途径
密云生态系统直接产品服务	森林的原材料和食物生产	稳定	挖潜、提高质量	市场机制
	土地生产功能(果品)	潜力巨大	有机食品生产	市场机制
	水资源的食物生产功能	潜力大	有机食品生产,提高质量	市场机制
	水资源价值转移	稳定	提高质量	政府生态补偿
密云生态系统间接服务价值	娱乐文化价值	潜力巨大	生态旅游	市场机制、宣传
	生物多样性价值	潜力巨大	生态旅游	市场机制、宣传
	密云整体环境对其他产业的带动(工业、服务业等)	空间广阔	循环经济产业	政策、市场机制

表 1-34 密云总体景观价值估计及实现程度 万元

年份	森林生物多样性价值	森林娱乐文化价值	土地娱乐文化价值	水资源生物多样性价值	总计	景区收入
1995	33 739.44	13 247.34	21.66	3 657.96	50 666.40	88.74
1999	37 155.81	14 588.74	18.39	3 436.09	55 199.03	989.6
2004	42 403.16	16 649.04	10.38	1 495.97	60 558.55	4 235

6. 密云整体环境对其他产业的带动

在这方面，密云具有巨大的发展想象空间。例如，总投资50亿元的“北京国际信息服务产业园”建设等无污染、低能耗型的产业等。环境产业发展潜力巨大。

7. 密云生态系统服务价值实现的总体评价

从上述分析可以看出，密云生态系统服务价值的现实实现还有较大的发展空间，而实现的可能程度，则取决于如何进行这些生态资本的运营策略。

而生态资本的运营首先需要有一个启动子。从图 1-6 分析，密云生态资本运营的启动子应是政府的政策和生态补偿。从实施的主体看，这些启动子都需要国家、北京市以及密云县政府的政府力量。给予良好的政策和进行适当生态补偿。

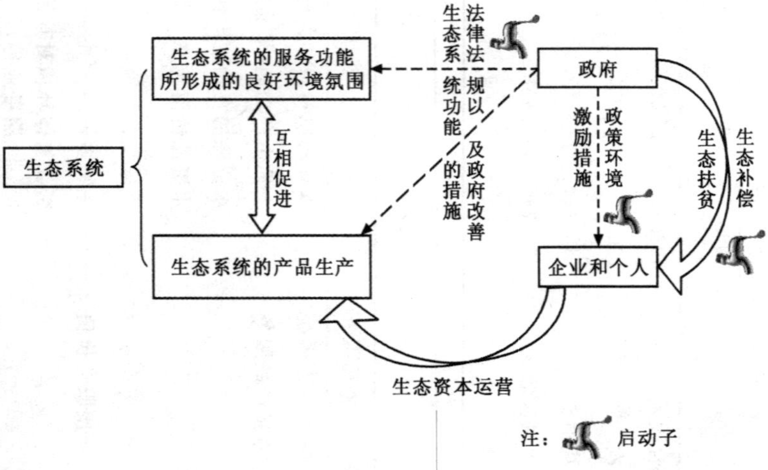

图 1-6 生态系统、不同主体与生态补偿和资本运营的关系

正如上文分析，在实施主体中，密云县政府起着关键的作用。应从全县的角度出发，制定恰当的促进经济发展和保护环境的方针政策。同时从密云水库上下游的互动发展出发，制定适当的生态补偿和生态扶贫。以内部发展作为启动子带动整体发展并获得外部的支持，从而形成良性循环。

第四节　密云水库生态价值评估

密云水库位于北纬 40°19′～41°31′，东经 115°25′～117°33′，横跨潮河、白河主河道上，距北京市区约 100 km。库区面积 224 km^2，占县域面积 10%，最大水域面积 188 km^2，是华北地区最大的水库，是北京城市供水最主要的地表水源。水库现有蓄水量约 10 亿 m^3。

从 1997 年开始密云水库专供北京生活用水，目前每年平均供水量约 6 亿 m^3，占北京市年地表供水量的 70%，其中城市用水 3 亿 m^3，工业用水 2 亿 m^3，农业和城市环境用水 1 亿 m^3。北京日平均自来水用量约 190 万 m^3，密云水库承担了 60%以上的供水任务。作为北京市唯一的地表饮用水源地，密云水库的水已成为北京市的生命之水，其水量和水质直接影响着首都人民的生活和健康。

修建密云水库以及密云水库功能的转换对密云县经济社会的发展产生了深远的影响。1985 年，密云县 83%的土地被划为一、二、三级水源保护地或水源补给区。在水源保护区内，基本上“有田不能耕、有畜不能养、有林不能伐、有矿不能开、有景不能游、有路不能行”，在很大程度上制约了密云县的经济发展。密云县已经为北京市的发展做出了巨大的牺牲，给予密云县合理的补偿成为保证密云县可持续发展的重要措施，关系到北京市的可持续发展和首都的稳定。科学评估水源保护区的整体价值是制定和完善生态补偿政策的重要参考。

一、评估方法与过程

1. 评估方法与技术路线

近年学界对自然资源价值的评估进行了多种尝试，目前比较通行的主要有两种方法：一是参照 Costanza 等的生态系统服务功能的单位价值,借助遥感等现代科技进行生态环境区域的价值分析与判断,这主要属于自然科学方法;二是应用意愿价值评估方法,通过实地问卷调查来测量,主要属于社会科学方法。

意愿价值评估法(contingent valuation method,CVM)是利用效用最大化原理,在假想的市场条件下,直接调查和询问居民对环境质量改善的支付意愿(willingness to pay,WTP)或是对环境质量受损的受偿意愿(willingness to accept,WTA),以 WTP 或 WTA 的方式推导环境物品或环境服务的经济价值,其中 WTP 是目前国际上应用较多的一种方式。国外许多经济学家认为,对于没有市场价格的环境物品,只有人们的支付意愿才能表达出与它们有关的全部效用。

CVM 由 Davis 于 1963 年提出并首次应用,西方过去四十余年的应用说明 CVM 在帮助生态环境公共决策方面是一个很有潜力的技术。据 Carson 不完全统计,截至 1995 年,已有 40 余个国家开展了 2 000 多项 CVM 的应用研究,其中已经公开发表的文献就多达 1 600 余项。由于受收入能力、环境问题的认知程度等因素的限制,CVM 方法在发展中国家应用相对较少。我国自 20 世纪 80 年代引入基本概念,90 年代出现实例研究,还处于探索阶段(表 1-35)。

CVM 属于模拟市场技术的方法,其核心是直接调查询问人们对环境产品的支付愿望,并以支付愿望来表达环境产品的经济价值。该方法从消费者的角度出发,在一系列的假设问题下,通过调查、问卷、投标的方式来获得消费者的 WTP 或 NWTP (not willingness to pay,NWTP),还需要知道消费者的实际支出,综合所有消费者的 WTP 或 NWTP,即得到环境产品的经济价值。条件价值评估法的调查问卷格式,即支付意愿金额的提问形式(elicitation method)主要分为:连续型(continuous CV)(包括开放式、支付卡式)和离散型(discrete CV)(即封闭式)两种评价类型。其中,支付卡式和二分式问卷是目前 CVM 研究中最为常见的两种问卷格式。

本研究选用了条件价值评估法中的连续型支付卡式问卷格式(图 1-7)。主要是基于以下考虑:①支付卡简单易答,在一定程度上克服被调查者由于未接触过此类调查而造成的盲目回答;②支付卡问卷形式比较符合调查地区受访者文化知识特点和实际情况调研要求。

表 1-35　中国 CVM 案例中的研究方法、内容与结果比较

地点范围	江西遂川县	长白山自然保护区	北京市	黑河流域张掖地区
目标	森林保护	生物多样性保护	空气质量改善	生态系统服务功能恢复
有效样本	234	603	1 371	621
WTP 平均值(元 P 户)	262(一次性支付方式)	65.29	143	45.9～68.3(交生态环境税方式)
调查内容	江西遂川森林保护	长白山自然保护区	北京空气质量改善	张掖生态服务功能恢复
调查背景内容介绍	有	有	有	有
WTP 填写方式诱导方法	无限出价方式	支付卡法	无限出价方式	支付卡法无限出价方式
调查取样	典型取样	定向调查	采用随机抽样	随机群抽样
调查方式	发放问卷再回收	邮寄调查	入户调查	面对面调查
WTP 支付方式	一次性支付			捐赠、交纳生态环境税多交水费、出工代替
数据统计与处理方法	直接计算 WTP 平均值与中值	直接计算 WTP 平均值与中值	直接计算 WTP 平均值与中值	非参数估计：计算 WTP 范围；参数估计：计算 WTP 值
相关性分析的影响因素	相关性分析，5 类 18 个因素	相关性分析，11 个因素	与其他研究者的结果进行比较	3 个因素

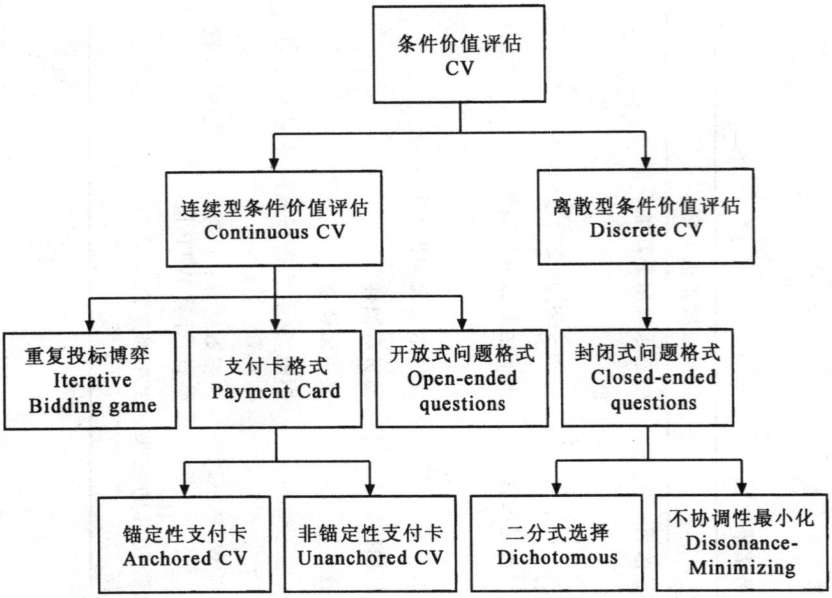

图 1-7 条件价值评估研究的WTP引导技术

调查问卷共设计18个问题,内容包括了被访者对密云水库生态资源的认识程度;支付意愿、愿付价格及理由;受偿意愿、愿受价格及理由;被调查者相关信息等方面。

2. 抽样与调查过程

调查涉及到北京市城八区,包括东城、西城、崇文、宣武、朝阳、丰台、石景山和海淀,采取多阶段抽样和比率抽样的方法,总样本5 000份。具体步骤如下:①确定各区样本量:先将北京市按区划分,根据《北京市2005年统计年鉴》首先计算出各区的人口比例,再根据人口比例计算出各区县相应的调查样本量(表1-36),每个区内再按街道划分。②抽样方法:采用随机等距抽样原则,在城八区范围内抽选。③确定被访者:被访者的年龄下限是18周岁,调查过程中要求男女比例为1∶1。

调查员由清华大学和中国农业大学的学生组成,均有一定的社会调查经历和生态学或者环境学背景。分别于2007年10月26日在清华大学公共管理学院和11月3～4日在密云对调查员进行了课题的背景、理论知识,以及课题的调研和分析方法等培训。在预调研之后,正式调研于2007年11月15日开始,于12月底结束,历时40天,回收问卷5 000份,其中有效问卷4 538份。

表 1-36 调查区域与抽样

城区名称	总人口(万)	街道数量	调查问卷份额	调查者配额
东城区	54.9	10	288	3
西城区	66	7	346	4
崇文区	31.1	7	163	2
宣武区	53.2	8	279	3
朝阳区	280.2	42	1 470	14
丰台区	156.8	17	823	8
石景山	52.4	9	277	3
海淀区	258.6	27	1 354	13
合计	953.2	127	5 000	50

资料来源:北京市统计年鉴(2005)。

二、结果分析

1. 受访者的社会经济特征

本次调查共回收问卷 5 000 份,其中有效问卷 4 538 份,无效问卷 462 份,有效问卷占 90.8%。统计 4 538 份有效问卷的描述性统计结果见表 1-37 至表 1-39 和表 1-45 至表 1-62。

在 4 538 份有效问卷中,WTP>0 的问卷为 3 339 份,占有效问卷总数的 73.58%。由于本研究支付方式上采用了自愿捐款的形式,故不会出现负 WTP 值。但受访者由于认为密云水库的保护和改善不是用户的责任、保护的资金应由政府承担以及抗议性回答等原因导致问卷中存在着较大比例的不同意支付以及支付意愿值为零的调查结果,根据 CVM 对 0WTP 的处理技术,0WTP 的存在是符合零消费等经济学原理的,本研究将其统一按 0WTP 进行统计分析。从问卷的统计分析来看,受访者不愿意进行支付以及选择了 0WTP 的主要原因包括:①被调查者相信政府应该利用现有的税收承担所有与环境保护相关的费用(64.1%)。②由于受到收入水平的限制被调查者不能提供捐款(23.3%)。③被调查者认为水库是应该被保护,但不认为必须要为它付钱(11.0%)。

表 1-37　被调查者生活的区县

区域	人数	比例(%)
A)东城区	204	4.5
B)西城区	394	8.7
C)崇文区	132	2.9
D)宣武区	325	7.2
E)朝阳区	1 059	23.3
F)海淀区	1 428	31.5
G)丰台区	721	15.9
H)石景山区	275	6.1

表 1-38　被调查者的职业

职　业	人数	比例(%)
A)农、林、牧、渔、水利业	132	2.9
B)工业	402	8.9
C)国家机关、党政机关和社会团体	313	6.9
D)建筑业	230	5.1
E)交通运输业、邮电通信业	252	5.6
F)教育、文化艺术和广播电视业	600	13.2
G)房地产管理、公用事业、居民服务和咨询服务业	414	9.1
H)科学研究和综合技术服务业	236	5.2
I)商业、公共饮食业、物资供应和仓储业	756	16.7
J)卫生、体育和社会福利事业	236	5.2
K)金融、保险业	234	5.2
L)地质普查和勘探业	27	0.6
M)其他行业	706	15.6

表 1-39　被调查者的社会经济特征变量及其描述性统计

变量	定义与赋值	平均数	标准差	方差
性别	0=男性;1=女性	0.49	0.007	0.501
年龄	20=18～22 岁;26=23～29 岁; 36=30～39 岁;45= 40～49 岁; 55=50～59 岁;65=60～69 岁; 75=70～79 岁;85=80 岁以上	34.84	0.212	14.270

续表 1-39

变量	定义与赋值	平均数	标准差	方差
被调查者的收入(元)	0=0;5 000=10 000 12 500=10 000～15 000 17 500=15 001～20 000 22 500=20 001～25 000 27 500=25 001～30 000 35 000=30 001～40 000 45 000=40 001～50 000 55 000=50 001～60 000 65 000=60 001～70 000 75 000=70 001～80 000 85 000=80 001～90 000 95 000=90 001～100 000 105 000≥100 000	22 385	343	23 049
被调查者的学历	0=未选;1=初中及初中以下;2=中专、高中;3= 大专、本科;4= 研究生	2.52	0.013	0.857
被调查者在北京居住年限	0=0;2=1～3;5=4～6;8=7～9 15=10～19;25=20～29;35=30～39 45=40～49;55=50～59;65=60～69 75=70～79;85=80～89;95=90～99	18.60	0.278	18.708
被调查者认为北京最主要的水源地在哪	0=不知道是密云;1=知道是密云	0.71	0.007	0.458
被调查者是否去过密云	0=没去过;1=去过	0.54	0.008	0.506

2. 受访者支付意愿(WTP)的范围及其分布

经过对受访者的支付意愿 WTP 进行分析整理,可得到 WTP 的累计频率分布(表 1-40)。从受访者支付意愿的累计频率分布来看,WTP 在 0～1 000 元之间出现的频率为 95.35%,大于 1 000 元的 WTP 出现的频率仅为 4.65%。

表 1-40　支付意愿累计频率分布

WTP (RMB/年)	绝对频度(人数) Frequency	相对频度比例(%) Percent	调整的频度(%) Valid Percent	累计频度(%) Cumulative Percent
A)0	578	12.74	12.74	12.74
B)100	1 867	41.14	41.14	53.88
C)200	883	19.46	19.46	73.34

续表 1-40

WTP (RMB/年)	绝对频度(人数) Frequency	相对频度比例(%) Percent	调整的频度(%) Valid Percent	累计频度(%) Cumulative Percent
D)500	622	13.71	13.71	87.04
E)750	44	0.97	0.97	88.01
F)1 000	333	7.34	7.34	95.35
G)1 250	10	0.22	0.22	95.57
H)1 500	47	1.04	1.04	96.61
I)1 750	5	0.11	0.11	96.72
J)2 000	68	1.50	1.50	98.22
K)3 000	81	1.78	1.78	100.00
Total	4 538	100.00	100.00	

WTP>0 的样本数是 3 960，占有效样本的 87.3%，这 3 960 个样本的中位值为 200，平均值为 381.6，标准差为 533.9。总样本(4 538 个)的中位值为 100，平均值为 333.0，标准差为 514.7(表 1-41)。

表 1-41　WTP 的主要统计指标

	平均值 Mean	中位值 Median	标准差 Std. Deviation	总样本 stamp
WTP>0	381.6	200.0	533.9	3 960
WTP≥0	333.0	100.0	514.7	4 538

在 CVM 回归分析中出现大量 0WTP 是常见的问题，对于 0WTP 的处理方法一般有三类：0WTP 由随机因素引起，在回归分析中不作考虑；0WTP 有效，在回归分析中以相对小 WTP 代替 0WTP；抗议性 0WTP 无效，采用 Heckman 方法剔除该类 0WTP。本研究认为 0WTP 有效。

3. WTP 的计算

方法一　整体平均值(或中位数)法

用调查样本的支付意愿值的平均值(或中位数)与相关群体总人数的乘积来估算，公式如下：

$$\mathrm{WTP}(T)=M\times \mathrm{Mean}(T)$$

$$\mathrm{WTP}(T)=M\times \mathrm{Median}(T)$$

式中，WTP(T)为总的支付意愿；M 为被调查地区的居民总数；Mean(T)为总样本的支付意愿的平均数；Median(T)为总样本的支付意愿的中位数。

根据表 1-41 的数据得出密云水库的总的支付意愿为：

$$\begin{aligned}\mathrm{WTP}(T) &= M\times \mathrm{Mean}(T)\\ &= 9\ 532\ 000\times 333.0\\ &= 3\ 174\ 000\ 000(\text{元})\end{aligned}$$

$$\begin{aligned}\mathrm{WTP}(T) &= M\times \mathrm{Median}(T)\\ &= 9\ 532\ 000\times 100.0\\ &= 953\ 200\ 000(\text{元})\end{aligned}$$

方法二　正支付意愿法

用正支付意愿的平均数(或中位数)，乘以样本的正支付意愿率，再乘以总人数来估算，公式如下：

$$\mathrm{WTP}(T)=M\times \mathrm{Rate}(+)\times \mathrm{Mean}(+)$$

$$\mathrm{WTP}(T)=M\times \mathrm{Rate}(+)\times \mathrm{Median}\ (+)$$

式中，WTP(T) 为总的支付意愿；M 被调查地区的居民总数；Rate(+)为总样本的正支付意愿率；Mean(+)为正支付意愿样本的支付意愿的平均数；Median(+)为正支付意愿样本的支付意愿的中位数。

根据表 1-41 的数据得出密云水库的总的支付意愿为：

$$\begin{aligned}\mathrm{WTP}(T) &= M\times \mathrm{Rate}(+)\times \mathrm{Mean}(+)\\ &= 9\ 532\ 000\times 87.3\%\times 381.6\\ &= 3\ 175\ 000\ 000(\text{元})\end{aligned}$$

$$\begin{aligned}\mathrm{WTP}(T) &= M\times \mathrm{Rate}(+)\times \mathrm{Median}\ (+)\\ &= 9\ 532\ 000\times 87.3\%\times 200.0\\ &= 1\ 664\ 000\ 000(\text{元})\end{aligned}$$

结论：总样本的整体支付意愿为每年 9.5 亿～31.8 亿人民币。

4. 愿意支付值与是否愿意支付的影响因素分析

在 CVM 研究中，由于 WTP 作为因变量是受限变量，其取值为 0WTP 的占有一定比例，采用最小二乘法(OLS)会产生有偏无效的估计结果，采用加权最小二乘法(WLS)可以消除异方差，但是 0WTP 的存在以及变量之间的共线性等问题仍然无法解决，采用 Tobit 模型在有连续的因变量观察值时可以使得估计得更有效，所以本研究在OLS、WLS 的基础上，进一步采用了较为先进的 Tobit 估计方法。Tobit 模型的最好估计方法是极大似然估计量(由于该方法是对归并后的数据进行处理，因此传统的用来衡量模型的拟合优度的 R 和变量显著性检验的 t 值统计量不再适用)。是否愿意支付是一个 0-1 变量，不能采用 OLS 和 WLS 进行回顾，所以采用 Logit、Probit 和 Tobit 模型进行分析。

为了研究性别、年龄、教育程度、收入、在北京的居住时间、是否到过密云、是否知道密云是北京的水源地、对愿意支付值(WTP)与是否愿意支付的影响，分别用 3 种模型进行回顾，由于年龄、教育程度、收入、在北京的居住时间四个变量存在较强的相关性，故用在北京的时间占年龄的比例和相对于教育程度的年收入作为解释变量(表 1-42，表 1-43)。

表 1-42　愿意支付值(WTP)的影响因素分析结果

变量名称	符号	OLS	WLS	Tobit
常数项	C	95.194 0*** (2.623 3)	2 000.607 0*** (23.927 7)	43.316 9 (1.066 0)
性别	SEX	−14.037 2 (−0.933 4)	−31.849 9 (−0.909 7)	−1.376 4 (−0.081 8)
年龄	AGE	−2.101 4*** (−3.590 0)	−7.052 9*** (−4.996 6)	−2.427 9*** (−3.702 4)
在北京的时间占年龄的比例	RES_AGE	33.368 0* (1.818 1)	306.433 9*** (6.640 2)	38.068 0* (1.864 8)
教育程度	EDU	64.809 0*** (6.989 3)	18.016 5 (0.850 5)	63.145 5*** (6.081 7)
相对于教育程度的年收入	INC_EDU	0.012 6*** (14.580 3)	−0.003 9** (−3.013 2)	0.013 4*** (13.849 2)
是否知道密云是水源地	WAT_MY	32.904 2* (1.884 4)	84.731 8** (1.987 8)	46.807 4 (2.387 1)
是否去过密云	BEEN_TO_MY	−1.285 4 (−0.077 1)	0.522 2 (0.013 9)	−5.739 0 (−0.306 4)
R-squared		0.059 0	0.740 7	0.040 8
Adjusted R-squared		0.057 6	0.740 2	0.039 1
F-statistic		40.531 6	13.328 1	—
		−34 583	−202 658	−31.080

表 1-43　是否愿意支付(0-1 变量)的影响因素分析结果

变量名称	符号	Probit	Logit	Tobit
常数项	C	1.148 8***	1.950 9	0.857 5
		(9.897 3)	(9.006 7)	(31.044 7)
性别	SEX	0.170 9***	0.318 9***	0.040 2***
		(3.512 7)	(3.481 6)	(3.513 5)
年龄	AGE	−0.003 3*	−0.006 2*	−0.000 8*
		(−1.726 0)	(−1.771 7)	(−1.746 6)
在北京的时间占年龄的比例	RES_AGE	0.064 5	0.114 7	0.012 2
		(0.945 7)	(0.888 3)	(0.872 6)
教育程度	EDU	−0.050 4*	−0.095 6*	−0.012 2*
		(−1.694 3)	(−1.709 4)	(−1.722 1)
相对于教育程度的年收入	INC_EDU	0.000 0*	0.000 0*	0.000 0*
		(1.696 4)	(1.719 5)	(1.729 4)
是否知道密云是水源地	WAT_MY	0.159 4**	0.301 1***	0.039 3*
		(2.904 9)	(2.933 2)	(2.951 3)
是否去过密云	BEEN_TO_MY	−0.058 1	−0.109 4	−0.013 3
		(−1.090 9)	(−1.080 6)	(−1.047 9)

根据 Tobit 模型的分析结果表明(表 1-44)：对 WTP 实测值有显著影响的是年龄(—)，在北京的时间占年龄的比例(＋)，教育程度(＋)，相对于教育程度的年收入(＋)，是否知道密云是水源地(＋)。没有显著影响的因素是性别和是否去过密云。

对是否愿意支付（0-1 变量)的有显著影响的是性别(＋)，年龄(—)，教育程度(—)，相对于教育程度的年收入(＋)，是否知道密云是水源地(—)。没有显著影响的是在北京的时间占年龄的比例和是否去过密云。

为了进一步了解受访者居住区域(8 种)，对社会和公共问题的重要程度的认识(11 个方面)和职业(11 种)对愿意支付值(WTP)和是否愿意支付的影响，本研究分别构造虚拟变量，加入到进行分析。

表 1-44　Tobit 模型分析

变量名称	符号	愿意支付值 WTP	是否愿意支付(0-1 变量)
常数项	C	68.752 1	0.785 9***
		(1.309 5)	(22.027 2)
性别	SEX	−3.435 8	0.039 8***
		(−0.204 3)	(3.475 3)

续表 1-44

变量名称	符号	愿意支付值 WTP	是否愿意支付(0-1 变量)
年龄	AGE	−2.489 3*** (−3.830 9)	−0.000 7 (−1.531 7)
在北京的时间占年龄的比例	RES_AGE	36.608 1* (1.875 9)	0.012 3 (0.926 4)
教育程度	EDU	55.331 5*** (5.242 9)	−0.009 8 (−1.363 8)
相对于教育程度的年收入	INC_EDU	0.013 2*** (13.707 7)	0.000 0* (1.880 9)
是否知道密云是水源地	WAT_MY	51.955 6*** (2.708 9)	0.040 5*** (3.108 5)
地区:宣武区	DIS_D	53.640 6 (1.641 4)	0.009 8 (0.440 7)
地区:朝阳区	DIS_E	36.243 7* (1.825 9)	−0.008 5 (−0.631 9)
对援助贫困国家的支持程度	CON_G	33.482 6*** (2.600 7)	0.037 2*** (4.250 7)
对打击犯罪的支持程度	CON_J	−59.481 4*** (−3.721 1)	−0.011 2 (−1.030 5)
对太空探索和开发的支持程度	CON_K	31.315 2** (2.551 6)	0.036 2*** (4.333 6)
职业:国家机关、党政机关和社会团体	JOB_C	109.828 4** (3.294 3)	0.025 6 (1.126 4)
职业:卫生、体育和社会福利事业	JOB_J	72.934 1* (1.943 1)	−0.029 0 (−1.135 8)
职业:金融、保险业	JOB_K	132.326 0*** (3.507 2)	0.016 6 (0.646 8)

结果表明,对 WTP 实测值有显著影响的因素除了前文指出的因素外还有:居住在朝阳区(+),对援助贫困国家的支持程度(+),对打击犯罪的支持程度(+),对太空探索和开发的支持程度(+),职业为国家机关、党政机关和社会团体(+),职业为卫生、体育和社会福利事业(+),职业为金融、保险业(+)。

对是否愿意支付 (0-1 变量)的有显著影响的因素除了前文指出的因素外还有:对援助贫困国家的支持程度(+),对太空探索和开发的支持程度(+)。

三、结论与讨论

本研究利用条件价值评估法，采用支付卡(PC)方式对密云水库的支付意愿进行了估算；然后，应用计量经济模型对受访者支付意愿值 WTP 及其影响因素进行了回归分析和比较研究。其主要结论如下：

第一，根据实证分析结果显示，按照北京市城八区的 2005 年人口数量指标进行测算，当地受访者正支付意愿的比例为 87.3%，总样本支付意愿的中位数为 100 元，平均数为 333.0 元，正支付意愿的样本支付意愿的中位数为 200 元，平均数为 381.6 元。北京市城八区居民对密云水库的总支付意愿在 9.5 亿～31.8 亿人民币之间。

第二，本研究应用了 OLS、WLS 和 Tobit 模型对 WTP 进行回归分析，发现 WTP 实测值有显著影响的是年龄(－)，在北京的时间占年龄的比例(＋)，教育程度(＋)，相对于教育程度的年收入(＋)，是否知道密云是水源地(＋)，居住在朝阳区(＋)，对援助贫困国家的支持程度(＋)，对打击犯罪的支持程度(＋)，对太空探索和开发的支持程度(＋)，职业为国家机关、党政机关和社会团体(＋)，职业为卫生、体育和社会福利事业(＋)，职业为金融、保险业(＋)。

本研究应用了 Probit、Logit 和 Tobit 模型对否愿意支付 (01 变量)进行了回归分析，对是否愿意支付 (01 变量)的有显著影响的是性别(＋)，年龄(－)，教育程度(－)，相对于教育程度的年收入(＋)，是否知道密云是水源地(－)，对援助贫困国家的支持程度(＋)，对太空探索和开发的支持程度(＋)。

四、调查数据分类统计结果

1. 描述性统计结果

表 1-45 至表 1-62，对调查问卷中的 18 个主要问题的调查结果进行了统计性描述。

表 1-45　被调查者的区域分布

区域	人数	比例(%)
A)东城区	204	4.5
B)西城区	394	8.7
C)崇文区	132	2.9
D)宣武区	325	7.2
E)朝阳区	1 059	23.3
F)海淀区	1 428	31.5
G)丰台区	721	15.9
H)石景山区	275	6.1

表 1-46　被调查者对社会和公共问题的重要程度的认识

项　目	A. 非常重要	B. 一般重要	C. 不重要	其他
A)公共安全	3 860	633	43	2
B)反恐怖主义	1 658	2 189	688	3
C)保护和改善环境	3 855	622	56	5
D)饮用水安全	4 078	425	29	6
E)卫生保健	3 260	1 199	75	4
F) 公共教育	3 254	1 175	102	7
G)援助贫困国家	887	2 419	1 230	2
H)游乐园的安全设备	2 106	1 806	623	3
I)交通运输	2 851	1 502	181	4
J)打击犯罪	3 347	1 030	158	3
K)太空探索和开发	1 277	2 244	1 017	0

表 1-47　被调查者是否知道饮用水的来源

是否知道饮用水的来源	人数	比例(%)
A. 知道	2 916	64.3
B. 不知道	1 613	35.5
未选或者选其他	9	0.2

表 1-48　被调查者是否知道北京最主要的水源地

北京最主要的水源地	人数	比例(%)
密云	3 194	70.4
其他地方	1 339	29.5
未选或者选其他	5	0.1

表 1-49　被调查者是否去过密云

是否去过密云	人数	比例(%)
A. 去过	2 121	46.7
B. 没去过	2 407	53.0
其他	10	0.3

表 1-50　假如不得不接受水质下降或用水量被限制的事实，被调查者觉得生活水平没有降低的补偿金额

元

金额	人数	比例(%)
A)0	116	2.56
B)500	387	8.53
C)1 500	431	9.50
D)3 000	475	10.47
E)5 000	677	14.92
F)7 500	320	7.05
G)10 000	678	14.94
H)15 000	241	5.31
I)50 000	232	5.11
J)75 000	73	1.61
K)100 000	199	4.39
L)>100 000	908	20.01
200 000	579	12.76

表 1-51　被调查者是否支持保护密云水库的项目

是否支持	人数	比例(%)
A. 支持	4 514	99.50
B. 不支持	18	0.40
未选或者选其他	6	0.13

表 1-52　被调查者是否愿意为水源保护基金捐款

是否愿意	人数	比例(%)
A. 愿意	3 960	87.30
B. 不愿意	576	12.70
未选或者选其他	2	0.00

表 1-53 请被调查者确定愿意提供一次性资助支付的金额 元

金额	人数	比例(%)
A)0	578	12.7
B)100	1867	41.1
C)200	883	19.5
D)500	622	13.7
E)750	44	1.0
F)1 000	333	7.3
G)1 250	10	0.2
H)1 500	47	1.0
I)1 750	5	0.1
J)2 000	68	1.5
K)>2 000	81	1.8
L)>100 000	0	0

表 1-54 被调查者选择不愿意支付,最主要的一个理由

理 由	人数	比例(%)
A)我相信政府应该利用现有的税收承担所有与环境保护相关的费用	336	7.4
B)由于受到收入水平的限制我不能提供捐款	128	2.8
C)我不支持环境保护	2	0
D) 密云水库对我来说没有价值	6	0.1
E) 我认为水库是应该被保护,但我不认为我必须要为它付钱	62	1.4
F) 其他	40	0.9
未选或者选其他	4 055	89.36

表 1-55 愿意支付的被调查者对下列原因的重要性确定的范围

原 因	A.非常重要	B.重要	C.一般重要	D.不重要或者没有原因	E.未选或者选其他
A)我想保护这个野生动物赖以生存的栖息环境	1 276	1 606	913	743	0
B)我想有机会亲自去密云感受生态自然	640	1 114	1 523	1 260	1
C)我认为水库的环境资源要留给后代	2 670	1 015	238	614	1
D)我担心水资源供给成问题	2 561	1 006	331	640	0
E)我喜欢去密云旅游,享受自然	540	1 042	1 581	1 375	0

续表 1-55

原　因	A. 非常重要	B. 重要	C. 一般重要	D. 不重要或者没有原因	E. 未选或者选其他
F)我希望有机会亲自到水库享受人与鸟的和谐相处	618	1 081	1 630	1 209	0
G)我很高兴能喝到这样安全放心的水，并希望它得以保护	2 915	868	164	591	0
H)我愿意为子孙后代保护好安全可靠的饮用水	2 953	819	169	595	2
I)我想让其他人也能感受到原生态山水，体味体验式休闲	905	1 433	1 211	987	2
J)我认为密云水库是北京地区最重要的饮用水源地	2 450	1 076	325	687	0
K)其他	2	3	33	4 500	0

表 1-56　假如有必要被调查者是否愿意对未来密云水库的保护提供额外资助

是否愿意	人数	比例(%)
A. 愿意	3 927	86.5
B. 不愿意	609	13.4
未选或者选其他	2	0.04

表 1-57　被调查者的性别

性　别	人数	比例(%)
A. 男	2 327	51.3
B. 女	2 209	48.7
未选或者选其他	2	0.04

表 1-58　被调查者的年龄

年龄(岁)	人数	比例(%)
A. 18～22	756	16.66
B. 23～29	1 569	34.57
C. 30～39	942	20.76
D. 40～49	518	11.41
E. 50～59	409	9.01
F. 60～69	216	4.76
G. 70～79	104	2.29
H. 80 以上	18	0.40
未选或者选其他	5	0.11

表 1-59　被调查者的收入

元

收　入	人数	比例(%)
A)0	274	6.04
B)<10 000	1 189	26.20
C)10 000～15 000	888	19.57
D)15 001～20 000	439	9.67
E)20 001～25 000	364	8.02
F)25 001～30 000	292	6.43
G)30 001～40 000	363	8.00
H)40 001～50 000	233	5.13
I)50 001～60 000	171	3.77
J)60 001～70 000	97	2.14
K)70 001～80 000	47	1.04
L)80 001～90 000	33	0.73
M)90 001～100 000	58	1.28
N)>100 000	91	2.01

表 1-60　被调查者的学历

学　历	人数	比例(%)
A. 初中及初中以下	711	15.7
B. 中专、高中	1 100	24.2
C. 大专、本科	2 348	51.7
D. 研究生	374	8.2
未选或者选其他	5	0.1

表 1-61　被调查者的职业

职　业	人数	比例(%)
A)农、林、牧、渔、水利业	132	2.9
B)工业	402	8.9
C)国家机关、党政机关和社会团体	313	6.9
D)建筑业	230	5.1
E)交通运输业、邮电通信业	252	5.6
F)教育、文化艺术和广播电视业	600	13.2
G)房地产管理、公用事业、居民服务和咨询服务业	414	9.1

续表 1-61

职　业	人数	比例(%)
H)科学研究和综合技术服务业	236	5.2
I)商业、公共饮食业、物资供应和仓储业	756	16.7
J)卫生、体育和社会福利事业	236	5.2
K)金融、保险业	234	5.2
L)地质普查和勘探业	27	0.6
M)其他行业	706	15.6

表 1-62　被调查者在北京居住的时间

居住年限	人数	比例(%)
1～3	1 190	26.22
4～6	704	15.51
7～9	324	7.14
10～19	523	11.52
20～29	580	12.78
30～39	336	7.40
40～49	374	8.24
50～59	382	8.42
60～69	88	1.94
70～79	33	0.73
80～89	3	0.07
90～99	1	0.02

2. 影响因素分析

表 1-63 是被调查者愿意支付值的影响因素分析，表 1-64 是对是否支付的影响因素分析。

表 1-63　愿意支付值(WTP)的影响因素分析

变量名称	符号	最小二乘法(OLS)			加权最小二乘法(WLS)			删失回归模型(Tobit)		
		Coefficient	t-Statistic	Prob.	Coefficient	t-Statistic	Prob.	Coefficient	z-Statistic	Prob.
常数项	C	95.194 0	2.623 3	0.008 7	2 000.607 0	23.927 7	0.000 0	43.316 9	1.066 0	0.286 4
性别	SEX	−14.037 2	−0.933 4	0.350 7	−31.849 9	−0.909 7	0.363 0	−1.376 4	−0.081 8	0.934 8
年龄	AGE	−2.101 4	−3.590 0	0.000 3	−7.052 9	−4.996 6	0.000 0	−2.427 9	−3.702 4	0.000 2
在北京的时间占年龄的比例	RES_AGE	33.368 0	1.818 1	0.069 1	306.433 9	6.640 2	0.000 0	38.068 0	1.864 8	0.062 2
教育程度	EDU	64.809 0	6.989 3	0.000 0	18.016 5	0.850 5	0.395 1	63.145 5	6.081 7	0.000 0
相对于教育程度的年收入	INC_EDU	0.012 6	14.580 3	0.000 0	−0.003 9	−3.013 2	0.002 6	0.013 4	13.849 2	0.000 0
是否知道密云是水源地	WAT_MY	32.904 2	1.884 4	0.059 6	84.731 8	1.987 8	0.046 9	46.807 4	2.387 1	0.017 0
是否去过密云	BEEN_TO_MY	−1.285 4	−0.077 1	0.938 6	0.522 2	0.013 9	0.988 9	−5.739 0	−0.306 4	0.759 3
R-squared		0.059 0			0.740 7			0.040 8		
Adjusted R-squared		0.057 6			0.740 2			0.039 1		
F-statistic		40.531 6			13.328 1			—		
Log likelihood		−34 583			−202 658			−31 080		

表 1-64 对是否愿意支付的影响因素分析

变量名称	符号	概率回归模型(Probit)			逻辑回归模型(Logit)			删失回归模型(Tobit)		
		Coefficient	z-Statistic	Prob.	Coefficient	z-Statistic	Prob.	Coefficient	z-Statistic	Prob.
常数项	C	1.148 8	9.897 3	0.000 0	1.950 9	9.006 7	0.000 0	0.857 5	31.044 7	0.000 0
性别	SEX	0.170 9	3.512 7	0.000 4	0.318 9	3.418 6	0.000 5	0.040 2	3.513 5	0.000 4
年龄	AGE	−0.003 3	−1.726 0	0.084 4	−0.006 2	−1.771 7	0.076 4	−0.000 8	−1.746 6	0.080 7
在北京的时间占年龄的比例	RES_AGE	0.064 5	0.945 7	0.344 3	0.114 7	0.888 3	0.374 4	0.012 2	0.872 6	0.382 9
教育程度	EDU	−0.050 4	−1.694 3	0.090 2	−0.095 6	−1.709 4	0.087 4	−0.012 2	−1.722 1	0.085 1
相对于教育程度的年收入	INC_EDU	0.000 0	1.696 4	0.089 8	0.000 0	1.719 5	0.085 5	0.000 0	1.729 4	0.083 7
是否知道密云是水源地	WAT_MY	0.159 4	2.904 9	0.003 7	0.301 1	2.933 2	0.003 4	0.039 3	2.951 3	0.003 2
是否去过密云	BEEN_TO_MY	−0.058 1	−1.090 9	0.275 3	−0.109 4	−1.080 6	0.279 9	−0.013 3	−1.047 9	0.294 7

第二章

北京地表水源区建设的历史代价和现实困境

密云水库自1958年9月1日开始施工,一年拦洪,二年竣工,至1960年9月,大功告成,先后只用了2年的时间。水库库容43.75亿m^3,最大水面积188 km^2,是一座集防洪、灌溉、除害兴利、发电和城市用水于一身的综合利用的大型水库,是华北地区最大的人工湖。

水库功能转化划分为两个阶段。第一阶段:从建库到1985年,水库功能以防洪、灌溉为主。建库后,1960—1990年发生较大洪水112次,但是经过水库调蓄,没有发生洪水灾害。灌溉,1961—1981年,共向北京、天津和河北省提供农业用水仅160亿m^3,灌溉面积360多万亩。城市供水,对北京、天津两大城市供水主要用于工业,为北京市供水始于1966年,向天津市供水从1961年开始。第二阶段:1982年,引滦入津工程竣工通水以后,为确保首都用水,根据国务院指示,密云水库不再向天津供水。水库功能随之由防洪灌溉转变为防洪供水。1985年以后至今,水库功能以北京饮用水源为主。

第一节　密云县为水源保护付出的历史代价

密云水库是我国华北地区最重要的综合水利工程之一,水库为首都的政治稳定、社会发展、经济繁荣做出了巨大的贡献,也为周边地区提供了多项服务。截止到1993年,建库30多年间,仅拦洪蓄水、向北京市区供水、灌溉农田、发电等直接经济效益就达36.5亿元,相当于水库投资的6倍多。在水库提供了丰厚服务的同时,密云人却在此过程中付出了巨大代价,并继续在为水库和水源的保护而付出代价。

一、大规模移民

从1958年9月水库开工到1959年6月汛期拦洪以前，将水库范围内的村庄和农户迁移到库区以外，异地安置。按照设计要求，坝顶高程160 m以下为移民范围。

密云水库库区大规模移民分三阶段七批。第一阶段分为两批，第一批是库区内155 m以下57个行政村；第二批是155～157.5 m的15个行政村。第一阶段移民共涉及67个行政村，11 013户，53 186人，拆房45 626.5间，建新房38 792.5间，全部移民费4 040万元，平均每人759元。占地赔偿，库区淹没的耕地，每亩按55元，共赔偿924万元，库外料场、仓库等占地，赔偿费为279万元。房屋兑现、拆迁补偿，在新旧房屋兑现时，采取"自报公议、分等论价、新旧相抵、长退短补"的办法，对移民原有房屋按质作价，每间瓦房150～500元，草房100～310元，国家给移民盖的新房，平均每间450元，房屋兑现总额共800万元，对移民搬迁损失费兑现到户，用去120万元。

第二阶段移民是1974—1976年，因水库水位上涨，库区押宝地被淹，从库外迁回的一部分村庄，生产生活出现了很大的困难，县委1974年9月18日决定水库周边的9个行政村再次迁移库南定居。第二阶段移民涉及9个行政村616户，3 100多人，移民搬迁费用由中央水电部前期拨款中现存的150万元里开支。这两个阶段移民全部安置在密云县内。

第三阶段移民从1995年开始，移民从水库周边向受益的通州区、顺义区搬迁。该段移民涉及32个村中的4 896户，14 595人，这项工作采取总体划分、分步实施，国家、集体、个人共同分担的办法解决。第一批是1995年开始，采取集中建房，整建制搬迁的方法，移民由于房屋质量等问题，意见很大。第二批采取集中建房，不整建制搬迁，移民可以自由选择居住地。第三批是1999年以后，采取更开放的政策，把补偿费、建房款直接发放到移民手中，自行选择宅基地，自行建房，效果比前两阶段更好。

二、资源锐减

水库占密云县燕落、小营、城西三个平原中的两个，淹没在册耕地16.9万亩，加上修路、修渠等共占用耕地24万亩，占当时密云县总耕地面积的35.3%。仅仅是修建水库期间，占用耕地24.4万亩，拆除房屋4.5万余间，砍伐树木1 000多万棵，致使库区内57个村庄的9 700余户，共47 000多村民搬迁，给密云县的经济社会发展条件带来不利影响。

(1)耕地资源锐减

密云全县耕地面积由建库前的67万亩减少到不足39万亩，人均耕地由2.74亩下降到不足0.9亩；特别是水库周边地区(指环绕密云水库160 m高程左右的50个村队，共17 416户，53 173人)，人均耕地仅0.45亩，其中13个村队不足0.2亩，5个村队不足0.1亩，18个村队人均粮食占有量不足70 kg，有的村已地无1亩。

(2)人口严重超载

密云水库188 km^2 库区内的移民全部在密云县内安置，县内形成了21万人的移民安置区，使原来就比较薄弱的经济基础几乎丧失了积累效应。经过16年来的努力，几项主要经济指标才恢复到建库前的水平，而19年内农民分配平均每年递增只有2.13元。

(3)密云水库功能发生变化，加剧了环境保护与发展经济的矛盾

1985年，密云水库由以防洪、灌溉为主转变为以防洪、城市供水为主。目前，北京所用地表水中，50%的工业用水、近100%的居民生活用水来自密云水库，密云水库已成为北京的“生命水”。为了保护这一重要水源，市政府颁布了“两库一渠保护法”。由于严格的环境保护需要，使这地区的经济发展受到严重制约。因密云水库禁止旅游，投资3 000多万元建成的北京第一家国际游乐场效益很差，后来拆除；贷款700万元建设的陡岭自选矿厂一天也没生产，被迫下马。大批资源闲置，经济发展缓慢。

三、牺牲经济换环保

由于保护水源和建设生态是国家和北京市政府对密云的政治任务和强制要求。多年来密云环境保护与经济发展的矛盾很尖锐。由于密云发展经济的环保要求很高、限制性条件多，长期以来，密云发展的机会成本很高，是不断地通过牺牲经济换环保。

清华股份有限公司的高亮度LED外延片芯片产业化项目是一个

高科技高回报的环保型项目。总投资50亿元，建成年产24亿粒高亮度蓝绿光LED外延片、芯片生产线，实现白光LED发光效率100 Lm/W，技术水平国际先进国内领先。预计均营业收入84 100万元，年平均利润总额25 374万元。在项目可行性报告中有科学而周全的生态效益及环境风险评价。

项目对节能和环保的贡献为：①一期项目，年产4亿粒高亮度蓝绿光LED芯片。每年节约照明用电0.96亿度；每年减少供电用煤3.2万t；每年减少CO_2排放量8.4万t；每年减少SO_2排放量27.2万kg。②二期项目，年产24亿粒高亮度蓝绿光LED芯片。每年节约照明用电5.76亿度；每年减少供电用煤19.2万t；每年减少CO_2排放量50.4万t；每年减少SO_2排放量163.2万kg。

废水治理：①水量平衡：总用水量98.8 t/d，其中循环水量90.0 t/d，新水量8.8 t/d。新水量中冷却系统损耗（冷凝水）水量2.1 t/d，排放6.7 t/d。经中和沉淀处理后排水量为5.7 t/d。循环冷却系统和纯水制备排水1 t/d，进入市政污水管网的为6.7 t/d。②有机物平衡：生产用有机物包括乙醇，丙酮，显影液，光刻胶。总计消耗量为200 L/月，使用后的有机物全部（197.6 L/月）由天津市风船化学试剂科技有限公司回收（拥有化学废液回收资质），用纯水清洗外延片时，清洗水中会带有少量的有机残留物（约2.4 L/月），该部分清洗水经处理后排放至城市排水管网。③处理效果：本项目生产废水经处理能够实现达标排放。密云工业园区建成有集中的城市污水处理厂（二级处理工艺），可执行三级排放标准。④废水污染物排放总量：密云工业区污水处理厂日处理水量为45 000 t，本项目排水量为6.7 t/d，为污水处理厂处理水量的0.15%，本项目CO_2排放量为188 kg/年，为工业区年排放量的0.23%，本项目氨氮排放量为34.2 kg/年，为工业区年排放量的0.32%。

清洁生产：本项目产品为LED高端产品，属国家产业政策中鼓励类，采用国际先进工艺，污染物排放量小，固体废弃物全部得到有效利用和处置，符合清洁生产要求，并达到国际化先进水平。与一期项目相比，二期项目自动化程度进一步提高，使有机物和酸类的相对消耗量大幅度降低从而降低排放量。污染物在设备中已得到控制，剩余极少量按排放标准经过有效处理后排放。

环境评价:①规划符合性:密云高新开发区的规划是可以建设电子加工项目,本项目符合其规划要求。②对水源地的影响:所有生产是在洁净生产车间内进行的,采用了大量的密闭生产设备,将可能产生的污染物最大限度地收集起来处理达标后排放,避免了无组织排放的影响。工厂所在地在水源水库的下游。产生的污染物中没有重金属等毒性大的物质。污染物排放量大大低于国内现有水平。

这一项目原本计划落户密云经济开发区,可在最后由环保审批的时候,由于有个别专家提出了密云是水源地,应最大力度减少污染水源的可能性,这个项目虽然目前没有污染环境的危险,但不排除未来污染环境的可能。最后这个项目被环保一票否决,最终移师顺义。诸如此类,密云为保护首都水源错过极好的发展机会,这样的机会成本将由谁来补偿?

总体上说,建库以来的50年间,密云经济发展速度逐步放慢。20世纪60年代,密云人均经济规模和人均收入与顺义县持平,高于怀柔,居于北京市所有区县中间的位置;80年代密云发展速度已趋缓,逐步与顺义和怀柔拉开距离;到90年代以后差距迅速扩大;进入21世纪后,2006年密云人均GDP仅有顺义的38%,怀柔的55%(图2-1)。

图2-1 密云县与北京市及顺义区、怀柔区1990—2006年人均GDP

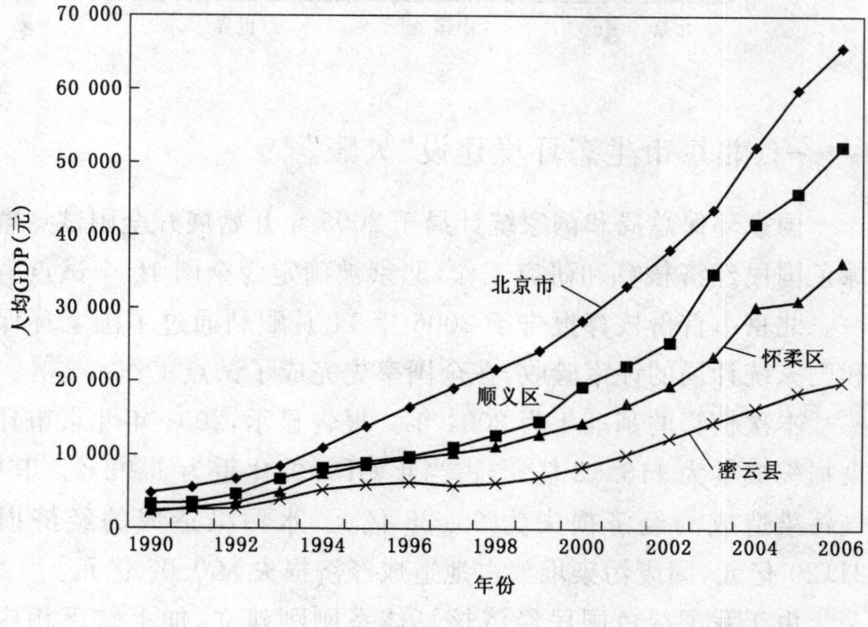

第二节　北京地表水源区发展的现实困境

北京市水资源贫乏，人均水资源占有量不足 300 m³，无论是在国内城市中还是在国际都市中，均属于严重缺水城市（人均水资源占有量 1 000 m³ 是国际标准的水资源危机的临界线），北京及我国人均水资源情况见图 2-2。水资源可能成为北京市可持续发展的瓶颈因素。官厅水库原来是北京最主要的地表饮用水源。由于从 20 世纪 70 年代以来的污染，1997 年官厅水库不得不退出饮用水供水系统；密云水库是当前北京市唯一的地表饮用水源，水质保持在二级饮用水平。由于短期内官厅水库尚不能恢复供水，而南水北调可供给北京的水量很不稳定，密云水库对北京市供水的战略地位非常重要。

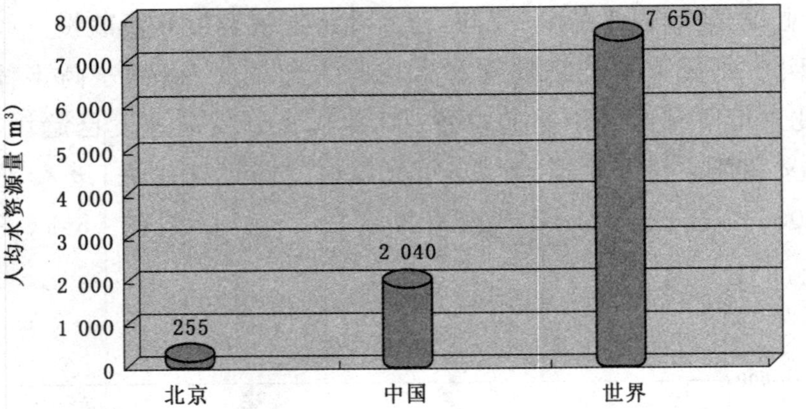

图 2-2　2006年北京人均水资源量

一、北京市生态环境建设"欠账"

国家环保总局和国家统计局于 2005 年开始展开全国试点省市的绿色国民经济核算和研究工作，北京被确定为全国 10 个试点省市之一。北京市首份核算报告于 2006 年 11 月顺利通过了国家环保总局和国家统计局的评审验收，在全国率先完成了试点工作。

本次核算的基准年为 2004 年。报告显示，2004 年北京市环境污染损失成本为 116.52 亿元，占当年 GDP 的比重为 1.92%。其中，大气污染造成的经济损失为 95.25 亿元，水污染造成的经济损失为 21.20 亿元，固废污染堆放占地造成经济损失为 0.07 亿元。

由于我国绿色国民经济核算体系刚刚建立，加上缺乏相应基础数据支持，此次北京市绿色国民经济核算中未包括自然资源核算，环境损失成本中也没有计入生态破坏损失，即使是环境污染核算，其内容也是不全面的。这些都有待进一步研究解决。

2004年，北京市需要投入的用于大气、水、固体废弃物等各项污染物治理的总成本应为82.66亿元，而当年投入的实际治理成本为53.47亿元，占64.7%；尚有29.19亿元的虚拟治理成本“缺口”，占35.3%，这说明北京市环境污染治理投入还有较大的欠账。

二、北京地表水源地保护的困难

1. 区域发展与水源保护之间冲突激烈

密云水库一级保护区人均耕地约0.4亩，有的村甚至不足0.1亩。由于耕地缺乏，再加上禁止畜牧养殖业和工矿企业，农民收入几乎没有来源。根据北京市农村经济统计年鉴资料显示，近年密云县农民人均可支配收入和净资产都居于全市末位。相对落后的经济和困窘的生活使得村民丧失了保护水库的基本经济能力。

图 2-3 北京地区1999—2006年平均降水情况（数据来源：密云水务局）

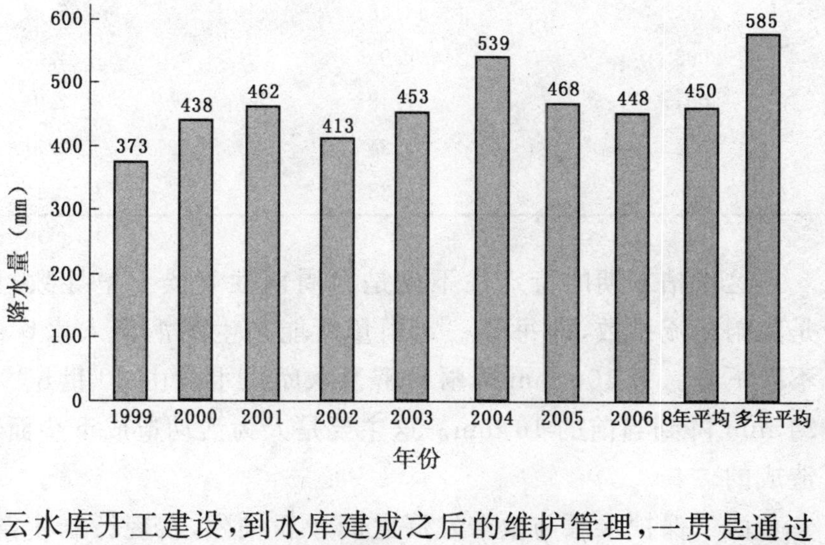

从密云水库开工建设，到水库建成之后的维护管理，一贯是通过行政命令强制执行的。在建库过程中，许多人做出了贡献，然而水库建成之后，密云人民持续不断地在配套水利设施建设、水源保护、水质保持方面继续投入，为水库牺牲了许多发展机会。但是政府没有明确对该过程中利益受损的机构、企业和居民给予补偿，也缺乏有效措施为该区域创造昭示公平的机会。当地政府一方面觉得自己独立承担了全市公共管理体系应承担的保水任务，另一方面不得不忍受因经济受困而财税收入水平低的现实，因而在水源保护上的积极性被不断削弱。

在这种情况下，密云水库的供水能力和水质受到严重威胁，图 2-3 是北京地区 1996 年到 2006 年每年平均的降雨量。1999—2007 年，密云水库进入史无前例长达 9 年的枯水期，存水量直逼死库容。表 2-1 是 1994 年到 2006 年密云水库每年向北京的供水量。

表 2-1 密云水库向北京供水量 亿 m^3

年份	年均蓄水量	向北京供水量
1994	26.47	9.04
1995	32.96	5.8
1996	29.13	6.0
1997	31.99	5.65
1998	27.03	5.9
1999	28.78	7.61
2000	21.70	6.44
2001	15.58	4.95
2002	14.68	5.42
2003	9.95	4.4
2004	7.48	2.9
2005	9.24	2.71
2006	10.38	3.12

这次枯水期的特殊性不仅是因周期性气候干旱导致，更重要的是降雨径流系数，即每降一定雨量所能产生的汇集入水库的水量在不断下降。每 100 mm 降雨量密云水库集水量由 20 世纪 90 年代的 24 mm 降到当前的 16 mm。这主要是人为活动造成下垫面性质改变造成的。

由于保护水源与生产发展之间矛盾剧烈，在现行制度条件下，农民要通过生产发展，经济增长来改善现状，必然会影响水量供应和水质保证。一方面，水库上游要增加种植作物的产量，必然趋向于多灌溉，多施化肥和农药；另一方面，要增加现金收入，必然要扩大养殖业规模。过量的化肥和农药，以及未经处理的畜禽粪便，最终会通过各种渠道汇集到水库中。据王晓燕等研究表明，密云水库氮、磷等营养物质含量明显上升，水质趋向于富营养化。

2. 人口承载量大，生产生活污染对水源保护威胁大

由于密云库南城镇发展经济总量较小，安置库北生态涵养发展区农民就业能力有限。目前，水源重点保护区内仍居住着12万人，其中水源一级保护区内仍有55个村庄、1万余农户、近3万人口。大量人口居住在水源保护区，必然在生产、生活中产生污染源，对生态环境造成破坏。一是生活污水不经过任何治理，经渗透或雨水冲刷直接排入水库，对密云水库水质构成威胁。二是生活垃圾无固定倾倒场所，废弃物被风刮和水冲刷后进入水库，影响水库的水质。三是农民大量使用农药、化肥，成为污染水库水质的重要因素。四是水库周边及其上游地区存在生态破坏和退化现象。如库边滩涂、湿地由于被农民开垦种地，导致土地贫瘠，存在沙化隐患；由于非法采矿，致使大量植被破坏，水土流失严重。这些环境污染和生态破坏的现象都对水源保护区构成了很大威胁。

3. 相关政策不到位，农民意见强烈

1994年，密云水库水位急剧上涨，淹没了库区周边9万亩土地，其中，耕地6.3万亩。为了解决受灾群众的生活困难，市财政从1994年8月起，按照每人每月35元的标准，对库区周边7个乡镇的31 964人发放生活补贴。2001年，水位下降，原来淹没的土地裸露出来，市财政决定停止高水位运行补贴。但是，为了保护水源地，水库管理部门规定，裸露出的土地既不能复耕，也不能进行确权。这样，农民既失去这部分土地，又未得到任何经济补偿。

2003年，延庆千家店镇和怀柔宝山镇7 000亩耕地退稻还林。为了确保当地农民的生活用粮和部分收入，制定了补贴政策，对还林的土地，在退稻还林后的前4年每亩补贴680元，后4年每亩200元；对改种玉米的土地和不适宜种植任何作物的洼地每亩补贴300元，补贴4年。虽然进行了高限的货币补偿，但农民往往用这些钱看病或供子女上学，基本的生活用粮得不到保证。另外，在不允许给树木浇水、施肥、喷药剂的情况下，栽种的速生林很难成材，即使成材，收益也低于种水稻，尤其是后4年的补贴标准偏低，农民收入受到较大影响。

1996年，实施水库移民扶助金政策，规定由官厅、密云、怀柔水库供水的用水单位，在缴纳水费的同时，必须缴纳水库移民扶助金。对工业用水，按照每方水0.02元征收；对农业以及其他用水，按照每方水0.01元征收。该政策没有明确规定实施年限，近10年来，水价涨了6次，但扶助金的标准却没有随着提高，基层干部和农民都不理解，要求相应调高扶助金标准。

按照现行规定，区县征收的水资源费按照市与区县各50%的比例进行划分，但是由于区县征收的水资源费较少，可享用的资金有限。2004年，全市水资源费收入为10.4亿元，区县收入只占1.2亿元，市级收入占9.2亿元。有关区县认为为了保障市区用水，水源地区做出了较大贡献和牺牲，水资源费的市级收入也应按照一定比例返给有关区县。

三、北京水源区生产发展的刚性制约

北京水源地保护区的划定以及水源地保护工作的开展，从长远看有利于培育当地优势产业，有利于经济社会的可持续发展。但是，现阶段对经济社会发展的限制是多方面的。

1. 共性问题

(1)限养限种，农民增收难度加大

在水源地实施更加严格的保护措施，对农业生产和农民增收影响较大。一是养殖业发展受到限制。不能在水库发展网箱养鱼，一级保护区禁止养猪、养鸡项目，其他保护区限制散养禽畜、进山放牧。据密云县估算，全县少建养殖小区100个以上，减少畜禽养殖1 000万头(只)以上。二是种植结构调整后收益减少。如2003年，白河流域4 700亩稻田全部退出，其中3 100多亩还林，其余改种玉米，据当地乡镇政府测算，补贴加收入不及种稻收入，农民反映强烈。密云水库周边村88%的农民人均收入低于全县平均水平，其中，人均收入在1 000元以下的有5 150户。

(2)结构调整，地区经济增长乏力

水源地的重点保护区为非建设区和非旅游区，禁止新建、改建、扩建除水利或者供水工程以外的项目；在一般保护区内不得发展化工、造纸、制药、制革、印染、电镀、冶金以及其他对水质有严重污染的项目。因此，水源地各区县对传统企业和项目进行了整顿，密云县先后关闭了243家采选矿企业，怀柔区关闭传统企业52家，顺义区近年来关闭传统企业43家。在逐步退出传统产业的同时，由于受到各种保护规定限制，水源保护区招商引资非常困难，加工业在山区乡镇出现断档。如，怀柔水源保护区内，1995—2003年共有41个项目没能通过审批。

(3)水量超采，农民遭受损失

从1996—2003年的8年中，水源八厂周边地区的地下水位下降了14.3 m，地下漏斗面积达213.5 km^2。应急水源地周边也出现类似情况，最直接影响是：

影响了当地农业灌溉。怀柔应急水源地的5个乡镇地下水位年降幅在2～5 m，影响农业灌溉面积8万多亩。2004年，怀柔北房镇小麦受旱面积3 000亩，玉米受旱面积4 000亩，两项合计致使农民减少收入90多万元。

增加了打井和设备更新投入。顺义水源八厂水源地80 m深的机井大多数不能出水，有269眼机井急需更新。怀柔应急水源地周边地区已有449眼机井干涸，另有132眼出水不足，农民必须投资打深机井，更换水泵。据初步估算，每更新一眼农用机井费用约为4万元。

树木枯死，林地、果园改造投入增加。怀柔从前在划定为应急水源地的地区种树，成活率较高，都靠自然生长；2003年种了几次树，大部分因汲水困难死亡，现在种树必须实施人工浇水。顺义区1994年以来，在水源八厂漏斗区改造林地1.1万亩，为保证林木成活，新打机井25眼，投入改造资金8 800万元。

2. 密云县发展的突出问题

(1)水库上游区资源少，工业发展受到严格限制，农民增收困难

密云全县耕地面积为2.3万 hm^2，人均耕地为0.054 hm^2(0.81亩)。尤其是由于水库占地，一级保护区内农民人均耕地不足0.5亩，低于全县平均水平，且耕地质量较差。这对于库北地区以农业收入为主的农民来说，资源短缺的矛盾就更加突出。同时，尽管密云县有较丰富的水资源和矿产资源，但由于水资源保护的需要，当地农民用水、发展工业和开采矿山都受到严格的限制，并关闭了一批有污染的工厂和小矿山。这些限制性措施有效地加强了水源区保护和改善生

态环境，但也造成当地农民就业比较困难，增收乏力。2005 年密云水库库北地区农民人均收入 6 177 元，不仅大大低于北京市农民人均收入 7 860 元的水平，也比密云县农民人均收入低 1 000 元。特别是，还有 5 000 多户农民人均纯收入在 1 000 元以下。

(2)现有高新技术企业税收政策严重影响密云经济发展

密云经济开发区是密云水库下游城镇与产业发展区的重点发展区域，也是实现密云产业发展战略的重要支点。密云县经济开发区从自身特点出发，确立了“发挥生态优势，嫁接高新技术企业”的发展思路。通过创造优美环境、制定优惠政策和提供优质服务，吸引了清华同方威视、北大先锋科技等一大批高新技术企业入区生产，先后成为中关村科技园区的辐射区，教育部认定的“中国高校科技产业基地”，科技部批准的“国家火炬计划北京绿水高新技术产业基地”，信息产业部批准的“光机电产业基地”，市政府批准的“北京软件产业基地”和“北京高新技术成果孵化基地”等。2000 年底，密云经济开发区的高新技术企业曾经达到 60 家，年收入 40 亿元，税收 2 亿元，位居京郊区县榜首。这些企业入驻密云，促进了密云经济的发展，为保护水资源和生态环境建设提供了坚实的经济基础。但是，北京市原有的高新技术企业所得税优惠政策的规定，对密云经济发展带来严重影响。

突出的表现是密云工业开发区原有的高新技术企业纷纷向享受中关村优惠政策的地区迁移，即使不能迁移的企业，也都实行了异地注册，即企业在中关村园区注册享受优惠政策，在密云生产，一些原来准备入区的高新技术企业也不再落户密云。2005 年，密云工业开发区的高新技术企业已从 2002 年的 60 家减少到 16 家，而这 16 家企业都是在异地注册，本地生产，密云工业开发区的产值、税收大幅度下降。目前，留在园区内 16 家高新技术企业，2005 年的收入达 13 亿元，税收 1 亿元，但经济指标和税收都没有落在密云。而在企业引进初期，密云县为支持这些高新技术企业发展无偿提供了建设用地近千亩，原计划在以后的税收中得到补偿，现在愿望落空。这种资源流失情况导致出现农村地区向发达地区“输血”的不正常现象。

近年来，密云县依托环境优势，大力发展绿色农产品加工业，吸引了伊利集团，太子奶生物科技、山东绿润集团等一批大型农产品加工企业入驻。这些企业在发展过程中，重视加强与在京高校和科研院所合作，大力开展科技创新，增加产品的科技含量和附加值，一些企业正在逐步向高新技术企业转化。如2002年入区生产的太子奶集团，2003年就实现销售收入2.55亿元，税收1 100万元，就业员工近1 000人，并已经获得市科委高新技术企业的认定。该企业表示如果享受高新技术企业优惠税收政策的问题不能解决，将考虑迁出密云或者进行异地注册。

高新技术企业外迁对密云工业开发区乃至整个密云县的发展都造成很大影响。2000年密云工业区增加值和税收分别占全县总量的21.7％和36.1％，2003年下降到18.4％和12％。从全县工业发展看，2001—2004年，密云县工业销售收入增长速度分别为26％，25.6％，18.4％和4.8％，工业销售收入占社会总产值的比重从60.9％，下降到53.2％，下滑趋势很明显。高新技术企业外迁，使密云经济受到很大影响，不仅影响到生态县建设，从长远看，对全市生态环境建设、保护首都水资源也会产生不利影响。

第三章
生态文明相关
概念和理论的再认识

我国相当长时期内的发展，忽视了对自然规律的研究和重视。这是造成当前环境问题的重要根源。胡鞍钢(2005)对我国 1970—2001 年的真实储蓄和自然资产损失进行了定量计算，表明我国在过去的 20 多年走的是一条“先破坏、后保护，先污染、后治理；先耗竭、后节约，先砍树、后种树”的道路，造成真实国民财富的极大损失。1985 年我国自然资产损失占 GDP 的比重最高，达到 20%，到 1998 年降为 4.5%，但是近年来又有所上升，2001 年又达到了 6.3%。又如云南滇池由于经济的发展造成了严重的水体污染，据测算，要完全恢复滇池景观，投资巨大，甚至完全抵消了这些年经济增长的成绩。

近年来，生态服务的概念以及农业功能应包括生态环境服务的观念，已被越来越多的人所接受。事实上，广大的欠发达地区、农村地区提供了全球生态系统服务功能的绝大部分，而人口密集和工业发达的城市，基本上是全球生态服务功能的净消费者。据测算，仅亚马逊森林固定 CO_2 的数量就占到全球的 5%；我国沿海地区农田生态系统每年固碳量达到 1 亿 t 以上(赵荣钦，2004)。然而，意识上的认同并不等于经济价值的自动实现。在现有的生态、经济和社会发展理论以及由此派生出来的社会经济体制和政策框架下，生态服务功能很难实现货币化。付出了辛勤劳动、提供了大量的生态系统服务，而却得不到经济上的认可和回报，这是第三世界国家和农村地区相对落后和贫困的根本原因之一。依靠生态补偿或者等经济发达到相当程度再来解决这些问题，希望实在太渺茫。必须通过理论创新和实践创新来解决这类地区的发展战略和途径问题，以保持其生态建设的可持续性，进而实现生态-经济-社会的协调发展。

第一节　生态文明建设的道路问题

一、生态经济道路必须两手抓

按照生态学家的最初设计，积极主动开展生态建设，将通过生态支撑经济，经济发展进一步推动生态建设，形成生态-经济相互促进的上升型良性循环，最终构成生态-经济可持续发展的体系（图 3-1）。然而在实际生态建设过程中，却出现了良好的生态环境建设，不支撑经济发展，甚至生态环境陷入严重退化危机的案例。

黑龙江拜泉县曾是著名的商品粮、豆产区，1958 年获得过国务院颁发的“社会主义农业先进建设”奖状。但后来在“以粮为纲”的方针指导下，生态环境遭严重破坏，水土流失严重，生产力大幅度下降，被排除出商品粮大县的行列。20 世纪 80 年代初的俗语“呼海克拜，拜泉在外”，讲的就是呼伦、海伦、克山、拜泉等都是老牌商品粮大县，当时拜泉已被除名了。

从 1986 年起，拜泉县领导下决心通过建设生态农业来“拯救黑土地”，恢复生产力。经过 20 年努力，取得了显著成效。1998 年松花江、嫩江洪水泛滥，临近县损失惨重，而拜泉县则受灾轻微，据估计减少水灾经济损失 7.5 亿元；2003 年黑龙江省西部发生大面积特大旱灾，唯独拜泉境内却几乎看不到受灾的景象。

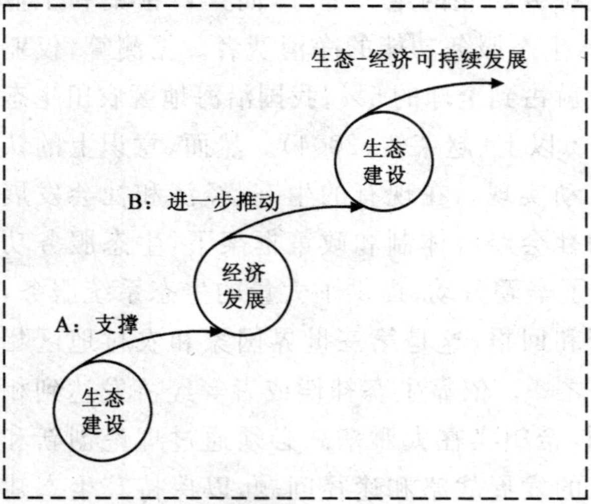

图 3-1　生态-经济可持续发展模型

然而,拜泉县这种减轻了松花江中下游的泥沙和水害、保护了无价之宝的黑土的外部性效益,既没有得到补偿,也没有在本地实现更显著的经济价值。2005 年该县仍未摆脱“贫困县”的帽子,全县农民人均收入只有千余元,县财政年收入还不到 1 亿元。因拜泉的生态建设总投入中,农民义务劳动占到主导作用和超过半数的额度,在贯彻中央关于农民“减负”的政策之后,其生态建设就失去了最重要的投入源——农民义务工,生态建设本身也面临着前所未有的危机。

生态学家在呼吁开展生态建设的时候,用得最多的一个理由就是,经济的可持续发展需要良好生态环境的支持。而拜泉县的困境提出了另一个问题:缺乏经济支撑的生态建设本身也不可持续,更无力构建生态-经济可持续发展体系。

这类问题主要出在两点上(图 3-1 中的 A 点和 B 点)。第一,生态建设本身不支撑经济发展,即良好的生态服务未帮助实现良好的经济效益;相应的,第二,经济则无力为生态建设提供进一步的物质和金融支持。这就造成一个很现实的结论,即进行生态建设在宏观经济方面没有明显收获,从事生态建设的行动本身也不能创造经济效益,可以概括为生态建设“花钱不生钱、费钱不挣钱”。这样的结果必然不停地侵蚀生态建设的社会基础,并且削弱生态建设的支撑条件,长期则导致生态环境整体退化,环境支持和生态服务能力下降,最终造成经济的不可持续。这就是生态-经济退化危机的典型模式。

这里所以要提出“退化危机”,是因为它不同于“先污染、后治理”的传统经济-生态危机模式,而是积极开展了生态建设,甚至在初次收效很好的情况下,因未能构建良好的生态-经济互动系统而导致的危机。导致这个危机的本质原因是生态服务功能的价值未得到实现。“花钱不生钱”是生态服务的宏观价值得不到实现,即未产生整体性的经济效益,未能带动区域经济的显著发展;“费钱不挣钱”是生态服务的微观价值得不到实现,即未对生态服务赋值,经济上不鼓励具体的生态建设行动。

二、绿色 GDP 的发展道路亟待破题

为落实中共中央、国务院提出的科学发展观,建立中国绿色国民经济核算体系和环境污染经济损失估算体系,国家环保总局和国家统计局已在北京市、天津市、河北省、辽宁省、浙江省、安徽省、广东

省、海南省、重庆市和四川省十个省市启动了以环境核算和污染经济损失调查为内容的绿色 GDP 试点工作。试点工作包括：

(1)建立地区环境核算框架

研究《中国资源环境经济核算体系框架》，提出完善建议，建立适合本地区的资源环境经济核算体系框架。

(2)开展污染损失调查

通过对污染损失案例的调查，建立地区污染经济损失估算模型和估算方法，确定估算技术参数，完成大气污染损失、水污染损失、固体废物污染损失以及重大环境污染事故经济损失核算。

(3)开展环境核算

开展环境污染实物量核算；按国家技术组提供的企事业单位环保支出调查表，进行企事业单位环保支出项目调查，确定内部环境污染治理成本；调查社会环保支出情况，确定外部环境污染治理成本；在污染损失调查、污染实物量核算和环境污染治理成本调查的基础上，进行环境核算。

试点工作历时一年，分四个阶段进行：2005 年 1～3 月为技术准备阶段；2005 年 3～7 月是研究调查阶段；2005 年 7～12 月为全面核算阶段；2006 年 1～2 月是核算总结阶段。我国的目标是争取用 3～6 年的时间初步建立起符合中国国情的绿色 GDP 体系框架。

作为试点省市之一，北京 2005 年开始把环境破坏与整治的数据整合到经济的整体运行中，得出绿色 GDP 数据。由于北京市和其他试点城市自然环境、工业基础不同，导致大气、水等污染都有自身特色，大气污染对人体健康的影响指标，由污染带来的清洁费用支出成本等都有不同，北京市结合地方特色，对应《中国环境经济核算体系框架》里的相应指标，调查并填充数据；最后把调研得出的绿色 GDP 数据整合到整体 GDP 数据中，将环境破坏与整治的数据整合到经济的整体运行中，更全面反映北京市经济运行和社会发展。

绿色 GDP 调查的初衷就是想全面考量经济和社会、自然环境的变化。这将会改变政府的经济行为、管理方式和政绩考核，使政府在追求经济增长速度的同时，必须高度重视资源和环境问题。从而有助于促进社会可持续发展和城乡统筹发展。而绿色 GDP 核算体系提出后，如何保证经济和社会的同步发展，经济的增长点放在何处？这是目前迫切需要研究和解决的问题。

以前北京市考核经济发展的指标是单纯的GDP增长率，但随着绿色GDP核算试点工作的开始，如何考核经济增长？用单一指标还是综合指标？是全市统一指标考核还是分区县单独考核？这是北京市政府和各区县政府目前正在进行的紧迫工作。而如果不同区县采取不同考核指标进行经济考核，则涉及到不同区县的经济发展方向和侧重点问题的确定，如作为北京水源保护区的密云如何发展？具体考核指标如何？这也是目前非常紧迫的任务。

第二节 从“无价”到“无价”的财富——生态价值

对生态环境的定价是当前非常热门的研究领域，查阅相关文献，就会很容易找到大量研究理论、研究方法和研究成果。通过这些百花齐放的理念和方法，我们在感觉到一种热闹的同时也会发现其中的很多矛盾和混乱。存在这么多的理论和方法，从另一个角度可以说明两个问题：①为生态系统的功能和服务定价确实是一个十分复杂的问题，有关研究整体上处于“百家争鸣”的初级阶段。②方法多说明还没有好方法。目前每一种理论和方法都有其道理也有缺陷，现在还没有而且急需建立一套能够得到普遍认可的生态价值评估方法体系。本研究的重点不是对生态系统提供功能和服务的价值计算，而是要研究如何通过生态补偿来实现和转化生态价值。这其中有三个问题至关重要：①生态价值的目的性（层次）；②生态价值的相对性；③生态价值的资本属性。

优良的生态环境质量是一种重要的生态资本，这是研究生态价值的一个重要目标，同时也是一个有效的视角。

“不识庐山真面目，只缘身在此山中”。作为生态系统的一个组成部分，人类是很难全面而真实的认知和了解生态系统运行规律的。不论是什么样的理论体系，其本质上都是以人的需求为目标的，不同的观点和方法之间的差异和争论，本质上是不同的人之间对人类目标需求认识上的差异：环保主义者追求的更多是精神方面的价值，强调大范围大尺度的可持续发展；与之对应的发展主义者（不一定是非环保主义）追求的更偏重于现实的价值，强调的是当下人们生存和发展的需要以及可持续发展能力的建设。所以，当我们自诩为“万物精灵”以生态系统的主角的身份来研究生态系统的价值的时候，必须时刻对照我们的目标，以生态系统要为我们人类的生存和发展提供服务为基本线索，才会把生态系统功能与服务的价值这样一个无比复杂的问题研究清楚。

优良的生态环境条件已经成为稀有物品。并且，在有些地区，这种品质已经成为其最与众不同的特征，成为其蕴力最厚的资源，可能是其振兴飞跃的最重要资源。因此开展相关研究，理清这种新型资源的基本属性和运动规律，总结其开发利用的基本原则，对于指导相似类型区域的发展具有重要意义。

密云土地总面积 2 229.45 km^2，山区面积 1 771.75 km^2，俗称“八山一水一分田”。人口 42.4 万人，农业人口 29.4 万人。耕地面积 338 691.8 亩，耕地资源严重缺乏。2003 年第一产业实现增加值 10.2 亿元，占地区生产总值的 14.9%。多年来，密云水库每年为北京城区居民提供了一半以上的生活用水。而密云县人民则为保证北京地区的清洁水源供应和生态环境，做出了巨大的牺牲：20 世纪 50 年代后期修建密云水库时，库区 10 万农民整体移民，但当时农民和地方得到的经济补偿几近于零，导致遗留问题迄今未得到彻底解决。到 80 年代和 90 年代，密云县又因水环境保护的约束而未能搭上全国经济大发展的快车。当前北京市边远落后的山区村共 395 个，密云就占了 216 个，城镇居民和农民收入比达到 2∶1 左右，农民收入上升幅度较慢。根据调查，收入的平均数掩盖了严重的两极分化现象；2003 年南部平原农民平均收入 6 500 元左右，东部农民平均 5 200 元，而库北山区农民平均收入 4 600 元，低收入的农民人均年收入不足 3 000 元。

由于密云水库特殊重要的地位，不少学者用不同的方法研究过密云水库的生态服务价值。郑建华（1999）的研究结果是水库的防洪、工业、生活用水、灌溉、发电以及渔业总经济价值为 905 713 万元。根据刘璨等（1999）的测算，密云水库水源涵养林的立木新增价值为 1 196.4 万元，固土价值为 152.68 万元，持水价值为 1 400.00 万元，净化水质的价值为 38 166.21 万元，生态旅游的价值为 1 750.57 万元，水产价值为 1 400 万元，合计 44 065.81 万元。这些结果虽然都具有一定的学术价值和积极地现实意义，但共同的问题是都没有被社会广泛接受，更没有成为政府部门制定相关政策的有效依据。

第三节　徘徊在现实之外的热门研究——生态补偿

生态补偿是当前生态科学和公共管理领域的热门话题，其作为目前协调环境保护和经济发展的有效手段也受到社会的广泛关注。自20世纪80年代以来，全世界许多国家开展了一系列生态补偿的实践，并在理论研究、政策设计、机制和措施创新方面取得了很好进展。生态补偿（ecological compensation/environmental compensation），在国际上比较通用的表述还有“生态/环境服务付费（payment for ecological/environment services，PES）”，或者“生态/环境效益付费（Payment for Ecological/Environment Benefits，PEB）”。我国自20世纪90年代起，先后在河北、辽宁等11个省（区）的685个县（单位）和24个国家级自然保护区开展了征收生态环境补偿费的试点，并有力推动了生态补偿机制方面的研究和实践探索。

2005年12月颁布的《国务院关于落实科学发展观加强环境保护的决定》和2006年颁布的《中华人民共和国国民经济和社会发展第十一个五年规划纲要》等关系到中国未来环境与发展方向的纲领性文件都明确提出尽快建立生态补偿机制的要求。原国家环保总局于2007年印发《关于开展生态补偿试点工作的指导意见》，标志着我国生态补偿实践行动全面展开。

生态补偿是通过调整损害或保护生态环境的主体间的利益关系，将生态环境的外部性进行内部化，达到保护生态环境，促进自然资本或生态服务功能增殖的目的的一种制度安排，其实质是通过资源的重新配置，调整和改善自然资源开发利用或生态环境保护领域中的相关生产关系，最终促进自然环境以及社会生产力的发展。建立和完善生态补偿政策不仅是有效促进生态环境保护的迫切需要，而且也是落实科学发展观，构建和谐社会的重要措施，具有重大的现实意义和深远的战略影响。

早期的生态补偿研究和实践主要是围绕森林生态服务、流域生态服务等主题展开的。最早一批由世界银行发起，在哥斯达黎加、哥伦比亚、厄瓜多尔、墨西哥等拉丁美洲国家开展的旨在改善流域水环境服务功能的环境服务支付（PES）项目成为世界生态补偿实践的经典案例，其后美国和日本也实施了类似性质的流域管理项目。森林的作用为人类认识的较为充分，很多国家都实施了对造林、可持续的林业开采、天然林保护等的补偿，如爱尔兰的造林补贴(planting grant)和林业奖励(forestry premium)，中国的“退耕还林草”计划和在2001年设立的“森林生态效益补偿基金”。这些项目一般通过评估生态服务的媒介——水和大气(尤其是温室气体减排)的服务价值，来决定受益者(通常为城市居民)应向服务提供者(通常为乡村居民)支付多少费用。而在所有这些种类的生态补偿中，基本上都遵循着城市对乡村进行补偿的格局。

随着研究和实践的深入，生境保护、矿产资源开发、生物多样性保护、景观娱乐文化服务也成为生态补偿的重要主题。欧盟的栖息地保护计划、新西兰的生物多样性保护计划属于生境补偿；中国的“退耕还林草”项目与加拿大的“永久性草原覆盖恢复计划”(PPCRP)、美国的保护与储备计划(CRP)以及欧盟的农业环境保护项目均属农业生境补偿项目；而全球清洁发展机制(CDM)碳交易则是为减少温室气体排放而设计的一套影响深远的生态补偿机制。这类补偿资金除少数直接向享受服务者收取，多数由政府、公益组织和大型企业承担。

近年来随着首都人口的增加和经济的持续快速增长，水资源成为制约发展的重要因素。作为北京市唯一的地表水饮用水源的密云水库存在着水量的大幅下降和部分水域富营养化的问题。为了维护密云水库周边地区的生态环境，北京新的城市规划将密云定位为“生态涵养发展区”，密云县也提出了“创建国家生态县”的目标和思路。然而，单一保护水环境制约了水库周边地区第二、三产业的发展，密云的经济发展水平明显落后于邻近地区。因此，如何建立起有效的机制，协调“保护水库水源”与“发展水库周边地区”是亟须解决的重要问题。

一、有关生态补偿的概念

联合国经济合作与发展组织环境委员会于1972年提出“污染者付费”原则，很快得到国际社会的认可，并被一些国家确定为环境法的一项基本原则，并由此开启了生态补偿的实践和理论研究。生态补偿最初源于自然生态补偿，指自然生态系统对干扰的敏感性和恢复能力。在《环境科学大辞典》中“自然生态补偿”的定义是“生物有机体、种群、群落或生态系统受到干扰时，所表现出来的缓和干扰、调节自身状态使生存得以维持的能力，或者可以看作生态负荷的还原能力”。后来逐渐演变成促进生态环境保护的经济手段和机制。

生态补偿至今还没有明确的统一概念。Cuperus 等认为生态补偿是“为了提高受损地区的环境质量或者用于创建新的具有相似生态功能和环境质量的区域而对在发展中对生态功能和质量所造成损害的一种补助”；完颜素娟等认为是“引起生态服务消费负的外部性行为者通过合理的方式补偿其承受者和生态服务享有者通过适当的方式补偿其供给者”；毛显强等认为“通过对损害(或保护)资源环境的行为进行收费(或补偿)，提高该行为的成本(或收益)，从而激励损害(或保护)行为的主体减少(或增加)因其行为带来的外部不经济性(或外部经济性)，达到保护资源的目的”。吕忠梅认为生态补偿分为广义和狭义两个层面，狭义是指对由人类的社会经济活动给生态系统和自然资源造成的破坏及对环境造成的污染的补偿、恢复、综合治理等一系列活动的总称。广义的还包括对因环境保护而丧失发展机会的区域内的居民进行的资金、技术、实物上的补偿，政策上的优惠，以及为增进环境保护意识，提高环境保护水平而进行的科研、教育费用的支出。

总体来说，生态补偿的概念，最初主要是指“生态环境损害者付出赔偿”，到 20 世纪 90 年代后发展成为“对生态环境保护、建设者的一种利益驱动机制、激励机制和协调机制”。今天生态补偿具有了更广阔的含义，它不再单纯包括对环境负面影响的一种补偿，它也包括对环境正面效益的认可与支持；涉及的范围也不是单纯的经济支持和项目建设，更包括政策、制度、文化等多个方面和多个层面。

在我国的生态环境保护与管理中，生态补偿至少具有四个层面上的含义：①对生态环境本身的补偿，即维持生态环境整体规模和质量不降低。②接近生态环境补偿费的概念，通过经济补偿控制或修补环境损失。③对个人或者区域保护生态环境或放弃发展机会的行为予以补偿，相当于绩效奖励或赔偿。④对具有重大生态价值的区域或对象进行保护性投入。

二、关于建立生态补偿机制的政策工具

根据国内外经验和现有政策结构状况，目前共有两大类 9 种政策

手段可以实现生态补偿目的，但它们针对不同生态补偿问题的适用性不尽相同。另外，这9种政策手段并不是以生态补偿为唯一的或主要目的的政策，往往是借助这些政策实现生态补偿的要求。

公共财政政策类包括：①纵向财政转移支付政策。该政策适宜用于国家对重要生态功能区的生态补偿，实现补偿功能区因保护生态环境而牺牲经济发展的机会成本。在今后的财政转移支付改革中，可以增加农村社会保障支出、生态功能区因子和现代化指数等3个因子，以便使中央对地方的财政转移支付具有生态补偿功能。②生态建设和保护投资政策。中央政府的生态建设和保护投资政策主要适用于国家生态功能区的生态补偿，实现功能区因满足更高的生态环境要求而付出的额外建设和保护的投资成本。③地方同级政府的财政转移支付。适宜用于跨省界中型流域、城市饮用水源地和辖区小流域的生态补偿。④税费和专项资金。适时征收生态税，并整合现有相关资金渠道建立专项资金（基金）用于国家履行生态补偿的责任是一个好的政策方向。目前，针对矿产资源开发造成的严重生态环境问题，开征生态补偿费，或在现有资源补偿费的基础上增加一个生态补偿费是非常必要的。征费收入可以建立专项基金，用于治理矿产资源开发引发的大规模生态环境问题及其历史遗留问题。⑤税收优惠、扶贫和发展援助政策。对被补偿地区，实行税收优惠、扶贫和发展援助是生态补偿政策的重要辅助手段，主要目的是补偿发展机会成本的损失。⑥经济合作政策。开展经济合作是解决跨省界中型流域、城市饮用水源地和辖区小流域生态补偿问题的重要辅助政策，其目的是补偿流域上游地区牺牲的发展机会成本。

市场手段类包括：①一对一的市场交易，如水资源交易。该模式适合于跨省界中型流域、城市饮用水源地和辖区小流域的生态补偿问题。②可配额的市场交易。在重要生态功能区的生态补偿领域，我国应该积极探讨可配额的市场交易模式，如《京都议定书》下的碳清洁发展机制项目、配额生物多样性保护和湿地保护交易机制等。③生态标志等。生态标志制度是一项广泛发展的制度，可以作为生态功能区和流域生态补偿的一种创新政策工具加以应用。

三、生态补偿面临的主要问题和解决思路

生态补偿的基础理论依据主要有：公共品理论、外部性理论和可

持续发展理论。最近还有一种新兴的“生态资本”理论,也给生态补偿提供了有力的支撑。现行生态补偿机制存在的主要问题有:①法律法规不健全,难以支持生态补偿制度的实施。②投融资渠道单一,难以保障生态保护与补偿的持续进行。③补偿方式简单,难以解决生态破坏的深层次问题。生态建设取得良好效果一方面有赖于精心组织生态建设项目,治理和改善生态环境;另一方面需要改变当地人们的生产生活方式,减轻对生态环境的压力,包括产业结构调整,发展新的再生能源,发展新型产业,提供更多的非农就业机会等。后者是生态补偿面临的深层问题,所需投入和解决的难度都远远超过前者。④实际操作中补偿责任难以明确(即谁补偿“谁”的问题,如何界定谁是“谁”)。

尤其我国的生态补偿研究和实践中,生态补偿的概念和内涵不统一、理论研究与实践脱节并落后于实际探索、补偿资金数量有限、补偿措施缺乏规范等问题都比较突出。中国环境与发展国际合作委员会“生态补偿机制与政策研究”课题组研究认为,在生态补偿中需要注意处理好五个重要的关系:

一是中央与地方的关系。中央政府应该主要为地方建立生态补偿机制提供政策导向、法规基础,同时引导建立一些全国性、区域性、跨省流域的生态补偿机制,并为地方生态建设与补偿提供一定的财力支持。中央政府重点解决重要生态功能区、矿产资源开发和跨界中型流域的生态补偿机制问题,重要生态功能区以国家自然保护区和水源涵养区为重点;地方政府主要建立好城市水源地和本辖区内小流域的生态补偿机制,并配合中央政府建立跨界中型流域的补偿问题。

二是生态补偿与扶贫的关系。扶贫的目标、手段、方式与生态补偿并不完全相同,如果将生态补偿与扶贫混淆在一起,将产生鼓励生态破坏的负面效应。

三是“造血”补偿与“输血”补偿的关系,努力创造“造血”补偿的条件,将补偿转化为地方发展能力的项目,而“输血”型的补偿应尽量落实到基层的农牧民手中。

四是新账与旧账的关系。制定生态补偿政策的优先顺序应该是先解决新账问题,只有控制住了新账的增长,才能解决旧账的问题。新账的责任主要在地方和企业,旧账则需要国家给予更多的支持。

五是综合平台与部门平台的关系。从运作效率来看，应建立一个综合的，以政府为主导的生态补偿平台，但从实际操作的角度，应该鼓励地主因地制宜采用多种形式开展生态补偿实践。

四、中国生态补偿政策现状和局限

现行的生态补偿政策和措施，基本上是头痛医头、脚痛医脚的一事一议的方式进行的。中国到目前为止，还没有一项真正以生态补偿为目的的政策设计。虽然涉及这一内容的相关政策已经有十余项，如退耕还林、天然林保护、矿产资源税及补偿费等。

生态补偿机制本质上是生态系统可持续发展能力的建设，研究制定与生态系统相对应的相关生态补偿政策应当充分考虑整体性和协调性的要求。目前生态补偿政策的制定和执行强调的是“条块结合”，可事实上却是“条块分割”：条（上级职能部门）出政策，结果是政出多门；块（各级地方政府）来落实，结果是浪费低效。

生态补偿是事关大局的长期工作。而我国现行的生态补偿政策和措施大多是针对局部地区的，临时性、应急性或短期性的。很多政策是以计划、项目、工程的方式组织实施，一般时限具体而短暂，导致补偿政策缺乏延续性。

我国关于生态补偿机制与政策的理论研究和实践探索开始于20世纪80年代。30年的改革开放使我国的经济发展取得了辉煌的成就，可与此同时，由于我们没有建立起与之相应的生态补偿机制和政策，结果我们为发展付出了巨大的资源和环境代价，中国出现了严重的生态赤字。总体来看，我国现行的生态补偿政策具有以下几方面的局限和特点。

（1）缺少能够让社会接受和政府采纳的生态价值评估方法和研究结果

对于生态系统的服务价值，国内有许多评估方法，主要包括：支付意愿调查法、享受价值法、旅行费用法、重置成本法、影子价格法、机会成本法、能值分析法七种方法。当前国内研究的核算方法中指标选得越来越细、越来越复杂，有重复计算的现象，存在日趋学术化、理论化以及与实际偏离的倾向。现在重要的问题是要使生态服务价值的评估结果更让人接受，并且具有更强的实践意义。

本研究中采用的是欧美国家普遍使用的条件性估价方法，一种非常直接的方法——如果想要知道某样东西对于某人而言价值多少,那就直接问他。条件性估价方法需要为估价的对象建立一个假定的市场,并通过调查的手段来找到其相应的价值,被访者的答案是随着假设的条件而变化的,所以被称为“条件性估价”。这一方法要在详细介绍研究对象概况(包括现状、存在的问题、提供的服务与商品等)的基础上,假想形成一个市场(成立一项计划或基金)用以恢复或提高该公共商品或服务的功能,征询研究对象附近居民的支付意愿或者允许目前环境恶化与生态破坏的趋势继续存在,征询研究对象附近居民接受意愿,累积后获得该公共商品或服务的总体价值。条件性估价方法是唯一一种可以用来计算非使用者利益的估价方法,目前这种方法已被美国国土资源部评为衡量环境公益或损害的最佳方法。

(2)现有生态补偿政策普遍带有较强烈的部门色彩

虽然它们也涉及到保护和恢复生态环境等相关内容,但它们被制定出来更多的是为其他目标而并非生态补偿,因此它们并不能形成一个复合的系统,满足维护整个生态系统生态服务功能的需求。这与我国的资源开发与保护,以及生态环境的维护涉及多个行政管理部门的现状有关。实际工作中表现为,以部门的生态保护责任为目的进行相应的政策设计,并以国家有关法律法规的形式将这些部门性的政策固化。比较有代表性的是有关林业的相关补偿政策。在林业方面,我国已经实施的相关生态补偿政策有退耕还林、生态公益林补偿金、天然林保护工程等,虽然其初衷是为了减少森林资源的破坏,修复生态环境和维护森林生态系统功能,但政策的效果并不尽如人意,存在许多问题,特别是部门利益化和利益部门化。按照有关规定,目前的补偿主要用于重点公益林专职管护人员的劳务费或林农的补偿费,以及管护区内的补植苗木费、整地费和林木抚育费。但是在政策的执行过程中,补偿金更多地成为各级林业部门的一项重要收入,与天然林保护工程的补偿资金一道由地方林业部门统筹使用。在地方调研中发现,一些欠发达地区,生态公益林补偿金、天然林保护工程的补偿资金基本上已经演变成了林业部门、林场、保护站等林业职工人员工资和日常运行开支的主要资金渠道。

(3)缺少保障实施生态补偿政策的强制性和长期性的法律法规

建立健全科学有效的法律法规体系,是进行生态补偿的基础和保障，也是生态补偿机制不断完善的内容和标志。目前，我国已经初步建立起了有关资源和环境保护的法律体系，很多法律法规都对生态补偿的目标和要求做出了相关规定。但这些法律法规体系对个利益相关者的权利、义务和责任等的界定及对补偿主体、补偿对象、补偿内容、补偿方式、补偿标准和补偿期限等操作性的具体问题基本没有规定或规定很不明确，导致有关生态补偿的相关各方在具体的生态补偿过程中无法根据法律来界定自己的责、权、利。如《中华人民共和国水法》规定了水资源的有偿使用制度和水资源费的征收制度，各级各地政府也制定了相应的水资源管理条例，但是在地方政府的财政预算中，却大多没有将水资源保护补偿费纳入水资源费的支出使用项目。由于生态补偿立法方面的研究和工作明显落后于国家和人们对生态环境建设和保护实践的需求，结果是一方面过去的生态环境欠账得不到应有的偿还，另一方面新的生态环境问题又层出不穷。

(4)在政策取向上存在矫枉过正的现象

现在各级政府都习惯于“安排群众”而忽视了“动员群众”的巨大潜力。过去修水库、搞环境是“全靠发动群众、哪有物质补偿”，现在保水源、建生态却又是“只能物质激励、没人义务劳动”。物质激励是只能是临时的，而精神激励才可能是持久的，这是当前农村环境建设工作中没有形成长效机制的重要原因之一。

(5)政策制定过程缺乏广泛参与

生态补偿政策的根本目的是调节生态保护背后相关利益者的经济利益关系，因此，涉及众多利益相关者。

但是在现行许多政策的制定过程中，却非常缺乏相关利益者广泛参与的机制和实现途径。所以，现行政策更多地体现了政府的意志，却不能广泛代表广大生态保护相关利益方的利益。

比如，由于各地自然条件和人文资源不同，补偿对象的认定需要因地制宜，充分考虑地区之间的差异，但由于缺乏这种广泛参与的机制，导致现行政策一刀切，脱离实际。在生态公益林补偿金政策的执行中，一些地方反映，一些具有重要生态服务功能的林地，并没有得到国家有关部门的认定，因此得不到相应的补偿，不仅使政策有失公允，而且不利于生态环境的保护。以甘肃天祝县为例，生态公益林补偿从 2000 年开始实施，标准是每亩 5 元，目前有 41.6 万亩生态公益林得到补偿,但仍有12万亩得不到补偿。主要原因是这部分林地属灌木林,不属于国家认可的生态公益林,但从祁连山水源涵养的实际功能出发,灌木林也是生态公益林重要的组成部分。

此外,在补偿标准的制定上,没有能充分考虑农民、牧民、企业团体和各级地方政府的意愿和希望。

生态补偿标准过低是普遍存在的问题。如退耕还林的补偿标准,在黄河上游地区,每亩退耕还林土地补偿粮食200斤[①]或140元,并补助种苗费50元、管护费20元;长江上游地区的补偿标准为每亩地粮食300斤或210元,种苗费50元、管护费20元。然而,这一补偿标准事实上造成退耕农民所获得的经济补偿低于(有的甚至远远低于)其在同一土地进行农业生产的经济效益。例如课题组在陕西安康旬阳调研时了解到,当地农民在坡度大于25度的坡耕地上种植烟叶的经济收益在1 000元左右,而退耕还林后获得的经济补偿则只有210元,远远低于退耕前的经济收益,因此开展退耕还林的阻力很大。同样,在退牧还草中,牧民经济利益得不到合理的补偿,造成牧民减收,甚至返贫等。在甘肃省,目前"退牧还草"的标准约合每亩5元,按一亩天然草场可以养一只羊计算,5元的标准根本无法与一亩草场产生的效益比。

(6)缺少整合部门单线政策、项目和资金的综合管理体制和机制

目前,我国的资源环境管理和生态建设基本上是多部门交叉管理、各部门各自为政的行政管理格局。各部门都按照科学发展观的要求,从自身的职能和权限出发,从维护部门利益的角度进行相应的政策研究和设计,并以国家法律法规或部门政策文件的形式进行固化。这种部门政策在"条"上的割裂,直接导致地方政府在"块"上执行的混乱和难度。只有建立一套各个部门间相互补充、相互支持的复合的生态补偿政策体系,才能满足维护一个生态系统整体的生产、生活和生态各项功能的需要。可现实的情况是,各部门生态补偿的政策不仅没有相互补充,而且政策冲突时有发生。有关生态补偿政策制定和执行上的冲突,集中表现在以下两个方面:一是条块分割的矛盾,即生态补偿政策制定和项目管理的部门化与生态补偿政策执行和相关责任的地方化之间的矛盾;二是同级政府部门间的矛盾,不

①1斤=0.5 kg,全文同。

论国家还是地方，生态补偿的目标、要求、规划等工作及其行政分工是由环保部门牵头，而决定生态效应且能够具体执行生态补偿的农、林、水、土等生态要素的管理是由农业、林业、水务、土地等部门分别管理，由于现在各级政府的生态补偿工作由环保部门牵头负责，可生态补偿的责任却落实在地方政府，由于环保部门难以指挥和协调政府的相关部门，这就形成了同级政府部门之间的矛盾。

(7)中国生态补偿的机制基本上处于“卖方市场”

现行各种政策的制定和执行往往是自上而下、一厢情愿的，缺乏各利益相关主体的广泛参与，导致生态补偿政策的效果没有达到其初衷。最主要的表现是生态补偿应该是一项系统的长期的工作，而现在的政策却大多是片面的和短期的。生态补偿政策的主要目的是调节生态保护相关利益者的经济利益关系，对于一项涉及众多利益相关者的政策，要让它公平、合理、有效，就必须让利益相关的各方都能有机会按照适宜的方式公平的参与政策制定的过程。我国现行生态补偿政策的研究制定过程中，基本没有相关利益者广泛参与的机制和途径，而更多的体现的是学者的想法和政府的意志，生态补偿在中国整体上是处于“卖方市场”。这种“卖方市场”产生的结果是，生态补偿政策落实的结果及其结果的保持都差强人意。如退耕还林、退牧还草、生态公益林补偿金等直接具有生态补偿含义的政策，是按照“谁建设、谁受益”的补偿原则，希望对生态保护做出贡献和牺牲的偏远山区农民或草原的牧民等给予补偿，从而实现社会的公平和国家整体的可持续发展。但这些政策大多是通过项目、工程、计划等政府行政的方式组织实施的，而且都有具体的时限，结果是这些补偿政策很难让最需要补偿的农民或牧民直接受益或受益很少，同时政策实施的效果也具有很大的市场变数和管理风险。当项目到期，农牧民的利益还是得不到应有的补偿时，为了基本的生存和生活的需要，他们就不会再从保护生态环境的角度去限制和设计自己的生产和生活，往往会导致这些项目、工程和计划完成后不久其效果就大打折扣。从科学发展观“以人为本”的角度和中央对民生问题的要求来看，农牧民的这些做法是正常的、是无可厚非的，这样的一些不理想的结果也是必然的、是意料之中的。

(8)资金使用未完全体现生态补偿

许多政策在资金使用渠道上并没有真正体现生态补偿的概念与

含义。特别是矿产资源补偿费、矿产资源税和水资源费。在政策筹集资金的使用中，生态保护的内容仅居于特别次要的地位，甚至可有可无。与矿山开发和水资源开发中严重的生态破坏和水源保护等的实际需求严重背离。

如矿产资源补偿费政策，据不完全统计，我国15万个矿山企业中仅有2万个是通过市场机制取得矿业权，其他绝大多数矿山企业特别是国有企业还是无偿占有矿业权。我国矿产资源补偿费平均费率为1.18％，而国外性质基本相似的权利金费率一般为2％～8％。相比之下，我国石油、天然气、黄金等矿种的矿产资源补偿费费率(油气为1％，黄金为2％)远远低于国外水平(美国12.5％、澳大利亚10％)。同时，欠费问题突出。2002年财政部委托有关机构对24个省1999—2002年上半年矿产资源补偿费的征收、入库及使用管理情况进行了专项核查，抽查发现1 601户重点采矿企业累计欠缴31亿元。2003年我国矿产资源补偿费实际征收只占应收数的48.3％。资源长期处于“无价”或“低价”使用的状态。

这些好不容易收上来的费用，又是怎么分配的呢？按照《矿产资源补偿费征收管理规定》，中央与省、直辖市的矿产资源补偿费的分成比例是5∶5；中央与自治区矿产资源补偿费的分成比例为4∶6。地方普遍反映，中央和省级政府将资源补偿费全部拿走，但并未完全用于资源开发的生态环境治理与恢复，当地百姓在承受开发引起的生态破坏不利影响时，则往往向地方政府索要补偿。基层地方政府有时为了维护地方的稳定不得不对受害群众进行补偿，承受了一定的经济损失。地方政府事权和财权不对等，并未从资源税和资源补偿费中收益，却要为资源开发的不利影响买单。

(9)现有政策的执行过程中，国家补偿资金的使用和管理缺少科学有效的机制

目前我国生态补偿的方式比较单一，生态补偿资金投入的主要方式是以中央财政转移支付(或上级政府的财政转移支付)为主，地方政府本级的生态补偿资金往往匹配不足。各级政府捉襟见肘的生态补偿资金大多是“撒芝麻盐”的方式不痛不痒的分散于各类十分渴望得到补偿的地区，造成资金的低效使用和浪费。同时，由于生态补偿资金在使用上缺乏有效的管理办法和监督机制，资金在自上而下的流动过程中，途经的各个环节都容易出现不同程度的“截流”现象。

当资金走到最需要的终端时，往往会因为数量的减少而陷入高成本低回报的窘境，甚至高额的管理成本已经直接危及到一些项目自身能否顺利进行。生态补偿资金在使用和管理机制方面的缺陷，使原本就很有限的补偿资金不论在空间尺度还是时间尺度上都很难取得预期的生态补偿效果。

五、北京的农村建设与生态补偿问题

2006年中央一号文件《中共中央国务院关于推进社会主义新农村建设的若干意见》在全国掀起了一股农村建设的潮流。从生态环境建设的角度来看，北京市的新农村建设是北京实现生态补偿的重要举措。

作为国家首都和世界城市，北京是否还需要农村，如果需要，应该突出怎样的功能和价值。过去农村对于城市的主要功能是米袋子和菜篮子。现在，发达的交通和商务以及极差地租和城市周边区位的比较优势让北京这样一个大都市郊区农村农产品直接供给者的作用和角色大大弱化了。北京提出都市型现代农业，展开来说就应当是以都市需求为导向、具有较高附加值和现代特征的农业生产形式。

在不少人的心中，北京郊区农村最有价值的就是土地。而土地之所以有价值，主要是他们把农田看作是商品房、厂房和道路等各种设施建设的备用地。在这些人看来，新农村就是城市化的居民区和工业区，农田就是未来要用推土机推平的地方，农民就是一群需要在“农转非”过程中想办法予以妥善安置的人。他们认为，城市代表先进、农村意味着落后，伴随着城镇化和工业化进程，农田的退缩和农村的消减是理所应当的。

毫无疑问人类需要农村、国家需要农村。但北京这样一个国际大都市是否需要农村至少是存在争议的。主张北京应该消灭农村的主要是地方政府官员、地产开发商以及一些学者。官员和开发商主张消灭农村的目的都是要增加收入：开发商需要开发更多的土地以赚取更多的利润；官员感到农业对地方政绩尤其是地方财政和地方福利的贡献太小，而通过批租更多的土地，政府就可以有更多的土地出让金的收益从而增强政府财力繁荣地方经济。经济学家主张消灭农村的主要理由有：在经济全球化的背景下，北京有能力从世界市场上购买到其所需的农产品；北京高度稀缺的土地资源应该用于效率更高的方面，产生更高的经济效益后支持周边地区农业的发展，对北京和全国的发展都有好处；北京的劳动力价值相对很高，其农产品生产已经失去比较优势；从环渤海经济圈的整体发展来看，需要有一个核心城市带动一个城市群落的发展。

从这些理论和观点来看北京农村的萎缩和消亡是存在一定合理性的。无论如何，如果单纯为了保全农村而限制北京城市建设对土地的迫切需求，由此导致交通拥挤，绿地等公共空间紧缺，缺乏足够的文化、体育、休闲、娱乐设施，缺乏宜居的环境和宜人的景观，缺乏具有自然和人文气息的高端商务区等，由此带来的各种损失决非由此节约下来的农田能够弥补的。虽然在相当长的一段时间内，北京还需要进一步加强城市建设，但我们必须清醒地认识到城市的建设和经济的发展最终都是以提高人们的生活质量和生活品质为目标的，因为“乡村是人们心灵的家园”。所以，北京的农村对北京市区来讲具有无法估量的文化价值。

北京的发展目标是世界城市、文化名城、宜居城市。一个国际一流的大都市，不仅需要有很高的GDP、很繁华的CBD，有标志性建筑，有庞大的人才群体，还需要有丰富而鲜明的传统文化个性。这种地方文化的个性基础在哪里？海纳百川和八方移民造成的个性的漂移，城市的名人更多体现的是功名利禄的浮华，地方传统文化根深蒂固的是一座城市的农村。所以，如果从农业生产所能带来的直接经济效益来看，人们很难理解欧洲国家为什么会那么固执地保护城市边缘的农村，使之在强大的工业文明下得以持续生存。繁华、喧闹、快节奏、商业化味道浓郁的城市越发达，朴素、安宁、舒缓、贴近自然的农村因为与城市的巨大反差而越具有价值。农村维系着传统的生活方式和地方特色的传统文化。由于这种巨大的文化价值和需求的存在，北京郊区农村在农业生产带来的经济效益以外就存在着潜力巨大的经济附加值。发达国家的经验已经证明：大都市推进城市化不仅不能消灭农村，而且必须使其农村变得更好。

第四节　生态资本理念的萌动

一、生态资本概念的萌发——自然资本

目前国内外对生态资本的研究还没有一个统一的认识，相关研

究中对生态资本术语的使用，也都是建立在自然资本(产)、环境资本(产)等概念的基础上的。

自20世纪40年代以来，随着生态系统理论的提出和发展，生态系统服务和自然资本的概念相继被提出并得到广泛的认同。自然资本最初提出是源于国家债务问题的讨论，Vogt(1948)认为自然资源的耗竭必然降低国家偿还债务的能力，所以自然资源实际上是国家发展的资本，称自然资本(natural capital)。到20世纪70年代，环境问题和人与自然问题成为世界关注的热点，一本名为*Men's Impact on Global Environment*的小册子中首次提出生态系统服务功能，使用了Service这个词汇，并总结了自然生态系统对人类生活的各种服务功能，包括害虫控制、昆虫传粉、渔业、土壤形成、水土保持、气候调节、洪水控制、物质循环与大气组成等方面。

R. Costanza, et al. (1997)明确提出了"自然资本(natural capital)"的概念，认为"资本"是在一个时间点上存在的物资或信息的存量，每一种资本存量形式自主地或与其他资本存量一起产生一种服务流，这种服务流可以增进人类的福利；他没有对生态系统和自然资本进行严格的区分，认为自然资本的价格可以通过生态系统的服务来衡量，而生态系统的服务则来自于生态系统的功能，即生态系统的生境、生物学性质或生态系统过程，并对全球生态系统的服务和功能进行了价值估计。现在自然资本(natural capital)概念已经得到国内外学者的一致认同，但与生态资本(产)对应的英文词汇却相对少见。国内学术界范金等最早使用生态资本概念，并认为直接等同于"自然资本(natural capital)"，黄兴文等(1999)则将生态资产定义为"所有者对其实施生态所有权并且所有者可以从中获得经济利益的生态景观实体"。张军连等则认为生态资产是在自然资本(natural capital)和生态系统服务价值(ecosystem services)两个概念的基础上发展起来的，一切自然资源、生态环境及其对人类的服务功能都是生态资产；生态资产具有不可替代性，亦即其"总价值"具有无限性；生态资产价值是一个时空动态的概念，指在一定的时间和空间内，自然资产和生态系统服务能够增加的以货币计量的人类福利(张军连等，2003)。在《中国生态资产概论》中，生态资产的概念被定义为广义和狭义两种，分别为"一切生态资源的价值形式"和"国家拥有的、能以货币计量的，并能带来直接、间接或潜在经济利益的生态经济资源"，并指出生态资产的构成包括生物资产、基因资产、生态功能资产和生境资产四大方面(王健民等,2001)。与之相对应的英文词汇有 ecological capital(Brunckhorst D. J. ,2002)和 ecological assets(Werner Hediger,2000)。

从现有对生态资本(产)、自然资本(产)、环境资本(产)的研究分析,他们的提法不同是因为对生态资源的经济学价值的不同侧重所致,但其本质都是相同的。为避免混淆,这类研究和论述中使用的上述三组概念,此处一律使用自然资本。从涵盖面上看,自然资本各种不同的提法可以分为两个层面:

第一个层面较广。将自然资本的概念建立在自然资源和社会资源的基础上。代表观点如甘大力,王震声(2001)认为环境资本,一般可分为有形环境资本(或硬环境资本)与无形环境资本(或软环境资本)。有形环境资本,主要包括土地、水、矿产等自然生态环境,以及交通、电讯、信息网络等基础设施建设的硬环境;无形环境资本则更多地强调制度(或体制)、机制、观念等因素。

第二个层面是将自然资本的概念建立在生态资源或者说是自然资源的基础上。如 Georgescu-Roegen(1972)认为从构成上看,自然资本可以分为三部分:①地表空间;②各种非人工生产出的物种(B_1, B_2,…,B_m),它们组成各种各样的生态系统;③地壳和大气中储存的物质存量(M_1,M_2,…,M_p),它们为生产提供原材料,并吸收各种废物。赫尔曼(1996)认为所谓自然资本是指产出自然资源流的存量,也就是能为未来产生有用商品和服务流的自然资源存量。

为了将现有关于自然资本的研究进行总结,有必要对“资产”和“资本”两个概念进行解析。经济学将“资产”定义为由某一特定经济主体所获得或控制的可预期的未来经济利益。其表现形式有财产、现金等有形经济价值和债权、权利、证券等无形经济价值。可预期经济利益、对经济利益的(所有)权利及其可交易性是资产的基本特性。“资本”是人类经济制度产生的用来生产其他产品和服务的有形或无形财富的存量形式。以上表述是对“资产”和“资本”概念的经典定义,是主流经济学关于资产和资本内涵所取得的一致共识。

“资本”和“资产”这两个概念分别强调了人类财富的不同经济学侧面,前者强调经济学中财富的生产与再生产等投资性使用的“基金”特性,其价值量因使用而具有收益回报和折旧;而后者强调经济学中财富分配的权利归属与收益表现形态，其价值量因消费而减少，因投资性使用而可能增值，或因市场交易而增值贬值，其概念外延一般比资本要宽泛。因此，这两个概念是相互联系而又相互区别的；但作为财富来讲，它们具有同一性。

从上述概念辨析中可以知道，“自然资产”比较倾向于自然资源的自然存量价值，而自然资本则更注重从自然资源的经济学角度来考虑。人类赖以生存和发展的投资经济活动与其环境有着密不可分的关系，投资活动的经济效果在很大程度上依赖于环境的好坏，从某种意义上可以说，只有充分考虑到了环境质量的投资，才是富有建设性的。因此，自然资源是投资过程中的一项投入，作为付费的投资要素它也必然要求获得价值增值。这里，自然资源因素具有了资本的意义，即当它被用于生产过程时，可以带来更多的商品和劳务，实现价值增值。正是在这个意义上，我们称其为“自然资本”。

在对自然资本的进一步研究中，尤其是国内的研究，为了强调自然资源的生态特性，即环境的整体性、环境的品质等倾向性，经常用到“生态资本”，或者“生态资产”术语，虽然其核心内涵仍然是自然资本（产），但是启发了学者对一种不同于一般自然资源存量的新资源——资源品质的关注。对自然资本的研究催生了生态资本，自然资本研究的思路启发了生态资本的理论体系的探索；同样的，自然资本研究中所用到的各种方法和工具对生态资本的研究也具有很强的借鉴作用。以下对自然资本研究的各个方面进行综述。因为如前所述，绝大部分在本研究正式提出生态资本概念之前，原有的生态资本术语与自然资本相通，但是作为本研究生态资本的理论基础和来源，在以下综述中笼统地称为生态资本，在没有界定“生态资本”概念之前，其中“生态资本”四字暂用引号标明，一些具体的地方，则按照原始文献用法和其实质意义相应的术语。

二、“生态资本”的内涵

范金等（2000）认为多数情况下，“生态资本”主要包括四个方面：能直接进入当前社会生产与再生产过程的自然资源，即自然资源总量（可更新的和不可更新的）和环境消纳并转化废物的能力（环境的自净能力）；自然资源（及环境）的质量变化和再生量变化，即生态潜力；生态环境质量，这里是指生态系统的水环境质量和大气等各种生态因子为人类生命和社会生产消费所必需的环境资源；生态系统作为一个整体的使用价值，指呈现出来的各环境要素的总体状态对人类社会生存和发展的有用性，如美丽的风景向人们提供美感、娱乐休息，以至满足人类精神文明和道德需求等生态服务功能。

王健民等(2001)认为，生态资产主要包括四部分：生物资产，主要是生物生物质部分的价值；基因资产，指物种的价值；生态功能资产，主要反映在生物多样性提供生态系统演替与生物进化所需要的丰富物种与遗传资产、生物多样性形成维持生态系统的结构和功能的作用、生态系统的服务功能资产；生境资产，以生态环境对人类生存的适宜度来度量其价值。张军连等认为生态资产具体包括可以商品化的价值，主要是自然资产，如土地资产、森林资产等的价值，也包括非商品化或难以商品化的价值，主要是生态系统服务功能所形成的资产，如水的净化、洪涝的控制、碳的固定、废物处理、生物多样性保护、土壤形成、病虫害控制、空气质量的维持、美学及文化效益等(张军连，李宪文，2003)。黄兴文等认为，生态资产由涵养水源效益、保护土壤效益、游憩价值、野生物种价值、生物生长立地价值和文化、娱乐、美学、精神及历史价值等七部分组成(黄兴文，陈百明，1999)。陈熙江和胡庭兴认为生态资本是相对于物质资本包括实物资本与金融资本与人力资本而存在的，表现为生态系统所具有的资源生态潜力、环境自净能力、生态环境质量、生态系统对人类的整体有用性等生态质量因素的总和，是具有生态价值的资本。

从上述文献中可以看出，大多数明确使用“生态资本(产)”术语的研究中，对于其内涵和外延的分析与自然资本无异，都包括了资源的实物资本价值以及生态系统的服务功能和服务价值。在评价自然资本的价值时，也用自然资本的服务价值进行衡量。计算生态系统服务价值的方法，最典型的就是 R. Costanza(1997)对全球生态自然资本的研究，他提出了全球生态系统的 17 种功能/服务(表 3-1)并进行赋值计算，结论是每年 33 万亿美元，而相比之下，全球年 GNP 仅为 18 万亿美元。R. Costanza 等所用数据是 1994 年数据，当时世界人口是 55.3 亿人，这样生态系统服务价值平均每人可得到5 967.5 美元，而 GNP 平均每人为 3 255 美元(表 3-1)。

表 3-1　全球生态服务价值计算

美元/(hm² · 年)

生态系统	海洋			陆地										总计
	小计	水域	海岸	小计	森林	草地	湿地	湖泊河流	沙漠	苔原	冰/岩石	农田	都市	
面积($\times 10^6$ hm^2)	36 302	33 200	3 102	15 323	4 855	3 898	330	200	1 925	743	1 640	1 400	332	51 625
气体调节		38				7	133							1 341
气候调节					141	0								684
干扰调节			88		2		4 539							1 779
水调节					2	3	15	5 445						1 115
供水					3		3 800	2 117						1 692
控制侵蚀和保持沉积物					96	29								576
土壤形成					10	1								53
养分循环		118	3 677		361									17 075
废物处理					87	87	4 177	665						2 277
传粉						25						14		117
生物控制		5	38		2	23						24		417
避难所			8				304							124
食品生产		15	93		43	67	256	41				54		1 386
原材料		0	4		138		106							721
基因资源					16	0								79
休闲娱乐			82		66	2	574	230						815
文化		76	62		2		881							3 015
每公顷年总价值	577	252	4 052	804	969	232	14 785	8 488				92		
全球年总价值(亿美元)	20 949	8 381	12 568	12 319	4 706	906	4 879	1 700				128		33 268

关于自然资本在人类社会资本中的地位涉及到对资本的不同分类。1999年,美国总统科技顾问委员会发表了一份报告《投资科学,认识和利用美国自然资本》。该报告把生物多样性和生态系统视为“自然资本”(living natural capital),并对其经济价值给出了一些定量评估。该报告认为传统意义上的资本包括三种:加工资本:如基础设施、机器、工具和工厂等;金融资本:包括现金、投资和货币手段等;人力资本:包括劳动和智力、文化和组织等形式。该委员会认为,还存在第四种形式的资本——“自然资本”:由自然资源,生命系统和生态构成。

赵兰香等(2004)将世界财富分为自然资本、人力资本和创造资本。对各国的研究表明,原料出口国以自然资本为主,仅占世界财富的4.6%,而高收入国家以人力资本为主,财富占了世界的79.6%;原料出口国的财富组成中,自然资本占44%,人力资本仅占36%;而高收入国家自然资本仅有17%,人力资本占67%。

陈建国(2003)认为资本是以物质为载体的能量生产工具,以自然资本、生产资本为代表的物质资本以生产社会系统所需的能量为基本特征,人力资本因为行为者承载的信息能对能量的生产产生巨大的反馈增益能力而具有价值,社会资本则以社会系统能量网络的结构创新和竞争演化优化整个能量网络的能流分布。生态资本与物质资本和人力资本之间具有相互替代转化性(范金等,2000)。

三、“生态资本”与生态经济的关系

20世纪30年代到20世纪中叶,工业化国家相继出现的“八大公害事件”,让世人开始认识到工业革命给人类带来的灾难。到20世纪60年代,发达国家不断恶化的环境污染问题,开始激起世界范围内对传统经济增长方式的质疑与批判。进入70年代以后,人口的急剧增长、资源需求的增加和过度开采,导致能源危机、资源破坏和生态环境退化,制约了经济的发展,并开始出现了人类与自然、生态与经济的不协调现象。全球性的生态问题日益突出,主要表现在:植被退化、生物多样性减少、土地荒漠化、水土流失、地下水位下降、温室气体增加、全球气温升高、自然灾害增多,等等。

传统的经济学和生态学已经很难解释这些问题,这就促使越来越多的经济学家、生态学家和其他一些关心这些问题的学者开始重

新审视传统的发展模式,并试图寻找生态与经济协调发展的新出路,生态经济学正是在这种背景下应运而生的。因此,生态经济学的产生是生产力发展到一定阶段的产物,是社会发展实践中生态与经济矛盾运动推动的结果。20 世纪 60 年代后期,美国经济学家 Kenneth Boulding 在他的一篇论文《一门科学:生态经济学》中正式提出了“生态经济学”的概念。从此,关于生态经济的研究在全球范围内迅速展开,并与可持续发展一起成为时代的声音。

我国生态经济学的提出和建立始于 1980 年,比美国最先提出的生态经济学概念晚了 10 多年。1980 年 8 月,我国经济学家许涤新首先提出了进行生态经济研究和建立生态经济学科的建议。同年 9 月,以许涤新为代表的经济学家和以马世骏为代表的生态学家,进行了第一次社会科学和自然科学的交流,主要讨论了生态经济学的建立问题。1982 年 11 月,召开了第一次生态经济讨论会,1984 年 2 月,中国生态经济学会正式成立,1985 年 6 月,创办了全世界第一份生态经济杂志——《生态经济》,比美国的 *Ecological Economics* 还要早4 年。

自然资本是生态经济的核心概念和内容,下面着重从西方新古典综合派为代表的主流经济学和马克思主义的政治经济学两个方面分析自然资本与经济的关系。

资本的认识来源于有关财富的思想。马克思的地租论从价值角度提出了以土地为代表的自然环境资源资本化的观点。但是由于生产资本对早期财富积累起决定作用,所以传统资本没有包括自然资本,实际上是忽视了其对财富的贡献。

从西方主流经济学来看,资本是一个经济过程的起点,又是该过程的终点,经过这一过程,资产或资本的价值发生变化(通常,经济主体的预期是使其价值上升),从而主体可以从中获益。这里,价值性和权利性在该过程中得到了充分的体现,这一过程实际上是通过生产、消费和市场交换等机制来调节资产或资本价值的转移和转换。表面上看,该过程似乎是一个完整的价值流封闭链,通过价值循环链,价值总量无限地增加;但事实上,这一过程在传统经济学意义下恰恰被限制在人类市场范畴内考虑,而该过程发生和发展的基础——环境或自然生态系统被排斥于概念范畴之外,或者说作为市场价值循环链的这一外部基础条件被假定是不可稀缺的,因而价值循环链过程出现了价值和权利的扭曲(如自然没有价值,那就谈不上自然是一种资产或资本；自然没有权利属性或人类对自然的权利不健全）。

以生产理论为例，从生产理论中的生产函数对各种生产要素如劳动、资本、土地、企业家才能等组合与数量和所能生产出的产量之间依存关系的定量描述上来说明这一点。一般生产函数描述公式为：$Q=f(L, K, N, B)$，式中 Q，L，K，N 和 B 分别代表总产量、劳动、资本、土地和企业家才能。如果只考虑劳动和资本与产量间的关系，生产函数可表达为：$Q=f(L,K)$。典型的柯布-道格拉斯生产函数表达式为：$Q=AL\alpha K\beta$。显然，上述生产函数，无论哪种都没有把自然环境资源作为一个独立的投入要素，或者说传统的生产要素概念忽略了自然环境资源消耗对产量的贡献。

尽管价值循环链过程出现的价值和权利的扭曲的性质对人类来讲可以是有利或有害的，却都可能造成更大的资源或生态负效应而使它们的使用成本和外部成本越来越高，这样，传统经济学资产或资本的概念、价值和权利不完备性越来越突出。这种范畴局限性虽然早在18或19世纪被一些古典经济学家所注意到（他们看到了经济增长受经济市场之外的自然环境所限制），而且在20世纪极少数经济学家从市场如何有效分配资源方面认真关注和研究了环境对经济的资源供给能力，但新古典经济学并没有真正对经济与环境的资源供给关系引起足够重视和深入研究。随着社会发展，全球性的资源短缺、环境恶化、经济滑坡和生存危机等重大的综合性发展问题给人们带来了一种理性思考，财富被重新认识，而资本的内涵也必然会随之发生变化。生态资源之所以被列入资本的范畴之中，正是由于它能够与其他生产要素相互组织协调，并通过人类劳动实现价值增值。既然环境好坏对价值的增值有重要的制约作用，那么从更广泛的意义上讲，生态资源也如同机器设备、劳动力等要素一样是用以获得增值的资本，是投资过程中的一项重要内容。

四、“生态资本”的评估

1. 自然资本的理论

对自然资本的评估，主要涉及对自然资本价值的计算，主要基于以下理论。

(1)劳动价值论

劳动价值论的主要代表是马克思,他认为价值是凝结在商品中无差别的人类劳动,商品的价值量是由生产商品所消耗的人类劳动量来决定的,它由生产商品所消耗的社会必要劳动时间所决定。

(2)效用价值论

该思想来源于萨伊的理论。他认为商品的价值可归结为效用,效用是价值的基础和决定因素。在《自然价值》(维塞尔,1889)中强调"边际效用定律是价值的一般规律","需要保持不变,供给愈大,边际效用和价值就愈小,反之亦然;而另一方面,需要愈大,边际效用和价值就愈高,反之则亦然"。效用价值论在量化上无法衡量价值量的大小,无法在数量上精确解决量化问题或是公平合理的定价。

(3)供求价值论

这一理论来源于英国经济学家马歇尔。按照他的理解,一种商品的价值就是其交换价值,即一种商品与另一种商品的交换比例。在其他条件不变时,是由该商品的需求和供给状况决定的。对于自然资源而言,其价格主要取决于其需求状况及其边际生产能力。但这一理论缺乏实际的操作方法,且忽视了对自然资本的人工投入。

(4)成本价值论

这一理论认为自然资源产品的价值由其开放使用边际成本组成。成本价值论的特点是有其独特的计算原理、原则和方法,适用范围较广。对环境或资源定价,机会成本价值不是实际的,而是潜在的,它在帮助决策者为既定资源寻求最佳使用方案尤其有用。但是在实际应用中,会带有一定的主观性。

(5)非市场价值论

该理论主要是用于为投入市场交易的自然物品或服务,如环境因素中的水源涵养、生物多样性以及空气等,这些物品难以用市场化的方法来评估其价值,因而只能用非市场的方法。通常的方法有推导法、意愿法、替代法等,这个方法的主要问题在于主观性较强,存在着偏好的不确定性。

2. 自然资本的评估方法

至于自然资本的具体评估方法,可以分为以下几种。

(1)意愿调查法(contingent valuation method)

指消费者为获得一种商品、一种服务而愿意付出的最大货币价值量。该法由 Davis 首次运用于猎人研究，至 20 世纪 70 年代中期，由 Brookshire, et al. 做了很好的发挥。至今此方法已变为广泛接受的环境评估技术。分为两类：第一类方法是直接询问调查对象的支付意愿或受偿意愿；第二类方法是询问调查对象对某些商品和劳务的需求量，从而推断出调查对象的支付意愿或受偿意愿。这一方法可操作性强，但是很可能由于调查者与被调查者存在信息不对称或调查问卷设计的方式不当而造成调查结果与实际状况存在较大的偏倚。

(2)享受价值法(hedonic valuation method)

这种方法度量的是人们愿意对优质的生态系统服务价值的付费。可以通过观察人们的一些经济行为来间接地计算。比如海边的住宅通常要比其他地方的价格高一些，则可以认为房价的差价便是“享受海风的价格”。享受价值法的出发点是假定市场均衡价格中包括人们对生态系统服务价值的购买。

(3)旅行费用法(travel cost approach)

这一方法认为旅游者前往旅游景点的旅行费用如路费、门票价格和所用时间的机会成本等在一定程度上反映了旅游者对居住环境的不满意度和对环境质量的支付意愿。把确定旅行者的支出费用作为替代市场。

(4)重置成本法(replacement cost approach)

又称为恢复费用法。将受到损害的环境质量恢复到受损害以前的状况所需的费用就是恢复费用。作为估计自然生态环境资源价格的依据。还有一种类似的方法称为重新选址成本法(relocation cost approach)，它用由于环境质量变化而重新安置某物资设备的成本来估算环境质量变化带来的生态系统服务价值。

(5)影子价格法

最早于 20 世纪 30 年代由荷兰数理学家詹恩·丁柏根(Jan Tinbergen)提出，是针对由于市场和政府失灵造成的市场价格扭曲而采取的一种旨在实现稀缺资源合理分配的理论价格。萨缪尔森发展了丁伯根的影子价格理论，从三个方面对影子价格做了补充：影子价格是以线性规划为计算方法；影子价格是一种资源价格；影子价格以边际生产力为基础。

影子价格以线性规划为计算方法，其具体计算是：

目标函数：$Z\text{Max} = \sum C_j X_j$

约束条件：$a_{i1}X_{i1} + a_{i2}X_{i2} \cdots + a_{ij}X_{ij} \cdots + a_{in}X_{in} \leqslant b_i \quad X_{ij} \geqslant 0$

$i=1,2,\cdots,m \quad j=1,2,\cdots,n$

式中，C_j 为各类自然资源单位数量收益系数；X_j 为各类自然资源；a_{ij} 为约束系数；Z 为目标值(生态、经济效益等)。

则可利用该规划的对偶规划求解自然资源影子价格 U_j，即：

目标函数：$Y\text{Min} = \sum b_i U_i$

约束条件：$a_{1j}U_1 + a_{2j}U_2 + \cdots + a_{ij}U_i + \cdots + a_{mj}U_m \geqslant C_j U_j \geqslant 0$

式中，Y 为生产总成本；U_i 为决策变量即影子价格。可见，从数学规划角度看，影子价格即是线性对偶规划的最优解。其经济含义是：在资源得到最优配置，使社会总效益最大时，该资源投入量每增加一个单位所带来社会总收益的增加量。但是影子价格法也存在很大的局限性。如所需资源和经济数据量大，计算复杂；并且只是一种静态的资源最优配置价格等。

(6)机会成本法(opportunity cost approach)

机会成本的概念是新古典经济学派提出的。是指在其他条件相同时，把一定的资源用于某种用途时所放弃的另一用途的效益。或是指在其他条件相同时，利用一定的资源获得某种收入时所放弃的另一种收入。假如被放弃的产品价值或收入有许多种的话，其中最高的一种就是它的机会成本。其中边际社会成本定价模型是较为先进和流行的一种。边际社会成本(marginal social cost，MSC)是整个社会从事某种活动时因消耗自然资源所付出的总的机会成本，它表明人类使用自然资源所应付出的代价，可用此来表示自然资源的价格。

(7)能值分析法(emergy analysis approach)

20世纪末，现代生态工程学之父，美国著名生态学家 H. T. Odum 在能量系统研究的基础上创立了能值分析理论体系，为自然资产提供了一个较为客观的评价标准。能值是一种流动或储存的能量中所包含(embodied)的另一种能量的数量，即产品或劳务形成过程中直接或间接投入应用的有效能(available energy)总量。因为支持人类活动的绝大多数能量都直接或间接的来自于太阳辐射，Odum 用太阳能焦耳(sej)作为能值的衡量标准。根据热力学第二定律,任何能量的传递和转换过程中,都伴随着能量耗散,同一系统不同能量等级上形成相同数量的能量所耗费的太阳能不同,用能值转换率(solar transformity)表示,其单位为 sej. j^{-1}。随着能量等级的升高,能值转换率逐步升高,而实际获得的有效能则逐步减少。能值法能够将社会经济系统和自然生态系统用同一标准结合起来,可以对不同类型的自然资产进行客观比较,基本上可以消除人为主观因素的影响,

3. 未来的重点研究方向

综合国内外目前对自然资本价值的研究,以下几个方面为今后一个时期内重点研究方向:

(1)自然资本的内涵

自然资本内涵的深化认识,考虑新时期新情况下自然资本对人类社会的价值及实现方式。

(2)自然资产价值的指标体系

评估自然资产价值的指标体系,避免只运用单一的价格指标对复杂自然资本的评估。

(3)农业生态服务价值的研究

农村扮演着为都市提供各种服务功能的角色,在消除二元结构的背景下,城市化的程度越高,这类服务价值也越高。因此需要改变造成农村边缘化的制度和机制,使农村的生态价值、文化价值和精神价值得到承认和保护(张宏艳等,2004)。

(4)自然资本价值计算与实际结合

当前国内外研究的一些核算方法中指标选得越来越细,核算的额度越来越大,存在重复计算的倾向。所以有学者提出环境价值核算的结果应该让人接受,并具有实践意义。

(5)效益和价值、功能和服务的区别核算

生态效益和生态价值、自然资本环境功能和环境服务,这两组概念内部都具有本质的区别,用生态效益替代生态价值的方法就好比把使用杀虫剂后增产的价值作为杀虫剂的价值,又或者用人的工资来替代生命的存在价值一样;同样,被社会和市场接受的功能才是环境服务。在核算的时候,要能够区别对待,不仅要计算出效用的价值,也需要评估存在的价值。

(6)自然资本在不同区域之间流动和扩散的研究

生态服务的扩散性导致计算和实施的复杂和困难。李双成等(2002)认为要重视自然资产的实现和流转过程及其空间分布的格局,将自然资产的区域内外服务进行区分,并建立了一种从区域出发的环境与自然资产评估范式。对自然资本区域之间的计算可以作为生态补偿的依据和参考。

理论篇

——生态资本是一种“原生资本”，不能够直接用于市场投资。生态资本运营的好坏决定生态资本的价值能够发挥和实现多少。

——生态资本的价值可以体现为存在价值、服务价值和货币价值三个层次。一个地球是一个生态系统，一个人也是一个生态系统。可以用人生命的存在价值、人一生创造的价值和人一生拿到的酬金来分别类比地球生态资本的存在价值、服务价值和货币价值。

——人们一谈到生态补偿，往往容易和扶贫、扶持等词汇联系起来。补偿金支付者理所当然地把自己放到“施主”的位置上，好像是给了别人多少好处，这个认识是个严重的错误。要想找到生态补偿的动机，最简单的方法就是看其最初要求是谁提出来的。城市之所以替农村提出统筹发展，是因为城市已经发现，如果没有农村的发展和保障，城市将无法实现可持续发展；生态补偿的提供方之所以要提出生态补偿，是因为他们发现如果不提供补偿，他们最需要的生态环境的服务将削弱、降低乃至消耗殆尽。生活在生态涵养区域中的人们并不想要补偿，而想要像经济发展区的人们那样正常的发展和致富。

第四章
生态资本的概念和基本属性

构建和谐社会是当前我国政府工作的重中之重。我国的国情是农业人口占绝大多数，而耕地较少，农村经济发展落后。在广大的中西部地区、流域上游及水源保护区等地区，执行退耕还林和生态保护政策使这些地区的生态环境趋于改善，并惠及下游地区，但当地农民的生活水平和社会经济发展却因此而受到较大的影响，没有从生态环境的改善中得到利益，这严重影响了当地生态环境建设的积极性。

以北京市水源保护区密云县为例。虽然多年的生态建设使密云的生态环境越来越好，例如较高的林木覆盖率、达到饮用水标准的密云水库水、清洁的空气等。但不争的事实是，在北京郊区区县中，密云、延庆和门头沟这几个生态环境较好的县区的经济排位都很靠后，成为所谓“环京津贫困带”的一部分。要建设和谐稳定的社会环境，就必须找到发展经济和保护环境的最佳结合点和突破点。

根据诺贝尔经济奖获得者库兹涅茨的环境曲线所体现的规律，一个国家在经济发展伴随环境污染到某个水平后，由于经济实力的增强，可对环境进行有效治理，这个水平在人均 GDP 8 000～15 000美元。在我国当前人均 GDP 仅 1 000 多美元的条件下，如何实现环境优美的“超前享受”？如何实现经济和环境的协调发展，是摆在政府决策者面前的重大战略问题。在这种特殊情况下，需要将生态和经济紧密结合，走出一条有中国特色的、独特的生态经济之路。

众所周知，随着经济和社会的发展，自然环境所具有的巨大“资本”价值逐渐体现。要促进经济和社会的和谐发展，只有合理的运作和经营才能将这种环境资产转变为经济发展的“生态资本”。

但是如何实现这种转变？本研究结合国际最新研究动向，就“生态资本”的内涵、特征、生态服务价值及运营规律进行探讨。

第一节　开展生态资本研究的必要性

随着自然资本、生态资本的概念被逐渐接受，生态服务价值逐渐被认知，自然资源在生命系统运转和人类社会发展中的作用日益得到充分的重视。这是令人欢欣鼓舞的一面，然而相对立的一面是，社会现实离开自然资本的价值在经济上得到实现还有非常大的距离。为深化认识自然资本的价值、减轻生态压力和建设结构更合理、性能更稳定、功能更强大的生态环境，还需要进一步寻找、提炼和创造其他更易于实现和操作的指导理论和方式。

一、生态系统的服务功能在现实中没有得到充分的体现

严格地说，生态服务功能应是“生态系统服务功能”(ecosystem service)，由生态学家在 20 世纪 90 年代提出。生态服务功能具体可分为以下两类：一是维持生物多样性和生态系统产物的生产，诸如食物、海产品、牧草、生物燃料、药材、工业原料等；二是实际的生命支撑功能，如紫外线过滤、水和空气的自净、废弃物去毒及分解、土壤形成及肥力更新、植物(异花)授粉、病虫害控制、物种多样性以提供未来人类需要的(农业、医药、工业)关键性物质、缓解异常气候和美感享受等。人类在宇宙中生存须臾不能离开地球生态系统提供的这些产物和服务。前些年，美国耗资 15 亿美元建造了“生物圈 2 号”(Biosphere-2)，来模拟地球的生态系统服务，4 年后，试验被迫宣告失败。究其原因，主要是内部温度失调和氧气/二氧化碳严重失衡，其他如饮用水和适当的食物也未能实现自给。这个事例充分说明，企图人工替代自然生态系统的服务和功能，不能说绝对不可能，但至少也是极其艰巨的。

既然是一种服务，那就如同“第三产业”那样，应有相应的服务“价值”，但其实却不然。在很长的时期内，这种生态服务功能被人类错误地认为是“天生的”和“白来的”，从未想过它们有价值，更未意识到它们需要维护和投入。历史的事实和经济学规律是：人们出于本能，不会去保护那些未被赋予(经济)价值的东西。可以说，迄今为止的人类历史就是一部极不重视保护自然的历史。对生态系统服务进行赋值的研究难度很大。当前的基本思路之一是设法找到每一种生

态系统服务的类似“替代物”，以替代物的市场价作为赋值的参考。例如要确定防、减洪水这种生态系统服务的价值，可测定在没有这种服务时为避免发生同样大的洪水所需的花费。如 1997 年 Robert Costanza 等对全球生态系统服务价值的计算。

生态系统服务具有普遍性。某区域服务功能得到显著改善后，受益的群体不只局限于本地，甚至主要不是本地受益；而往往是下游、下风地区，这就是生态系统服务的“正外部性”。认识到生态系统服务不是无偿的固然是一种社会的进步，但很多情况下没有进一步认识到其外部性，以及为体现社会公正必须做出的“生态补偿”。

生态补偿在我国是个新概念，远没有得到包括政府在内各界的共识。最典型的例子莫过于在制定西部地区退耕的生态建设方针时，把本属理应付出的生态补偿说成带有救济性质的“以粮代赈”。表明决策层还没有能掌握和运用生态经济规律办事。另外，如黑龙江省大兴安岭地区是我国最大的天然林和人工林区，面积 8.4 万 km^2，拥有呼玛和呼中两大国家级珍稀动、植物自然保护区，这个地区仅碳、氧和水循环服务价值每年即达 165.6 亿元，是每年卖木材收入的 14.5 倍（据大兴安岭林业科研所资料，2004）。但如此高档次、高价值的生态资本只是某种潜在的“存量”，加上得不到应有的生态补偿，整个地区的社会经济发展水平一直很低。2003 年该地区生产总值仅 52.6 亿元，远远低于省内其他地、市平均 300 亿元左右的水平。

二、发展与保育的矛盾症结——质能分配

库兹涅茨曲线阐述的是整体经济发展与环境的关系，对于农村经济发展与生态环境建设的关系，E. P. Odum 也有经典论述。Odum 在 1983 年出版的《基础生态学》中指出，农业生态系统与自然生态系统的最本质区别就在于物质和能量被大量移出，因而用于维持和修复系统的质能很少，这是造成生态脆弱区环境恶化的根源。再深入一步思考，之所以质能被大量移出，是经济活动的需要。在生态脆弱区和经济落后地区，当地居民迫于巨大的生存压力，不得不尽可能多的挖掘生态系统生产潜力，并尽可能完全的取走产物。移走生物质能对生态系统的破坏是彻底的，生物离开生态系统，它所有的生态服务功能全部消失。

从 Odum 的论述中可以看出，移走生物质能并非绝不允许，问题

是多大比例。如果能够提高资源利用效率，提高资源经济效益，那么实现同样规模的经济，就不需要占用那么多资源了。这也就是说，在改善工艺和生产流程的情况下，只需要移走一小部分生物质能，留下相当一部分生物只能用于生态系统的修复和维护，就可以实现经济发展和生态可持续的双重目标。

实现这种可能面临的困难和改造库兹涅茨曲线一样：贫穷，导致一个良好的循环发展模式缺乏第一推动力。必须从一个环节开始来推动这个循环过程，而这个开始的环节，首先得能够使当地居民从思想困境和经济困境中解脱出来，能够关注环境质量建设，也有能力关心环境质量建设。

要建立生态脆弱地区和经济不发达地区经济发展和生态保育相互促进的良性循环，必须要一种外力来推动当地居民更关注本地生态环境质量，能够认识到其价值，愿意并能够建设、提高之，否则难以改变困境。生态补偿是这样一种投资，然而一般来说，合理的生态补偿，其力度也只足以缓解生产活动与生态保育之间的矛盾，在合理生态补偿也不可得的情况下，这条途径就更难以依靠了。

三、改变困境的新思维——优良的生态环境是一种“资本”

由于经济基础的缺乏和生态补偿政策出台的难度，自然资本理论在解决生态和经济双赢的难题上，所为有限，必须结合现实情况，创新理论和方法。在自然资本研究的过程中，触及了一种重要的资源，即自然资本的品质，它与生态相关，与质量相关。很显然这种品质是具有价值的，因为优良的生态环境条件已经成为稀有物品。并且，在有些地区，这种品质已经成为其最与众不同的特征，成为其蕴力最厚的资源，可能是其振兴飞跃的最重要资源。因此开展相关研究，理清这种新型资源的基本属性和运动规律，总结其开发利用的基本原则，对于指导相似类型区域的发展具有重要意义。

生态补偿一般被理解为政府代表受益的群体和区域，向提供生态服务、并付出某种代价或做出利益牺牲的群体和区域的转移支付。与这种官方对生态环境贡献承认相关的，还有一种来自民众自愿的对优良生态的认可尚未引起足够的重视。实际上，在发达国家，出于对优良环境的追求、以“支付意愿”体现的这种生态补偿十分普遍，甚至更加重要。例如，向有机农产品支付高出使用化肥、农药和抗生素的常规农产品价格若干成甚至数倍的事例已很寻常。类似形式在我国收入较高的大城市也开始有所表现。前几年沙尘暴频发时，一项对北京市民关于对防治沙尘暴的支付意愿调查表明，很多人愿为清洁天空每年付出上百元。这提醒我们，当国家的生态补偿由于种种原因暂时无法指望时，不能悲观和无所作为，应积极寻找其他途径。

与这种民间支付意愿，或者称之为“市场支付意愿”相关联的是生态环境质量。优良的生态环境质量可以支持优质生物产品的生产，可以支持舒适的休憩，可以支持高级商务和会谈，而这些活动都可以实现很好的经济价值。从自然资本概念的原则出发，这种具有资源特征、服务功能、经济潜力的生态环境质量，也是一种资本。而且是一种比传统自然资本更易于实现货币转化的“资本”形式。

正是因为在现实条件下具有广阔的市场，易于货币化的特征，使得它能够替代自然资本，完成自然资本概念和理论的一个其自身难以达到的初衷，即帮助生态脆弱地区、农村落后地区实现较低的经济发展水平下经济和生态双赢、共同发展。这个从自然资本出发，又超越了自然资本的生态环境质量，本研究中将其命名为“生态资本”。

随着全球自然资本存量的减少，总体生态环境质量的下降，生态资本弥足珍贵；随着城市发展目标越来越明确为“舒适度”，生态资本益发受到欢迎。生态资本能够唤醒当地居民对生态环境的重视意识。优良的生态环境通过优质的农产品为中介，可以卖钱，而且可以卖到很高的经济效益，这是一个非常有吸引力的思路。而且由于生态资本能够实现经济效益，进而发展经济，然后就可以支撑对环境质量的维护和建设。

第二节　与生态资本相关的主要理论

一、外部经济性的一种重要经济体现——生态资本

在现实经济中，存在着大量的外部性现象，即一个经济机构对他人福利施加的一种未在市场交易中反映出来的影响。当一种消费或生产活动对其他消费或生产活动产生不反映在市场价格中的直接效应时，就产生外部性。外部性造成私人成本或收益与社会成本或收益的不一致。外部性包括外部经济性和外部不经济性。外部经济性

的例子，如养蜂；外部不经济性，如打农药。

生态资本具有巨大的外部经济性。因为生态环境属于公共品，它在消费上往往表现出非竞争性、非排他性和市场失灵。如在密云县，森林、水、大气等都属于国家所有或集体所有，任何个人或企业都没有处置的权利，只有使用权和经营权。但是正如下文所分析，由于密云县的巨大努力，其生态系统具有了巨大的服务价值，对周围地区尤其是下游的北京市区提供了巨大的生态、生命支撑功能和服务，也就是说密云生态系统具有巨大的外部经济性。但是这种外部经济性并没有在经济上给予回报。这种现象在一定程度上损害了密云农民和企业对生态资产的投入和维护，从而也影响了对这种有益生态资产的有效供给，即产生市场失灵。而要减少这种现象，首先应明确并加强产权管理，以促成私人部门之间通过协商达成更加有效的解决办法；另外更重要的是政府直接控制或财政激励，通过政府措施或其他形式建立一种长效的生态补偿机制，消除市场失灵现象，从而促进当地培育生态资产的积极性，向社会提供更好的生态服务。

二、增长核算中全要素的贡献——生态资本的价值

到目前为止，环境保护对于优化和促进经济增长做出了很大的贡献。分析各种因素对经济增长的贡献的一种重要方法是美国经济学家索洛提出的“增长的核算”分析方法，该方法把经济增长的来源分为三个要素：资本积累、劳动力投入和全要素生产率的提高。要计算全要素生产率的贡献，首先利用索洛的增长模型建立生产函数，测算资本积累、劳动力对经济增长的贡献，再利用产出增长率扣除资本和劳动力的经济贡献，得到的余值即为全要素生产率的贡献。据测算 1978—2002 年，我国经济增长年均 9.3%，其中资本积累贡献率 59%，劳动力总量扩展 9%，全要素生产率贡献为 32%。促进全要素生产率提高的因素为经济体制改革、对外开放、人力素质的提高、技术进步等。

而环境保护对经济增长的贡献主要是通过对全要素生产率的贡献来实现的，也就是说，环境保护的各项措施，包括立法、标准、管理、执法等，促进了资源利用效率的提高，促进了生产技术的进步。同时环保也促进了资本积累，因为环境保护要求催生了环保产业，它对经济的增长起到了积累资本的作用。虽然现在难以明确回答“环境保

护究竟在全要素生产力提高的过程中具体占到多大的比重?”但就像人们都同意说“健康的身体对人的事业成功贡献很大”一样,可以肯定地说环境保护对改善经济增长具有很明显的正面作用。

以前的经济发展建立在资源无限的理念上,把对资源的攫取作为经济增长的手段,而随着经济的发展和资源的短缺,经济增长必然更多地从粗放利用资源转移到对资源的精深利用和再利用方面上来,即经济的发展要更多地从环境保护方面入手进行考虑。要从以前的“环境换取增长”模式,转变为“环境优化增长”模式上来,即把环境保护作为一种手段,使之改善和促进经济增长,达到环境保护和经济发展的“双赢”目标。环境之于经济,犹如考试之于学生,没有学生喜欢考试,但考试确实促使学生提高了成绩。

那么,作为环境保护直接成果的生态资本,对经济增长的贡献有多大呢?在哪些地方促进了经济的增长呢?生态资本对经济增长的贡献体现在以下三个方面:①资本存量的稀缺性使生态资本对经济的重要性越来越大,也促使更多的经济增长研究如何更合理的利用有限的生态资本,以达到生态和经济的共发展。②良好的生态资本培育了优良的环境条件,而人们在优良环境中工作的生产力要远远高出在恶劣环境的生产力,这也是众所周知的事实。③促进和保护生态资本的软环境,如政策、法律法规以及体制改革等,对经济的巨大促进也是不争的事实。也就是说,生态资本通过对全要素生产率的贡献,对经济发展起着重要的作用。在这方面,循环经济和环保产业是两类最典型的代表。

而如何将生态资本的这种巨大促进作用转化为现实的经济生产力,就是本文所要论述的——生态资本经营。可以预料,在我国今后经济的增长中,生态资本通过全要素生产率对经济的贡献将越来越大。

三、马斯洛的需求层次理论——生态环境是一种奢侈品

美国著名学者马斯洛提出的“需求层次论”,认为人们普遍具有五种基本需求,而且是有层次的:

第一层次,生理需求,包括维持生活所必需的各种物质的需要,如衣食住行等。

第二层次,安全需求,如生活有保障、不会失业,没有威胁人身安

全的因素等。

第三层次，感情和归属上的需求，社交需求，爱、交往和友谊等。

第四层次，尊严需求，需要被尊敬、也需要自尊以及地位和名誉的需求等。

第五层次，自我实现需求，即要尽量的发挥自己的能力，使自己生活有意义、有抱负。

马斯洛认为人们一般是按照这样的层次来追求需要的，即至少前一层次得到部分满足后，下一层的需求才变为迫切的主导需要。

马斯洛的需求层次理论在生态环境方面同样具有广泛的用途。根据需求层次理论，本研究根据客观现实，认为生态环境同样也具有需求层次：

第一层次，在经济发展的早期阶段，人们只是为了满足生理的需求，即能吃饱肚子即可、有住的地方即可，不讲究食物质量、居住环境等问题。

第二层次，当经济发展到一定阶段，人们解决了温饱问题，社会产品逐渐丰富之后，人们开始注意环境质量，关注安全问题，即吃的安全、住的安全舒适，以及环境优美舒适等方面，即人们开始享受环境。

第三层次，随着经济的发展和人们意识的进一步提高，人们开始关注环境问题，保护环境，注意减少对自然的污染和破坏，以创造优美的环境。

第四层次，随着人们对自身、对环境认识的更进一步加深，人们开始尊重自然，注意人与自然的和谐，追求人类社会和自然环境的共同发展和进化。

也就是说，良好的生态环境是人们的一种高档追求，它是在经济和意识发展到一定阶段后人类的自然需求。尤其是当良好的生态环境逐渐成为一种稀缺物品时。以北京密云为例，北京的经济发展程度相当高，人们收入水平较高，但是北京的生态环境较差；而密云县正具备北京市所缺乏的良好生态环境。因此，从这个意义上说，良好的生态环境是密云深厚的生态资本，能够满足人们的高端需求，但这需要适当的资本运营才能实现。

第三节　生态资本的概念

一、生态资本的内涵

生态资本的概念是由生态和资本两个概念组合、延伸和发展来的。生态是生态系统结构和功能的简称，现在多用于代表生态系统生物体系与其非生物环境之间的相互依存性、整体性与和谐性等特征；资本是一个经济学名词，其经典定义是指人类经济制度产生的用来生产其他产品和服务的有形或无形财富的存量形式，强调经济学中财富的生产与再生产等投资性使用的“基金”特性，其价值量因使用而具有收益回报和折旧，后来随着人力资本与自然资本概念的提出，资本也被扩展到流量和服务形式，前者比如太阳光，后者比如生态系统的生命支持功能。

以上分析表明，与生态资本关联的是生态环境质量及其实现货币转化的可能、方式和效果等，总结可得生态资本组分的如下 3 个重要特征：①是生态环境质量的要素；②具有支持生产功能或者服务价值；③支持和服务具有货币转化的潜力。

根据这些特征，现提出生态资本的定义为：生态资本是一个边界相对清晰的“生态—经济—社会”复合系统内，具有生态服务价值或者生产支持功能的生态环境质量要素的存量、结构和趋势。对应的英文使用 ecological capital。生态资本的价值可以体现为生态资本自身的存在价值，其功能和服务的服务价值和实现货币转化后的货币价值三个层次。

生态资本的概念尽管建立在自然资本的理论基础之上，但是二者具有很多区别。最显著的是，前文曾经强调过的，自然资本着重指资源（包括物资和信息）的存量，而生态资本着重指生态环境质量要素，包括物质、能量和信息的存量、结构和趋势，其中，存量包括种类、品位和数量；结构主要指丰度、配比和相互的空间关系和生态效应；趋势包括流量和各种相关的意识、政策、法规、风俗、行为方式等。以密云县为例，该系统内最显性的生态资本是青山和绿水。森林面积、林木蓄积量、水资源量都是存量；木材供应量、森林固碳量、供水量、水资源流失量等都为流量；水质和森林类别、郁闭度等为品位；山和水的配比和共生效应为结构;趋势是与森林建设保护及水资源保护相关的各种意识、政策、法规、风俗、行为方式等,在密云总体上表现为无论从思想上还是从行动上,密云全民都在积极努力地养山、净水,正在成为北京日益重要的水源地。

生态环境质量要素,是生态资本组分的存在状态,不是所有的自然资本都与生态环境质量相关,因而不一定属于生态资本;并不仅仅是自然资本才构成生态资本,部分社会资本也是生态环境质量的要素,因而也属于生态资本。具有生产支持功能或生态服务价值,使得生态资本具有效用,具有转化的潜力,所以称其为资本。没有效用、没有价值、不能实现转化的自然存在,是不具备资本特征的。至于有些文献中使用的生态资产术语,本研究中不采用。因为很多情况下都把所谓的生态资产等同于生态资本,也等同于自然资本,使用或者定义这些词只是无意义的重复。

根据定义,生态资本具有生态和资本的双重特征。作为生态资本的自然和社会资源,必须满足如下的基本条件。

(1)生态环境质量要素

生态资本首先是生态环境质量的要素。只有组成、影响或者决定特定生态系统的生态质量的因素,才可能成为生态资本。有些自然资源,例如矿物和石油存量,是非常重要的资源和社会经济发展原料,但是因为他们只是物质基础,而不直接与环境质量相关,不属于生态资本范畴。

(2)具有生产支持或者生态服务功能

资本的本质特征就是具有价值。生态资本的价值表现在能够支持生产或者提供生态服务。例如生态环境优良的地区,可以少使用化肥农药而生产出优质的农产品,不使用抗生素和药物预防而畜禽能够健康生长,这都是生态环境质量要素具有生产功能的表现。生态服务是该区域的生态环境质量优良到不仅提供了本地生命活动的支撑,而且对更大区域甚至对整个生物圈的稳定有序都具有一定的贡献力量。生态资本必须具备这两种价值之一,或者同时具备。生态资本价值的大小,一般会成正相关的反应在这两种功能的大小上面。如果有些质量因素的存在与整体环境品质成反比,那么这种要素就不是生态资本,比如水资源中的洪水、入侵生物、暴发的蝗虫和迅速扩张的野兔等超过阈值的生物。

(3)具有稀缺性

稀缺性是资本的基本特性。不稀缺的只是资源,不会成为资本。一定范围内的生态环境质量具有价值,但是与周围相比,不仅不具备优势,相反还处于邻近地区的落后水平,就谈不上是一种生态资本。例如,密云县与北京市区和其他郊区县相比,具有显著的环境质量高、水资源丰富等优势。生态资本的稀缺性是由生态品质的相对优越性形成的。这种相对性的比较,不仅仅指空间区位上相邻,而是一种广义上的相关。很多空间不临近的地区,在一些生产、生活和其他经济活动中,比如贸易、关联生产等,都会发生直接的联系,这种联系很容易缩短空间上的距离。密云县生态环境质量不仅在北京市区,在华北和京津环渤海地区也是独特和优越的。而且,与韩国和日本相比,也有显著优势,这是密云有机板栗和特用玉米畅销韩国、日本的根本原因。稀缺性是生态资本价值实现转化的前提,只有具备稀缺性,才可经营,实现保值、增值等。

(4)具有主体性

主体性即边界和所有权。生态资本的研究对象是明确的,其所有权也必须是清晰明确的。所有权明确是资本的基本特性之一。只有边界明确、所有权清晰,资产的价值才具有计量的可能性,其生产和服务价值才能被经营、控制和管理。

需要说明的是,必须同时具备以上四个条件,资源或要素才称其为生态资本。生态资本是相对应于人造资本、人力资本而存在的,表现为生态系统所具有的生态环境质量、资源生态潜力、环境自净能力、生态系统对人类的整体有用性等生态质量因素的总和。这种资本就实体形态来说,是自然的资本存量和人为改造过的生态环境的总称,它可以在未来特定的经济活动中给有关经济行为主体带来剩余价值或利润收益。

1995 年世界银行制定的国家或者地区财富计算方法中,把资本分为人造资本、人力资本、自然资本和社会资本四种。这种分法虽然明确了自然资本的地位和价值,突出了人力资本的重要性,并且已经为大多数国家和地区接受,但是并不完善,尤其在生态优势特征突出的地区,这种方法体现不出其生态优势特征。因为一方面人力资本、人造资本和社会资本之间的界限不清楚,自然资本和人造资本之间的界限不清;另一方面,自然资本更多的关心生物物理体系和自然资源存量，而不直接关心生态环境质量。生态资本对资本形态做出了有益的补充，尽管如此，生态资本与自然资本并不是相互独立存在的，生态资本也不与人造资本、人力资本和自然资本共同构成资本的全部子集。生态资本建立在自然资本的基础上，并与之有一定交叉。

在一个主体可控制、管理和经营的所有资源中，有自然物资和信息的存量、流量；生态系统的结构、功能和品质；人力资源；货币、人造设备、材料；社会结构、功能和关系等方面。如图 4-1 所示，所有经过社会经济过程生产出来的和改造过的资源都属于人造资本范畴，包括货币、收益权、设备、工厂、工具、原材料等；社会管理体制和生产关系等属于社会资本；劳动力、人才和智力都属于人力资本；而矿产、能源、生物材料、土壤、空气等自然资源存量都是自然资本；生境、生态服务功能、基因、生态理念和生态文化等属于生态资本。

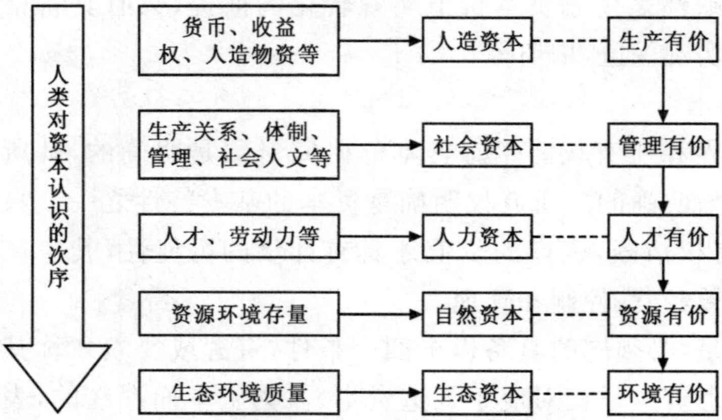

图 4-1 资源和资本的概念演变

正如图 4-1 中所示，人类对几种资本的认识，呈现出从人造资本、社会资本、人类资本、自然资本，再到生态资本的先后顺序。人造资本是对生产创造财富的承认，是最早最自然也最初级的；社会资本是对生产管理及其社会基础价值的认可，紧随对生产价值的认可之后；人力资本是对人类智力和创造力的认同，人力资本概念是对资本概念的一次升华；自然资本是对自然生态价值的强调，原则上也包括生态环境质量，但是其内核更关注资源的存量，生态资本是对自然资本的重要补充。从这个认识序列中，也可以明显地看出，人类对生产、生活的要素价值认识逐步深入，逐步完善，从生产自身逐渐扩展到生产所必需的各种外在和基础条件。

二、生态资本的外延

进一步理解生态资本概念，要从其范畴、存在形态、组成类别、功能、相对位置关系等五个方面来把握。

第一，从范畴上来讲，生态资本是既建立在自然资源基础上，也建立在社会资源基础上的。生态资本和自然资本，以及和社会资本之间都有一定的重合。因为生态环境质量必须要具有物质载体，有了自然资源的基础，才具备生态服务功能；有了社会资源的基础，才具有生态文化影响力。所有满足以上四个基本条件的资源和要素，都是生态资本。也就是说，不仅自然资源可以形成生态资本，社会资源，包括社会意识、观念、机制、制度等也可以形成生态资本。概念的外延范围一定要拓展得这么宽，因为对于生态环境质量这个整体，其构成因子也必须是完整的，才便于分析和管理。

生态资本与自然资本和社会资本的关系如图 4-2 所示。自然资本和社会资本之间相互独立，没有交叉，而生态资本与二者都有交叉，并且与自然资本的重叠部分比与社会资本的重叠部分要大得多。

图 4-2 生态资本与自然资本和社会资本的关系

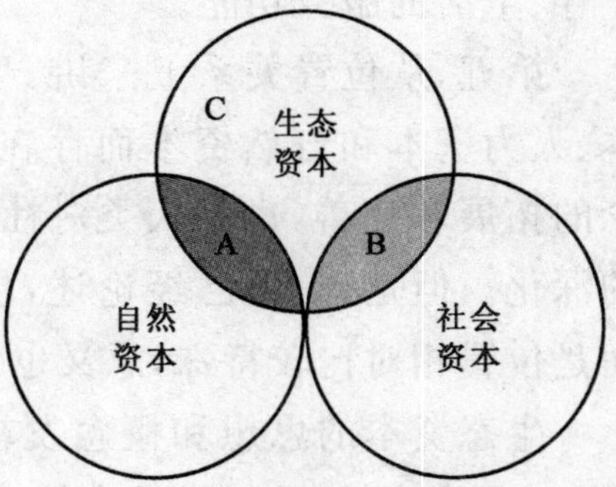

生态资本与自然资本的重叠部分，图 4-2 中用 A 表示，主要是构成生态环境质量的物质基础，其中包括水、大气、土壤、自然景观等；与社会资本重叠的部分，图 4-2 中用 B 表示，主要包括人工生态环境和生态文化；在二者之外的部分，图 4-2 中用 C 表示，主要是生态环境的质量及其变化趋势，包括各个物质组成的品质、流量、变化速度等。

第二，从存在形态上来讲，生态资本不仅表现为生态质量要素的资源存量，也表现为生态质量要素的结构和组合，还表现为二者的发展趋势。从个体鉴定的角度讲,生态资本可以是一个整体,例如生境;也可以是一个群体,例如生态环境的主要优势要素组合,充沛的雨水+肥沃的土壤+重组的辐射;还可以是单个因素,例如水源丰茂。生态资本是以资源的状态存在的,而不是功能或者货币价值。根据定义,生态资本具有生产支持功能和生态服务价值,但是后者不代表生态资本本身的价值,而只是一种功能,一种指示价值。同样的,生态资本货币化之后所形成的经济价值,也只是指示价值,不能代表生态资本自身的价值。

第三,从组成类别来看,生态资本主要包括五个层次和方面:①生态环境质量要素,这里是指生态系统的水环境、大气、光、温等各种为生态系统的生命活动、人类生存和社会生产所必需的生态因子的存量;②生态环境质量要素流量;③生态环境质量要素结构,结构是生态环境品质的另一个重要因子;④环境质量变化和再生量变化,即流量和结构动态,表示生态潜力和趋势;⑤生态文化,包括意识、风俗、制度等,这是生态资本的社会基础。

第四,生态资本的功能有:①环境的自净能力,即环境消纳并转化废物的能力;②生态系统的社会生产支持功能;③生态系统对人类生存、生活的服务功能。

第五,从位置关系上来讲,生态资本是相对于人造资本、社会资本、人力资本和自然资本而存在的。提出生态资本概念是对资本概念的拓展和完善,也是人类对社会生产资源价值、支撑条件价值认识的深化。但是,前面已经论述,生态资本不是其他几个概念的补集,而是位置相对比较特殊,意义也比较特殊的一个新概念。

生态资本的思想和概念发端于自然资本,但是又不同于自然资本。自然资本偏重于指示直接或者间接参与人类生产生活的自然物资和信息的存量,具体包含类别如表 4-1 所示。此外,与一般自然资本相比,生态资本具有更高价值,因为它不仅具有“量”的基础,更是一种“质”的存在,这一点可以从生态资本的功能和服务价值中体现,也可以从生态资本货币化的效果来体现。生态资本实现货币化时,其产品或服务的市场价格往往比对应的普通价格高出很多,甚至达到数倍、数十倍之巨。

表 4-1　自然资本的分类

编号	类别	备注	编号	类别	备注
1	生物资产		3	化石和矿物资源(探明储量)	
1.1	植物(森林植物除外)		3.1	煤和褐煤	
1.2	动物(水生动物除外)		3.2	原油和天然气	
1.3	鱼和其他水生动物		3.3	铀和钍矿	
1.3.1	鱼		3.4	金属矿	
1.3.2	其他水生动物		3.5	石、沙和黏土	
1.4	森林		3.6	其他矿务	
1.4.1	林木		4	水(连同水生生态系统)	
1.4.2	其他植物		4.1	地下水	
2	土地、土壤		4.2	河水、湖水	
2.1	农用土地		4.3	沿海水	
2.2	林地		4.4	大洋水	
2.3	建筑及相关用地		5	空气	
2.4	湿地				
2.5	覆盖特定植被的干地				
2.6	没有或仅有稀疏植物的干地				
2.7	水域				
2.8	土壤				

注:据李金昌等,1995。

自然资本中的一部分是生态资本,但生态资本不仅包括自然资本的存量,还包括品质和服务能力等其他方面。社会资本中的大多数内容与生态资本没有直接联系,但是生态文明程度是生态质量的一个重要因子,与之相关的内容也属于生态资本。生态资本的组成分为生态环境质量要素的存量和品位、生态潜力和趋势、环境的自净能力、生态系统的社会生产支持功能、生态系统对人类生存、生活的服务价值,如表 4-2 所示。

表 4-2　生态资本的组成

编号	类　别	关键属性	备注
1	生态环境质量要素存量		
1.1	水,地表、地下水	类别、数量	
1.2	大气,有益气体	种类、数量	
1.3	生物,动、植物和微生物	种类与数量	
1.4	土壤	种类、面积;土层厚度	
1.5	休闲设施与景观	类别、规模、数量	

续表 4-2

编号	类别	关键属性	备注
2	生态环境质量要素品位		
2.1	水质	标准、级别	
2.2	大气质量	标准、级别、比例	
2.3	生物多样性	丰度	
2.4	土壤肥力	种类	
2.5	气候	生命活动适宜性	
2.6	要素配合情况	综合品质、结构、含量	
2.7	生活适宜性	宜居性	
2.8	休闲适宜性	可观赏性、可体验性	
3	生态潜力和趋势		
3.1	生态环境质量要素流量		
3.1.1	种类增加/减少	趋势	
3.1.2	发育、增加/流失、退化速度	速度	
3.1.3	系统组织化/结构性退化	趋势	
3.2	生态文明		
3.2.1	相关利益者的意识和素质	自觉性	
3.1.4	相关政策、法规、制度	健全度	
3.1.5	相关风俗、文化	影响力	
4	环境自净能力		
4.1	气体吸纳能力	温室气体、有毒有害气体	
4.2	固废降解能力	生物质体、其他可降解物	
4.3	液、废净化能力	富营养化水体	
5	生态系统的社会生产支持功能		
5.1	农业	支撑优质高标准产品生产能力	
5.2	工业(包括加工业)	支撑环保、高科技产业能力	
5.3	商业	支撑高品位商业能力	
6	生态系统对人类生存、生活的服务价值		
6.1	生命支持系统	生物圈、人类	
6.2	生活调节功能	休憩功能	
6.3	旅游休闲价值	观光、旅游、休闲	

质量其实就是“数量的积累＋科学的结构”。要素的存量是质量存在的基础。决定生态环境质量的具体要素，主要是水、大气、土壤、自然景观和人造工程。

三、生态资本概念的意义

1. 明确生态环境质量的资本属性

提出生态资本的概念，意味着良好的生态环境不仅仅是财富或宝藏，而且还是一个能够产生效益、产生财宝的聚宝盆。让公众更容易爱护它、保护它，永保其生财之性能，同时也引导、鼓励民众充分发挥其资本的功能，即通过人的实践或劳动，不断扩大、增加、改善自然的繁衍和环境的美化，使自然能够向人类提供更多、更好的物质资料和优雅、适宜的环境。

2. 更好的规范人类行为

针对资本，人类自然会遵照保值和增值的法则来经营，在不影响生态资本充分发挥其功能的基础上，来对待各个要素，即在保证生态资本增加其数量和价值的前提下，利用自然或向自然索取。比如，盖房需要木材，通过砍伐森林来取木材。但是，这种砍伐必须考虑到森林的再生，也就是说，当你把这片森林砍伐完毕时，新的再生林又茂盛地长出来了。那就要求要有计划地砍伐，而且要一边砍伐一边栽种，经过二三十年森林砍伐完毕，新的树木又高耸入云地挺拔在原砍伐的地方，这样，人类对自然的利用和索取，就是在自然资本发挥其功能的基础上进行的，而不是在破坏自然资本功能的基础上来索取。

3. 提高资源利用效率

资本的属性会让人类意识到，它不是取之不尽，用之不竭的，必须要充分地、更好地利用自然，就是说，要使自然资本发挥更大的功能和作用，即用少量的自然资本取得更大的效益，不断提高自然资本的利用率。

4. 调整人与自然的和谐关系

当人们认识到自然是一种生态资本时，为人类进一步认识和调整人与自然的关系奠定了理论基础。那就是说，在人与自然的关系中，过去过分地强调了人对自然的主宰作用，即人不仅要认识、利用和改造自然，而且还要征服自然，让自然完全听命于人的召唤、吩咐和摆布，现在看到自然是一种资本，那就是说，它有一定的稀缺性，然而，它又能不断地再生自己、扩大自己，这就决定了人们不能随意或无度利用自然，如果你把某种自然资本完全用完，它不仅不能向你提供可用之物，而且也把它的再生能力彻底毁了，它就不可能再向你提供新的可用之物了。这样，人类就失去了物质资料的来源，就要危及人类的生存和发展。至于，由于滥用自然即对自然掠夺性地开发而造成的大气、水等等的污染以及其他不良后果，也都严重地损害了人的生存和发展。人们为了更好地生存和发展，不仅要使自然保证能够向人类提供当前所需要的物质生活资料和环境，而且还要使自然能够保证以后即向人类的子孙万代提供足够的物质生活资料和舒适的自然环境或生态环境。这就必须改变过去的人与自然的关系，而要重新认识和调整人与自然的关系，即人不仅向自然索取，还要向自然投入；不仅要利用、改造自然，而且还要珍惜、爱护、保护自然；不仅要让自然听命于人类的吩咐，而且人类也要受自然的制约，遵从自然的法则和规律；人类不仅仅是征服自然，而且还要维护、扩大自然资本的功能作用。总之，要使人类与自然达到高度而充分的和谐发展，即人类更好地生存和发展了，自然也能更好地生存和发展，这样，自然会源源不断地、越来越多地向人类提供更多、更好的物质资料和优美的生态环境，实现人与自然的共生共荣。

5. 生态资本理论为实现社会经济可持续发展和良性循环提供了理论基础和依据

人类的实践活动要有利于生态资本功能的发展，那就是说要使自然不断地发展、扩大，即不断地增加数量和价值。实际上，也就是社会经济可持续发展和良性循环实现的表现，二者是一致的。所以，生态资本理论进一步提高和增强了人们为实现社会经济可持续发展和良性循环的自觉性和为之而奋斗的信心和勇气，加快了社会经济可持续发展和良性循环的早日实现。

例如，生态资本概念的提出，为北京市生态涵养区——密云县找到了发展方向。自从密云水库建成以来直到 20 世纪末，密云人对于生态环境建设的一致认识一直是“沉重包袱”。“要想富，炸水库”，就是这种思想的最生动反映。密云也确实在改革开放以后一而再、再而三的错过了经济发展的机遇，比如 80 年代的乡镇企业发展黄金时期、90年代劳动密集型工业和畜牧业黄金发展时机，密云全部都因为“保水”禁令而与之失之交臂；到了新世纪，随着人们对生态环境的重视，密云人也隐隐约约感觉到现在的优良生态环境条件是一个优势，但是，也只能“端着‘金碗’要饭吃”（王孝东，2005）。自从生态资本概念在密云广泛传播之后，全县形成了积极主动建设生态环境，经营生态资本的高度统一的思想。密云县“十五”期间最显著的成就就是完成了从“被动保水”向“主动保水”的转变（王孝东，2005）。目前，密云全县上下团结一心，充满斗志的朝着国家生态县的目标迈进，经济、社会、生态的协调发展指日可待。

6. 提出生态资本概念是为了生态资本运营理论做好准备

生态资本运营是经济发展水平较低、生态环境质量较高地区实现经济发展和生态保护“双赢”的重要渠道，虽说应该不是唯一的，但目前所见的尚无其他可行途径。

第四节　生态资本的基本特征和规律

生态资本是一种新的、比较特殊的资本，其既具有金融资本和自然资本的基础特性，又具有自身的一些独特性质，搞清楚生态资本的运动规律和基本特征是生态资本科学运营的基础和前提。生态资本是动态的，其运动主要有：物质基础的增减、要素种类的多少、要素耦合度的高低等，外在表现为资源存量、感观舒适度、生产支持功能和生态服务功能的变化。

一、生态资本运动的驱动力

影响生态资本变化的主要因素有：质能输出、自然灾害、人为干扰。各自的影响如下。

1. 质能输出

质能输出对生态系统的影响是彻底的，因为质能是生态系统的建构基础，质能输出正所谓釜底抽薪，通过减少系统用于修复和维护的物质、能量，使得系统逐渐丧失组分、减弱功能，直至结构性坍塌，彻底把一个生态系统打碎。但是质能并非决不允许输出，因为任何一个生态系统都具有一定的再生能力和缓冲能力，相对稳定的、在阈值以内的质能输出，不仅不会对生态系统造成损害，还有助于保持生态系统处于适当的演替阶段，保持高效的年轻态，获得最高的效率和效益。

2. 自然灾害

自然灾害对于生态系统无疑是破坏性的，有时候是毁灭性的。因为自然灾害往往不可测，基本上不在人类控制范围内（有时候生态工程——一种人为干扰——可以在一定程度上减小灾害的损害程度，而恶化的生态环境则很可能灾害加剧），所以此处不多讨论。

3. 人为干扰

人为干扰分为两大类。一种是良性的，如生态工程、生态治理、生态恢复和生态重建、生态系统管理等以增强生态功能、提高生态品质为目的的措施，都能为生态系统带来福利。另一种则给生态系统带来压力，比如生产的影响，过多占用土地，减缩生态系统边界；过牧、过樵、过渔，改变生态系统组分；过于频繁的扰动、践踏，改变生物组分的生存环境；丢弃有毒有害物质，污染环境等。

造成生态资本贬值的驱动力有自然灾害、质能过多输出、破坏性干扰、生态管理薄弱几种情况。

1. 自然灾害

不可测原因，部分地由于生态系统退化形成恶性循环。

2. 质能过多输出

质能输出过多是生态资本贬值的最主要原因，主要驱动力有资源利用率低下、经济发展水平低下和其他原因。资源利用效率原因，为了维护本地社会生存，不得不取走部分质能，例如果实、种子、植物营养体以及饲料等。在需求不变的情况下，资源利用效率越低，总的质能需求量越高。如黄土高原上多年传统，初夏农民但凡遇到阴雨天气，就上山播种，沟沟岔岔、坡坡梁梁，全都被垦为耕地。其结果呢，是“种一坡、收一车、打一箩、煮一锅”，典型的广种薄收。在资源利用效率低下的情况下，极小的收获要占用大量资源，导致质能输出过多。经济原因，经济发展水平低下，并且缺乏其他谋生手段的情况下，居民大多数出售初加工，甚至未加工的原材料，经济效益极低。经济效益越低，则质能需求量也越大，质能输出更多。其他原因，特殊物质的定向输送，例如周边地区对中心城市供水；商品粮基地对外供粮等。在这方面密云县也是一个物质输出过多，导致本地区陷入困境的典型。密云95%以上的疆域是密云水库的补水区，但是自从密云水库作为北京市区的饮用水水源以来，密云被禁止使用水库水，其结果呢，是密云人守着水库，没有用于灌溉的水，没有用于发展工业的水，严重的时候，甚至没有生活用水。东北有些全国知名的商品粮大县，长期低价向外输送粮食，近年则不仅经济发展缺乏动力，粮食生产能力也一落千丈，其他社会和生态矛盾也日益突出，这更是生物质能过多输出的典型。

3. 破坏性干扰

破坏性干扰是造成生态资本贬值的次要原因，主要驱动力有经济水平低下、技术不成熟、管理松懈和生态文化发育程度不高。绝大部分干扰都是由于经济活动引起的，因为经济水平低，对应的技术、管理水平都不高，而生存和生产活动对生态系统的压力却很大，必然造成频繁干扰、污染和不必要的破坏。一方面是生产工艺不足以支持无污染，另一方面是文化意识不到位，管理和监督不力。然而技术、管理和文化都是直接与经济水平相关的。所以发展新经济、引进新技术和培育新文化是解决这个问题的根本途径。

4. 生态管理薄弱

经济活动总是第一位的，在经济不发达的情况下，生态利益自然被退到了第二位。包括生态工程在内的生态治理、恢复等措施不力，对行为规范和生产标准的要求不高，主要是因为经济发展水平的落后。

二、生态资本的属性和特征

生态资本具有多重属性和特征，一是具有生态环境的自然属性，具有生态功能，遵循生态规律，表现为生态资本的使用价值；二是具有一般资本的经济属性，以保值增值为目的，遵循市场供求与竞争规律，表现为生态资本的交换价值；三是具有自然生态系统与社会经济系统相互作用所产生的新生属性。具体特征表现为整体增值、功能伴生、竞争使用、开放融合、不动逃逸及相对所有等。

(1)整体增值

与自然资本最大的区别之一，是生态资本的增值最大化或盈利最大化目标，受到生态系统整体性的制约。质量是一个综合量，各组分的存量只是一个基础，更重要的是组分的丰度和要素之间耦合水平。保持生态系统内各因子的平衡协调，是实现生态系统整体增值最大化的前提。

(2)功能伴生

生态质量要素提供了各种功能(图 4-3)，这些功能总体上分为两种，一是使用该要素为原材料，经加工转化，形成其他产品，因为这种功能依赖于系统的质能输出，称之为“耗用功能”；二是该要素存在于系统中，通过生态系统正常的运转提供的服务和功能，称之为“共生功能”。共生功能往往不止一种，而是多种功能伴生，通常有两大类，一是生产支持功能，二是生态服务功能。伴生功能中因某些功能未得到开发，形成浪费的现象，称之为“功能缺位”。例如原始森林不砍伐，则其供应木材的功能就缺位；自然景观无人观赏，其休闲功能缺位。在功能缺位时，生态系统的综合服务能力不是最高的，一种功能的缺位经常导致系统资源利用效率极低，甚至其他功也受到影响，比如不砍伐的原始森林，固碳能力和吐氧能力都达不到其最大值。

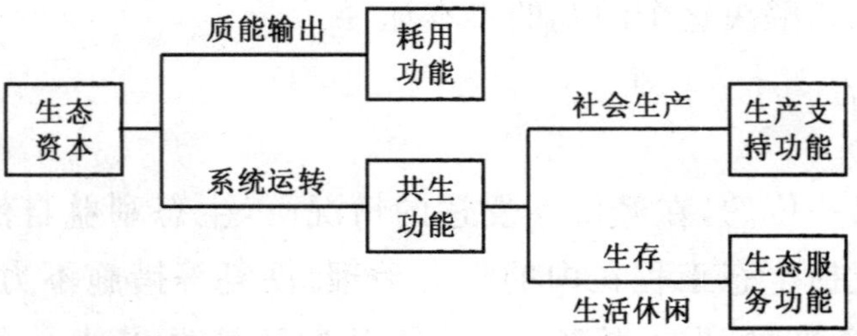

图 4-3 生态资本的功能层次和形式

(3)竞争使用

耗用功能和共生功能是竞争的关系，因为实现耗用功能，生态质量要素就必然被部分或全部的取走，脱离生态系统，与之关联的共生功能自然就不能实现。关联的共生功能之间也可能会存在一定的竞争关系，比如土地的开发与景观功能之间就是竞争关系。所以，竞争关系是生态资本功能间的主要关系，通过争夺生物质能、生理功能或者生物地球资源而共生。

根据生态系统的特点，耗用功能和共生功能之间，关联的共生功能之间，都有一个适当的比例，即和谐比例。生态系统以此比例提供各项功能和服务，能够实现和谐和可持续的发展，当耗用功能比例过大，或者关联共生功能比例失调，就会导致功能竞争，恶性竞争，甚至系统退化，以至于崩溃。相反，则会造成功能缺位。

功能竞争过于激烈，当生态资本负荷人类生存与经济发展对生态经济功能的需求超出其承载力，会出现消费拥挤。优良的生态环境具有很强的吸引力，消费和开发过快，则会导致环境品质受损，服务功能品质下降。由于生态资本所属的生态系统一般不是顶级生态系统，在人类活动的影响下，生态资本始终处于动态变化中。长时间、高强度的消费拥挤将会导致资源环境退化。

(4)开放融合

生态资本既具有生态环境系统的开放性与多样性，又具有一般资本的融合性与扩张性，可以实施产权主体多元化、利益共同体等资本经营方式。

(5)不动逃逸

生态资本既具有环境资源的空间固定性，又具有一般资本规避风险的逃逸性。低回报率的生态资本会转移地域或变换形态，流动到回报率较高的领域，引起生态资本的资本功能逃逸。

(6)相对所有

生态资本具有相对明确的所属权，但不是绝对的。任何一个生态系统都与生物圈有着隶属关系，与生物大环境之间具有一定的自然物质、能量和信息交流，有义务做出相应贡献；所有生态系统都不完全归当代人所有，当代人有义务实现代际公平分配和可持续发展。由于功能逃逸的可能，生态资本的形式所有权和实质所有权可能分离。

三、生态资本的评估与核算

生态资本自身是有价值的，其生产支持功能和服务也会产生价值，通过这些功能和服务，还可以进一步实现经济价值，称之为生态资本的货币化价值。三者关系如图 4-4 所示。

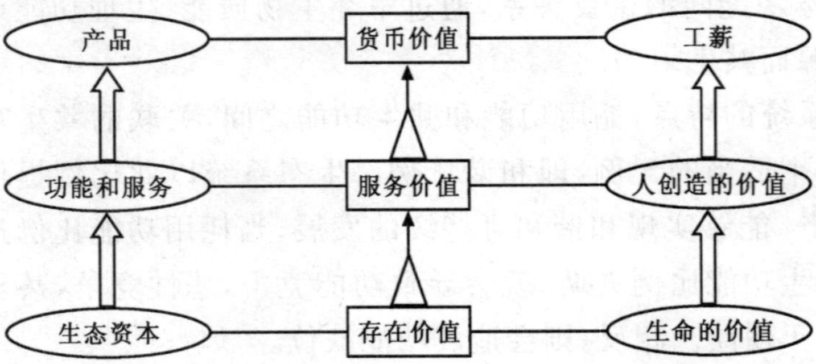

图 4-4 生态资本的价值类别

生态资本是以资源的形态存在的，其价值和服务价值以及实现货币化之后所得的经济价值不同。生态资本的存在价值是其他一切价值的基础，服务价值是货币化价值的基础。正像生态资本的价值不可能完全转化为生态系统的功能和服务一样，功能和服务也不可能完全转化为产品。如生态系统中物种存在的价值很难在一般功能和服务中体现出来，而生命支持功能也很难转化或者附加在产品上。因此，对应的生态系统的服务价值只是生态资本存在价值的一小部分，产品转化得到的经济价值也只是服务价值的一小部分，如图 4-4 中箭头所示，由下到上逐渐减少。这个道理就像是能量在食物链中传递一样。

生态资本的价值和生态资本的多少不是同一个问题。从图 4-4 中可以清楚地看到，用生态系统的服务价值来代替生态资本自身的价值是不对的；同样的，也不能用转化得到的经济价值来代替生态资本的价值或者生态系统服务价值。

生态资本价值具有不确定性。科技发展水平、生态文明水平都会影响人类对一种具体生态资本价值的认识。在石器时代铜矿和铜都是没有价值的；而铜器时代的铁也是没有价值的；马克思论著中水和空气是没有价值的，因为它没有凝结人类劳动；山区农户家烟囱中滚滚的粉尘和其他有害气体也是没有价值的，因为当地居民还不关心这些。

因此，纯粹从经济学上来计量生态资本是不科学的，也是无意义的。这里可以用生命的价值来类比。与生命相关的价值也有三个层次：生命的价值、人生所创造的社会价值、个人所得的社会报酬，分别与生态资本的价值、其功能和服务价值、转化所得货币价值一一对应。生命自身的价值无法衡量；人生创造的社会价值可以估计，无法准确计算；所得社会报酬数值虽然相对准确，但是不一定可靠，因为它不总是与前二者成正相关。显然用一个人所获得的报酬来指示这个人生命的价值是不科学的，用它所创造的社会价值来衡量其生命的价值同样不科学。生态资本的价值正如生命本身的价值一样，无法科学衡量。中科院计算所所长李国杰说，“世界上有一大堆问题属于不可计算问题”。生态资本价值和生命价值都属于这类不可计算的问题，所有试图测算生态资本价值的努力都注定是徒劳的。

但是作为资本，一定应该可以说明多少和优劣。就其各种组分来说，建立实物账户是比较准确的办法，只是类别分配细致，无法进一步比较。而且有些组分也难以通过实物账户标示，比如生态质量要素的耦合度、生态文化等。可以接受的办法，是用一些相关特征值来指示生态资本的价值。一般采取生态环境质量综合评价和生态服务价值评估来参考理解一个地区的生态资本数量。生态环境质量综合评价是对一定区域质的判断和评估，同样以生命来类比，是对一个人的体质、智力水平、道德水平、努力程度、知识储备等的综合评估，比较接近于一个人产生价值的能力；生态服务价值的评估则是对生态系统贡献的核算，在生命的例子中，相当于计算一个人所做的社会贡献价值。如果把环境质量综合评价和生态服务价值评估结合起来，则不仅能够指示出生态价值产生服务的能力，也可以核算其做出的实际贡献。

生态资本是处于动态变化中的。其增量本身也无法准确测算，同样的，可以使用生态环境质量变化和生态服务价值变化来反映生态资本的增量趋势。

第五章
生态资本运营的理论框架

第一节 生态资本运营的必要性

一、从中国生态农业边缘化看生态补偿的局限性

中国生态农业是中国农业科技人员、基层干部和农民的创造，几乎与国际可持续农业运动同步而独立地发展起来。经过20多年的发展，业已证明它是在我国实施可持续农业最现实可行的方式。大城市郊区土地资源的独特性决定了农业的集约化程度必定要比其他地区高很多，从而对环境造成更大的压力。生态农业体现了资源节约、循环经济和科学发展观，因此是都市农业的必由之路。北京郊区是全国第一批开展生态农业探索的地区之一，涌现出大兴县留民营村和房山县窦店村等典型。

但应看到，中国生态农业毕竟是在计划经济时代诞生的，不可避免地带有很浓的行政推进色彩，一旦失去了国家的各种补贴或优惠，特别是在国家的“生态补偿”尚未能够落实的情况下，生态农业暴露出了很多问题。其中最主要的是产业化程度低、经济活力较差、新形势下的推进方法少。因而近年来生态农业界频频传出抱怨生态农业被“边缘化”的声音。

以著名的生态农业县黑龙江省拜泉县为例。过去这里曾是重要的商品粮、豆产区，于1958年获得过国务院颁发的“社会主义农业先进建设”奖状。由于20世纪六七十年代“以粮为纲”的方针及农民过量樵柴，该县森林覆盖率一度降至3.7%，造成日益严重的水土流失，

不少地方甚至已露出黏质的黄色底土，群众称之为不打粮的“破皮黄”和“火烧云”地。粮、豆产量大幅度下降，被排除出商品粮大县的行列。

从1986年起，拜泉县领导下决心靠生态农业来“拯救黑土地”，20年内累计投入42亿元(加上投劳折款)，其中国家投入仅占1.3亿元，群众义务工，是投资的主要来源之一。目前，全县森林覆盖率已升至22.1%(2000年)；土壤侵蚀模数下降至1 200 t/(km^2·年)；玉米产量已由3 000 kg/hm^2左右提高到6 000～7 500 kg/hm^2。1998年松花江、嫩江发大水，周边县份损失惨重，而拜泉县则减少水灾经济损失7.5亿元，以致省政协主席来调研后，发出“花钱搞生态好呢，还是花钱救水灾?”的感叹；2003年黑龙江省西部发生大面积特大旱灾后，主管救灾的副省长到这一带考察灾情，在拜泉境内却几乎看不到受灾的景象，高兴地说：“驱车百里，不知旱情在哪里!”

然而，这种减轻了松花江中下游的泥沙和水害、保护了无价之宝的黑土的外部性效益，却基本未得到应有的生态补偿；再加上主观方面的原因，全县农民人均收入只有千余元，县财政年收入还不到1亿元，该县至今仍在“贫困县”的行列中徘徊。在贯彻中央关于农民“减负”的政策之后，生态建设已失去了最重要的投入源——农民义务工。

因此，如果类似拜泉县的问题得不到解决，生态农业在我国的进一步发展必然缺乏强大的活力。要找到解决方法，一方面要继续大力推行有地方特色的生态农业模式，进行生态农业的产业化或者说建设生态农业产业，将是未来经济发展的必然趋势。另一方面，更要积极争取非政府形式的生态补偿，生态资本经营就是一个新思路。

二、实现生态服务经济价值的新思路——生态资本运营

国际上公认优良环境是一种“奢侈品”(luxury)，在我国人均GDP仅1 000多美元的经济条件下提倡环境保护，是一种被迫的“超前享受”。在这种特殊情况下，往往仅是经济与环境的“双赢”已经不够了，形势迫使人类去找到独特的“多赢”途径。“生态资本”经营可能是一条可行的途径。

生态资本价值的实现在国际上早已有先例。如哥斯达黎加政府自 1997 年起向土地拥有者支付针对若干生态服务功能的补偿费,数额为每年每公顷 50 美元,经费部分来自燃油附加税。澳大利亚的悉尼期货市场更已开全球之先例——买卖生态系统服务“产品”,称之为 new environmental products,包括碳贮积-排放权的配额、洁净水、生物多样性等。事实上,我国也已开始了这方面的尝试。据人民网报道,2004 年 12 月 1 日,中国签署了一项大型煤层气减排购买协议,由山西晋煤集团回收煤层气用于发电,该项目产生的温室气体减排量将由国际碳化基金(PCF,由 6 个国家的政府和 17 家私营公司组成)收购。

在农业领域如何运营生态资本实现其价值呢?充分体现了富裕起来的社会阶层特别是富国民众对优良生态环境“支付意愿”的“有机农产品”,是一条非常重要和现实可行的途径。目前在国内,有“无公害农产品”、“绿色农产品”等多种生产和认证标准,但只有要求最严的“有机农产品”能与国际接轨。国内已有少数企业在有机园艺产品方面,开始进入国际高档市场,但规模尚小;而有机畜产品则是空白。因此发达地区特别是大城市郊区的都市农业,在生态环境治理和建设受到特别重视而大幅度改善的有利条件下,更应充分发挥优势,与人才、科技资源密集等优势相结合,研究如何以出口(含进入国内超市和配餐)有机园艺、畜禽产品为导向,大力推动生态型、高附加值有机农产品产业,并以此带动农民的组织化、职业教育化以及农业的产业化,率先实现农业现代化。

从密云的案例中,也可以看出生态资本运营的迫切性和重要性。密云县现在依然是个农业大县,各种传统工业发展都收到严格限制,能够发挥的空间很小,也缺乏其他资源,多年来经济发展和生态保育的矛盾一直很尖锐,近几年来与北京城区相比,更是相差悬殊。各种矛盾已经到了非解决不可的时候了。生态资本丰富是密云的优势特色,运营生态资本是密云县的必然选择。通过 1 年来的尝试,收效非常好。例如,通过鱼王美食节的带动,密云水库一条 25 kg 重的大鱼王卖到 68 800 元,实现 100 多倍的增值。又如生态旅游的快速发展,2005 年“十一”黄金周,密云一县的旅游总收入首次跃居第一,并且超过两个最强(区)县怀柔和昌平之和,这都是生态资本初步运营的巨大收益(表 5-1)。

表 5-1　2005 年国庆黄金周北京远郊区县旅游收入　　万元

区县	旅游综合收入
密云	12 810
怀柔	7 160
昌平	5 200
平谷	4 850
延庆	4 820
门头沟	4 300
房山	3 370

注:据北京市旅游局。

第二节　与生态资本运营相关的主要理论

1. 环境容量和种群增长曲线——生态资本的成长模式

由图 5-1 可以看出,单个种群生长遵循着 S 形曲线规律。当种群很小时,生长量快速增长,种群数量开始缓慢增加;随着数量的增多,种群生长量逐渐达到最大;这时生物和环境以及生物之间的反馈作用逐渐增大,导致生物生长量逐渐降低,种群增长趋缓;当生物量到达环境最高容量时,生长量为零,种群数量最大,并保持着平衡。

生态系统的发展也遵循着同样的规律。从幼年态的缓慢增长,到青年态的快速增长,发展到最后的稳定态,即顶级群落,至此生态系统的各组分之间保持着比较稳定的平衡关系。而生态资本作为生态系统的一种存量形式,也必然遵循同样的发展规律。因此,在生态资本运营时,应根据生态资本发展的不同阶段,采取相应的经营措施。同时,生态资本的运营不应等同于农业生态系统的管理,要将更多的物质和能量用在生态资本的维护方面。如在幼年态,应采取尽可能的培育措施,增加初始投入,促进生态资本的快速增长;而在稳定态,则应尽量减少人为措施对生态资本的不良干扰,排除危害生态资本结构和功能的因素,使生态资本保持良好的自我发展能力,从而能够提供更好的生态服务。

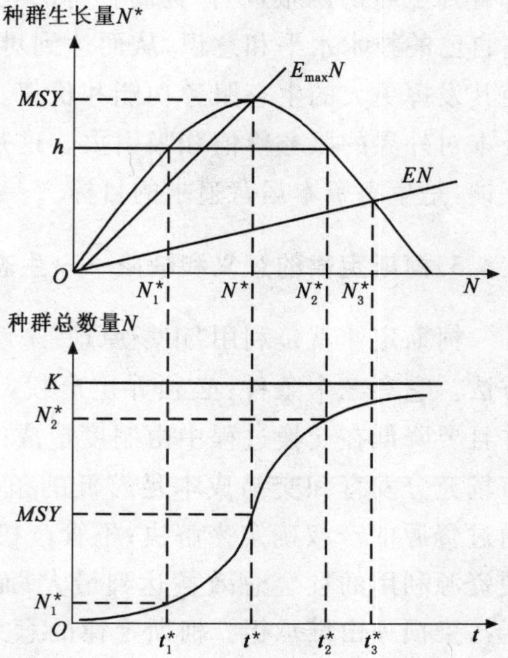

图 5-1 环境容量曲线

2. 正反馈中的良性循环——生态资本运营的过程和目标

自然界存在着复杂的正负反馈关系，来保持自然界的平衡。正反馈指原因产生结果，结果又强化原因。正反馈有恶性循环和良性循环，良性循环指初始原因对系统有利，恶性循环指初始原因对系统不利；良性循环的结果是系统优化，恶性循环的结果是系统退化，且超过阈值时，系统崩溃。例如通过食物链和食物网结构，不同物种之间通过正、负反馈配合作用保持着相对的平衡和稳定，协同进化。地球的进化就是一个极好的正反馈良性循环的例子。原始的地球二氧化碳浓度极高，氧气浓度很少，没有生命的存在，后来偶然的机会出现了生命，原始的生命不是现在的有氧呼吸，随着进化，出现了能够吸收二氧化碳、释放氧气的植物，从此，开始了生物和地球的共进化；生物使地球的环境朝着有利于有氧呼吸生物进化的方向发展，于是地球有了美丽的外衣和勃勃生机；而地球的这种变化也为生物的进化生产了温床，经过长期的相互支持壮大，地球和生物都发展到了今天这种欣欣向荣的局面。

从生态资本的运营看，也存在着类似的情况。生态资本运营的目的，是通过对现有资本存量的合理经营，在良好生态环境比较稀缺的区域，发挥它巨大的服务价值，为人们服务；而通过这种服务，经营者得到了经济回报，不但提高自身的收入水平，而且有能力进一步提高自己的技术水平和意识，从而达到对生态资本更好的经营和维护，使其发挥更大的生态服务功能和价值。这样更提高了这种稀缺生态资本对外界的服务价值和吸引力。这是一个具有良性循环特征的正反馈，是生态资本运营追求的目标。

3. 柯斯定律的意义和缺陷——生态资本运营的主体和模式

柯斯定律就是利用“市场原理”来解决环境外部性（市场失灵）的方法。它有三个条件：必须界定产权，产权要能够自由的进行交换，并且要降低在交换过程中由制度造成的任何费用。柯斯定理认为在市场充分发育和交易成本足够低的条件下，经济外部性问题都可以通过资源的产权确定来解决；不管产权界定给谁，产权的确定会同时使资源利用的社会总效益达到最大；而不同产权法律规定的差别在于污染损失由谁承担。柯斯定律的意义在于提出了一个更为广泛的市场概念，这种市场不单包括单纯的“物物交易”，更包括“权利交易”，通过各种交易，“双方得益”，就会产生和形成市场。由此可见：环境外部性这一市场失灵问题，究其根源可以说是“所有权结构失灵”。

但柯斯定律在实际操作时，也存在着较大的缺陷。如有些物品不能明确界定所有权和范围，因此也就不能解决市场失灵问题；另外，即使明确了产权，在交易时，如果交易的环境并不是一个充满信息、低交易成本和严格履行合同的世界，也不能解决市场失灵的问题。在这些情况下，就需要由政府来解决市场失灵问题。

以生态资本的运营为例，密云的森林、大气和水环境属于国家或集体所有，任何个人仅有经营权和使用权，无法对上述生态资本进行明确的产权划分。而现实的运行情况也是，由于产权划分不明，导致对生态资本的维护不力，影响了生态资本的可持续性运营。因此，在这种情况下，只有结合柯斯定律和政府措施两方面的优点才能解决。正如前文分析，生态资本具有存在价值、服务价值和货币价值三个层次，应根据不同的价值层次采用不同的措施来解决市场失灵现象。明确生态资本各层次价值的所有权关系以及政府、集体、企业和个人等的责权利关系，即存在价值属于政府或集体所有；而通过使用和经营所产生的货币价值则归经营的企业和个人所有；同时企业或个人在资本运营的过程中，产生了服务价值，这部分价值没有在市场上得到体现，产生了市场失灵现象，从而影响了经营主体对生态资本运营的积极性，解决的办法，是由政府进行生态服务的买单或采取其他可能的形式，对经营主体进行补偿，从而消除市场失灵现象，促进生态资本的健康可持续发展。

4. 库兹涅茨曲线的意义和缺陷——生态资本运营的启动

环境库兹涅茨曲线（environmental kuzents curve，EKC）是一条反映国民人均收入与环境投入关系的曲线（图 5-2）。该曲线以国民人均收入（GDP）为横轴，以环境污染为纵轴，曲线成倒 U 形，理论解释为：当经济收入由低而高发展时，环境退化和资源消耗的速度超过环境净化和资源再生的速度，因此，随人均收入的增加，环境问题不断恶化。但是当经济发展到较高水平时，产业结构转换，再加上环境意识的增强与法规的完善以及技术改良，环境退化现象逐渐减缓，甚至消失。而这个转换点（图 5-2 中 T 点）是在国内人均收入达到 8 000～15 000 美元。

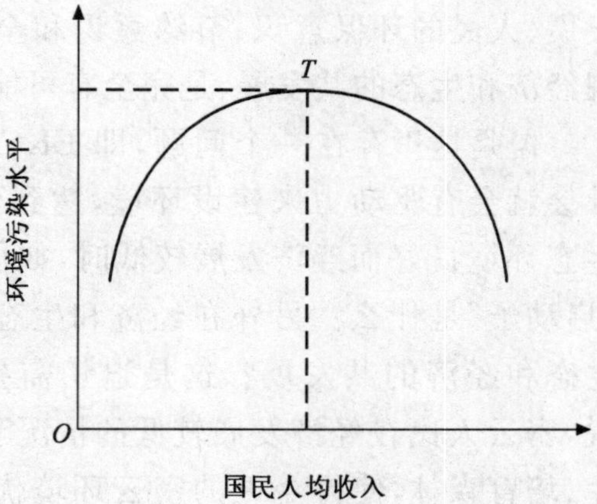

图 5-2 环境库兹涅茨曲线（EKC）示意图

库兹涅茨理论是最为广泛接受的环境经济学规律之一。一方面，它揭示了一条近代经济发展规律，即当经济发展到相当高水平时，社会才可能关注环境问题并采取改善环境条件的努力。这对于发展中国家的发展很有指导意义。经济不发达，社会就没有多余的资金用于环境的改善，即使暂时改善了，也缺乏维持的动力。只有经济发展到了相当的程度，社会才会有主动维持环境的动力来源。

另一方面，EKC 曲线也存在难以避免的缺陷，1996 年 Stern 等人利用“世界发展报告”的全球资料，对形成酸雨的 SO_2 含量进行预测，最后发现到 2025 年，即使人均收入达到 7 127 美元，仍然不可能出现 SO_2 排放量减小的库兹涅茨效应。最近，奥地利的 Fischer-Kowalski 利用 DMI(direct material input，直接物质投入)指标研究亚马逊流域国家(巴西、委内瑞拉等)的生态问题，亦未发现 EKC 的曲线型态，即库兹涅茨曲线的“失灵”。这是情有可原的。因为该理论是建立在当时若干个国家数据统计规律的基础上的，当时的生态还不属于稀缺资源；但是当该理论扩展到大多数国家时，就产生了尺度效应增大问题。也就是说，并非经济发展了，自然环境就一定会发生改变。

从另一方面看，也并非在经济发展不发达的情况下，特定地区自然环境就得不到改善。从实践方面看，不管是我国黑龙江省拜泉县建设生态县的模式，还是广西恭城的“猪-沼-果”模式都说明，在经济发展的较低阶段，完全可以实现自然环境的改善。从理论方面看，经济学家 Arrow 曾明确指出：经济增长并非治理环境的万能药，促进 GDP 增长的政策并不能代替环境政策。也即是说，如果从生产工艺、流程、观念、意识，政策、法规等多个角度共同努力，就可以在较低的经济发展水平上实现经济和生态环境的共同发展，在当今技术迅速发展、人民的环保意识、节约意识和全球意识逐渐觉醒的情况下，实现经济和生态的共发展，是完全有可能的。

但是这里存在一个问题，即 EKC 曲线说明经济到相当程度时，社会就会有驱动力来建设环境，达到生态和环境的共发展。但是在生态环境良好而经济发展较低时，如何实现生态和经济的共发展，即“启动子”是什么？另外在经济和生态环境都较低的区域，如何启动生态和经济的共发展？这是迫切需要解决的问题。具体到密云来说，密云人民在经济发展较低的情况下，做出了巨大的牺牲来建设水库、培育森林，使得今天的密云环境优美宜人，并且已经成为一种稀缺的资源。但是如何利用这种巨大的生态资本资源优势，来发展经济，即如何启动生态资本的运营呢？经过本研究，如下文要分析的那样，在密云当前的情况下，启动生态和经济共发展的启动子就是生态补偿以及政府的发展政策。

第三节　生态资本运营的范围和途径

生态资本运营就是以生态资本的货币转化为核心，实现生态资本保值和增值的系列措施和行为。

一、生态资本价值流向

生态资本价值的流向，有四个方面：一是提供公共品；二是系统内使用；三是系统外使用；四是系统间转移使用，如图 5-3 所示。

图 5-3 生态资本价值流向和货币转化途径

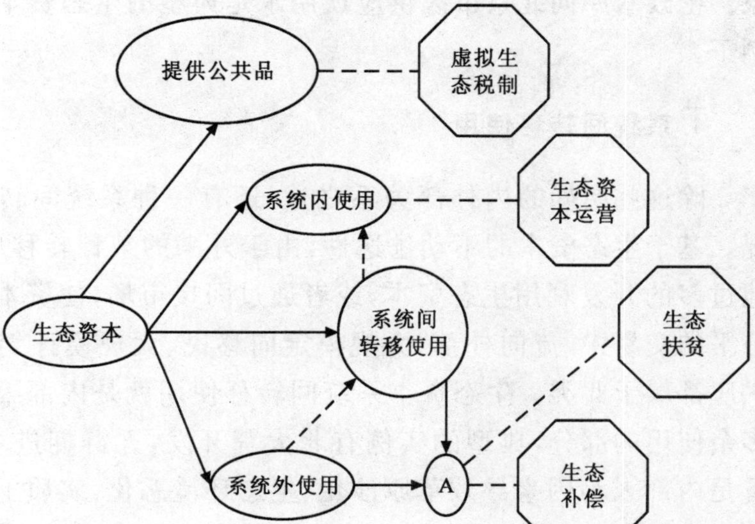

1. 提供公共品

是向地球生物圈的自然流向，包括一部分物质、信息和能量的输出。任何一个自然态的生态系统对于地球生物圈都是开放的，与之存在一定的物质、能量、信息和服务的交换。生态系统对生物圈的贡献是为整个地球生物提供的公共产品和服务，任何生命形式都可以利用，比如制造氧气、固定二氧化碳、储存基因、生命媒介等。

2. 系统内使用

包括本地所必需的和有意识推向外系统的。此流向的生态资本是生态资本运营的主要对象。系统内使用指生态资本为区域边界内部提供的所有正常支持和服务功能，包括本地生产生活所必需的部分和本地有意识生产和包装推向外部市场的部分。

3. 系统外使用

指无偿或在不公平交易下为系统边界外的特定地区提供的所有支持和服务功能，通常有供水服务、减灾服务、定向产品供应等服务。系统外使用的两个要点是：功能无偿或低报酬输出；有明确受益对象。密云水库向北京市区供应饮用水是典型的生态资本系统外使用例子。

4. 系统间转移使用

除这些明确的内外部关系之外，还有一种系统间转移使用的情况。基于生态资本的不动逃逸性，由于外来的某种转移压力，导致本地过多的开发利用生态资本，或者通过间接市场，使资本的功能在不公平的交易中，流向外部，大规模定向移民、大规模计划性定向商品供应都属于此类。生态资本系统间转移使用就是内部因外部压力而多余使用的部分，典型的实例有北大荒开发，人群拥进草原，表面上看是内部人为因素导致草原沙化、生态环境恶化，实质上是外来人口需求和外来生态压力迫使本地掠夺生态资本；专门的商品粮基使用最优化的资源组合来生产粮食，但外流粮食的回款无法支撑本地经济，当地居民不得不在主业之外寻找其他方法搞活经济，这些活动规模小、效益低，严重耗用各种资源，也是生态资本系统间转移使用的典型。东北商品粮基地近年来大规模减少粮饲调出，而开始走自己延长链条、加工转化的道路，就是对这种生态资本系统间转移使用的觉醒。

二、生态资本价值转换的途径

在生态资本价值的四类主要流向中，生物圈功能交换是不能直接实现货币化的，因为任何一个生态系统都具有从生物圈中获得物质、能量、信息的权利，同时也承担一定的义务。原则地讲，每一个生态系统都应该有一个适当的生态资本义务贡献数量，但是现在还无法准确计算。如果评价方法得到完善，则可以建立生态虚拟税制，在全球范围内征取虚拟生态税，即对于生物圈贡献不足地区，征取相应额度的生态税，用以补偿做出突出贡献的区域。因为该税额是建立在一个假设条件上的，即假设不同地区对生物圈都应该有可量化的生态资本贡献,所以称之为虚拟生态税。对于外部功能这部分,按照国际通行的“谁使用,谁建设”、“谁受益、谁补偿”的原则,应该获得生态补偿。在系统内使用功能这一部分,就可以充分发挥能动性,发展高生态附加值的生产,通过输出高质量的产品,实现生态资本的价值转换。对于那些受益对象模糊,在长期的巨大压力下,生态环境质量恶化,隐藏着巨大危险,以至于难以支撑生产生活,甚至面临崩溃、扩散灾难的生态系统,则需要进行生态扶贫。

1. 生态补偿

上文分析过,生态资本的各种功能之间,基本上是竞争关系,耗用功能与共生功能之间是直接的完全的竞争;共生功能之间是有条件的竞争。生态资本的价值流向,也基本上是竞争关系:一方面,系统外使用的功能越多,留给本地的就越少;另一方面,要维持一定的价值流,必须要有一定的投入。因此,受益者支付部分生态资本功能维护和所有者损失的费用是合理的,这也是实现系统外使用功能货币价值的唯一途径。生态补偿既体现对过去贡献的一种认同,也体现当代发展公平,因为现在当地居民仍然在节约使用生态资本以为外部提供服务。生态补偿是保证可持续发展的基本措施,人类的未来需要生态系统提供稳定而长期的服务,需要建设和管理,只使用,不回报,将摧毁生态源的自我维持和修复能力。

2. 生态扶贫

当生态资本贫乏到一定程度,整体生态系统将面临深度退化甚至崩溃的问题。当一个生态系统遭遇到生态危机,而本地又缺乏能力建设和恢复的时候,需要社会关怀和无偿投入的帮助。政府应当设立专项资金,进行生态扶贫,帮助维持生态功能。生态扶贫的理论依据是:第一,公平。虽然受益对象不明确,但是该系统曾经做出过贡献,在生物圈整体中,每一个微小的贡献,都意味着其他地域的压力减小,所以该系统为所有相关系统都做出了贡献,尤其是空间和功能上临近的系统。第二,存在价值。该系统虽然出现问题,但仍然具有存在价值,如果彻底面临崩溃,则要付出更高代价来重置或替代。第三,安全。由于地球生物圈的一体性,这种剧烈的变化将对周边环境产生重大影响,可能会将生态灾难扩展到临近系统。

3. 生态资本运营

充分的、综合的利用生态环境，着重提高产品的品质和生产的品位，实现生态环境附加值。生态资本运营途径可以概括为四类：一是高生态质量附加值产品开发，开发产品包括优质、有机农产品、原生态空气和空间等；二是高生态品位需求产业支撑功能开发，发展产业如高级设计、研究、开发、高端管理、会展等；三是高端休闲功能开发，包括生态型、无污染的旅游、观光、休憩、体验等；四是生态资本的整体或部分地打包出售。四种途径与具体运营对象和产业之间的关系见图 5-4。图 5-4 中，分别将①高生态质量附加值产品开发，②高生态品位需求产业支撑功能开发，③高端休闲功能开发，④打包出售等四条生态资本运营途径标记为①，②，③，④。按照资源使用的平均产投比，效益最高的是高生态品位需求的产业。其次是生态休闲产业，这两类都是将生态资本作为环境来体现价值的，消耗生态资本自身的比例很小。再次是高生态质量附加值产品，生态资本被部分或整体的转移到了产品中。最后是生态资本打包出售，因为打包销售通常用可实现的经济价值代替生态资本价值，而且把未来的潜在价值和那些难以估测的价值一起廉价的出售了。

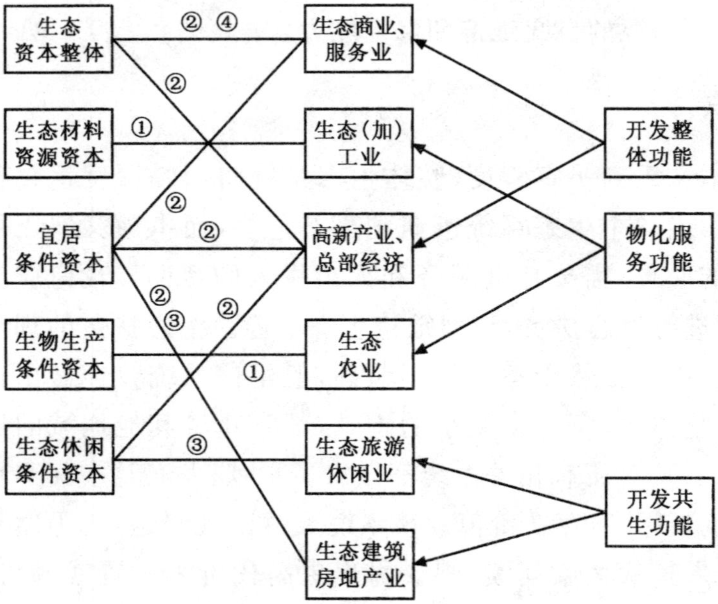

图 5-4 生态资本运营对象、路线和产业关系

从功能实现的角度看，生态资本运营主要是通过发展共生功能、物化服务功能和开发整体功能达到生态资本价值向货币转化的。发展共生功能即利用某些组分的多功能性，在其发挥正常主要功能的同时，通过扩展其他功能获取经济效益，比如水的娱乐功能和景观功能；物化服务功能即开发具有本地特征和特色的产品，消费此类产品时也能够享受到部分在当地的特殊生态服务，比如有机农产品、保健或药用生物制品等；开发整体功能是综合利用各种生态资本，以支撑新型生态环保产业、高新技术产业、总部经济等的发展。运营途径和功能实现的大致关系，高生态质量附加值产品开发主要是物化生态资本的服务功能；高生态品位需求产业支撑功能开发主要是开发生态资本的整体功能；高端休闲功能开发主要是发展生态资本的共生功能；打包出售也是对生态资本的整体功能开发。运营形式和功能实现的关系如图 5-4 所示。

在图 5-3 中，虚线箭头所标示的是系统间转移使用的原理，即外部生态压力转移为内部超额使用。节点 A 表示系统外使用部分和系统间转移使用部分都应得到生态补偿，对于整体恶化的系统，还应得到生态扶贫。当然由于系统内使用而导致的生态系统严重退化，引起安全问题的，也有生态扶贫问题，这种情况相对比较少。图中虚线连接的是生态资本价值流向和货币化途径。

考虑到价值认同程度、市场条件、资本转化能力，生态资本的货币转化在操作的难易程度上呈现出一些规律。特色突出的生态资本易于转化，例如独特的自然风光和特殊功用的生态因子，典型前者如张家界、九寨沟等，虽然地处偏僻，也很快发展成旅游胜地；后者如矿泉和温泉。综合品位高的易于转化，国内外近年兴起了生态城、生态县建设，经济随着整体建设迅速攀升。靠近经济繁荣地区的易于转化，在大都市近郊兴起的都市农业带、旅游带、卫星城和工业开发区等都是典型例证。

三、生态资本价值转化的特点

由于生态资本是一种特殊的资本，与货币、固定资产等早已为大众所普遍接受的资本不同，具有一些新的特质，在生态资本货币化的过程中，相应的具有一些特色。

生态资本是一种“原生资本”，不能够直接用于市场投资和自由市场操作。生态资本处于潜在状态，没经过货币转化之前，很难确定其价值，因而即便是在生态资本价值总体上得到认同的情况下，对于一种具体的生态资本，市场对其价值的认识也差别很大。所以生态资本的运营很重要，将决定生态资本的价值能够发挥出和实现多少。

生态资本货币转化通常可实现较高经济价值。因为生态资本是生态环境质量的要素，其所提供的产品和功能具有高生态附加值的特性，比同类普通产品更受欢迎和信赖，市场价格通常较高，有时可高出数倍乃至数十倍。

有机农产品生产是一种典型的高生态质量附加值产品生产，通过有机转换、有机认证等程序，实现远高于常规农产品的经济价值。例如，南京的普朗克有机农场生产的有机蔬菜，每个包装不足 5 kg，售价不低于 100 元人民币，总是供不应求。而当地同类蔬菜平均价格每千克不足 2 元，有机蔬菜实现了 10 倍以上的利润。大宗有机农产品贸易也呈现出同样的情况。据农业部统计，2005 年 1～6 月份中国对美国和日本出口的蔬菜平均价格非常接近每千克 1 美元；而同期国内同类产品在 0.8 元人民币左右。因为这些出口蔬菜基本接近有机农产品，而国内市场上都是普通菜。有机农产品与普通产品相比，大量增加的附加值，可看作生态资本运营在农业生产中实现生态资本货币化的典型案例。

不同转化途径实现的价值不同。生态资本自身的价值和其服务价值不同，无法进行科学评价。对其主要组分可建立实物账户或者动态实物账户，用分门别类的办法，分别给予数量上的统计或动态描述。该办法虽然可信，但方法自身的问题是量纲不统一，无法综合、定量和比较，还有该办法本身就不完善。而相同的生态资本使用不同的转化途径，所能获得的经济价值完全不同。

相同转化途径在不同条件下，能够被认同的程度也有很大差异。例如同样是有机蔬菜，不同种类和不同市场，增值空间会差别很大，见表 5-2，日本和马来西亚的价格差了近 1 倍。优良的生态环境是奢侈品，这是全世界的共识。自然的，在经济发达程度高，生态文明意识强的区域，生态资本易于转化，高生态质量附加值产品也能够获得很好的市场收益；而在欠发达地区，因不具备高端产品市场，高生态质量附加值产品很难获得好收益，生态资本很难实现转化，除非其市场不依赖于本地经济环境。

表 5-2 2005 上半年中国出口美、日等四国的平均蔬菜价格

国别	平均单价(美元/kg)
日本	0.900 5
美国	0.977 0
韩国	0.458 5
马来西亚	0.476 0

注:据农业部资料。

由这些特点可知,不同地区的生态资本价值转化需要不同的策略。同样的生态资本在不同的经济发展背景下,能够被转化为经济价值的数量不同。在落后地区,生态服务价值很难被认同而实现经济价值,而在发达地区,则转化就相对容易。因此对落后地区而言,对生态系统的产品使用较多,生态服务价值较弱,策略是应更注重从生态扶贫、生态补偿、生态税等方面进行经济价值上的生态服务补偿和转化,减缓生态系统的质能输出,培育生态资本的服务功能和价值;而对于相对发达地区,对生态服务的要求很迫切,生态资本的服务功能较强,策略是提供更好的政策环境以及相应的生态补偿,增强生态资本的服务功能和价值,适当增加生态系统的质能输出,即促进生态资本的运营。

从这些特点中还可得出结论,生态资本运营的空间很大。主要基于生态资本转化价值可实现很高经济效益,而且其实现价值因途径和社会经济条件不同而变异很大。这同时也说明生态资本运营很重要,积极的发掘资源、创造条件、提升水平,将能够获得很高的转化货币价值。

第四节 生态资本运营的要素

一、生态资本运营的目标

资本运营的基本目标就是保值和增值,生态资本运营的目标也不例外。

1. 生态资本保值

使得生态资本各要素在存量上不减少,流量更趋于良性,结构更

趋于优化,总价值提高。

保值是增值的基础,是生态资本运营的前提和保障条件,是不可忽视或者跨越的。如果在生态资本运营中没有保值措施,那么资本运营将是不可持续的。保值的要点是,第一,不得让生态资本自然减少,需要进行修复和维护;第二,监督和保证增值的过程不使生态资本削弱或减少,通过法律、法规、制度、奖惩措施促使生态资本运营的主体更新战略、改进工艺、提高水平,努力在资本增值的同时至少实现保值;第三,如果某些生态资本运营过程和环节不可避免的减耗了生态资本,要进行异地弥补,即划定专门用的生态功能修复区,修补消耗掉的各种生态物资和功能,比如,砍伐了甲地森林,可在乙地造林。

2. 生态资本增值

通过运营,实现生态资本的货币化,获取远高于常规经济活动的经济效益,提高经济发展水平,反过来更好的促进生态资本管理和发展。

增值是生态资本运营的最直接目标和核心环节。只有实现生态资本增值,才能创造经济效益,改善当地生存条件和生产水平,减轻生态压力;才能显示生态资本的财富特征,引起人们的重视和主动维护;才能具有人力、物力和财力继续资本保值和增值,从而推动生态资本运营的良性循环。增值过程本身也有技术和水平问题,只有通过不懈努力,才能不断提高效率、降低损耗。

二、生态资本运营的主体

因为生态资本是有明确产权的,所以资本运营的主体就是资本所有者。通常生态资本的所有者是一个边界明确的区域。具体的分析,由于我国经济体制是公有制,自然资源都是属于国家和集体所有,个人只有使用权和经营权。所以生态资本运营要由代表国家的政府和本区域内的群众共同完成。政府的职责是明确战略、制定政策、提供平台;所有当地群众都可以根据现有的条件和政府的规范进行生态资本运营。

1. 政府在生态资本运营中的主要职责

(1)制定战略

生态资本是一种新资本,普通居民对其特性的认识一般不够深刻,而且前面论述过,本来运营生态资本需要打破原有的恶性循环,普通居民也不具备这种能力。政府作为国民财产的管理者,应该看得更广阔、考虑得更长远。政府在生态资本运营中得首要任务就是明确核心目的、选择主要路线、划分产业区域布局、确立中长期目标和阶段目标,并通过行政和其他调控手段,把发展重心转移到生态资本运营上来。

(2)制定政策

相关政策包括鼓励生态资本运营的优惠和奖励政策、支持生态资本运营的保障政策和保证生态资本可持续运营的操作规程,让整个生态资本运营有法可依。同时要创新机制,使得民众能够通过承租、合股、独资等多种方式参与到资本运营中来。

(3)宣传培训

对内广泛宣传生态资本的财富特征、生态资本运营的前景、保值和增值的原则,以及所制定的战略和政策,必要时还要进行技术培训,使当地每一个体都明确做什么,如何操作。对外要大力进行品牌和形象建设。

(4)提供第一推动力

生态资本运营的启动资金是一个瓶颈,这个问题必须依靠政府解决。可行的渠道包括贷款、本地财政支持、争取外部财政支持、争取外部投资、组织本地资金投入或投资等。这是整个生态资本运营的核心问题,如果得不到很好解决,将收效甚微,或发展缓慢。

(5)公共服务

因为资本运营是一种具有很多新特质的生产经济活动,政府还需要根据其特点进行各种服务平台建设,技术支撑平台、信息服务平台、物流运输服务、交易贸易服务、生活综合服务等。

(6)监督

全面监测生态资本运营活动,正法严纪,督促运营个体提高生产水平、改进技术和工艺。

(7)管理

使用税收杠杆,积累公共基金,以进行再投资和生态资本维护。

征收生态资本运营过程中的生态资本折损税，并执行生态功能弥补活动。

2. 民众在生态资本运营中的主要职责

与政府相比，民众在生态资本运营中处于附属地位。民众的主要职责是深化认识、提高技艺和生产水平，积极开展生态资本运营活动，并自觉修复、补偿、维护和提高生态资本。

三、生态资本运营的操作形式

生态资本运营的操作就是立足于本地的生态资本，开发各种高生态质量附加值的产品或服务，通过经营这种高品位的产品和服务，实现生态资本或价值的转化。具体操作类型主要包括生态环境质量整体运营、可加工形成产品的生态质量要素、适宜居住条件、生物生产环境条件和生态休闲环境条件开发(图 5-4)。

(1)整体生态环境质量

产业，高新技术产业、生态商业和服务业。整体运营的要点是将生活、生产和生存相关的要素合理组合，进行包装，做成统一品牌，着重推介和宣传。宣传目标可以面向所有的生态服务和生态产品。整体运营主要是进行高生态品位需求产业支撑功能开发，原则上可以产生各种新兴生态特色产业，尤其是一些高端生产活动，比如研究、开发、高级管理、会展、培训等，在条件适合的地方，可能催生总部经济，规模化的高端生产管理将高效的实现生态资本货币化。这类活动使用资源很少，需要生态质量高，其产生的效益也很高。生态资本还可按照区域整体地卖或租给个人或集体经营，具体做何种开发，由经营人自己决定，但是要接受当地政府和相关部门的监察，这是另外一条运营途径，即打包出售。

(2)生态材料资源

运营途径，高生态质量附加值产品开发；产业，生态加工业。开发具有典型生态质量的资源，直接加工成为产品，打入市场，如有机食品加工业、中草药加工业等。产品因凝聚了产地的生态资本，成为高档次产品，生态资本也随着产品的销售使用而实现。

(3)宜居条件

产业，生态建筑和房地产业。针对宜居程度，开发相配套的房地产业。高质量的居住环境，必定提高房地产的价位，生态环境质量作为附加服务实现货币化。这类运营可有针对高生态品位需求产业需求和针对高端休闲旅游需求两条途径，但是都为了实现优良生态环境的共生服务功能。

(4)生物生产环境条件

产业，生态农业。针对生物生产环境条件，发展相应的高质量农副产品生产，比如，有机农产品生产。有机农产品的生产要求产地环境质量很高，销售价格也远高于普通产品。通过有机农产品的经营，也实现了生态资本的货币化。这是典型的高生态质量附加值产品开发。

(5)生态休闲环境条件

运营途径，高端休闲功能开发；产业，生态旅游休闲业。所有的景物都具有观赏价值，但是否能实现经济价值，主要看运作情况。把优良的生态环境条件打造成休憩、游乐、观赏、体验的场所和项目，加上适当的创意和宣传，能够吸引游客，从而在人们频繁的来访和消费中实现生态资本货币化的转变。

其中，对生态材料资源资本和生态休闲环境条件资本的运营，方式是最直接的，购买力直接来自于生态资本本身，当然市场价格会包含加工的附加值。这种产业获得的比较经济效益相对较少。其他几种类型是把生态资本凝聚在特色产品和服务中，以高生态附加值的生产路线实现生态资本的货币化，比较经济效益相对要高一些。另外，上述生态资本运营对象和产业的关系不是一一对应的，有些产业需要利用多种生态资本；同样的，有些生态资本可能产生多种产业。

四、生态资本运营的基本原理和步骤

生态资本运营是为了打破单独生态建设不可持续的循环，完成一个良性的生态——经济循环建设，必须从增加经济收入开始，因此生态资本运营也最先从生态资本的货币化环节开始，如图 5-5 所示。第一环节：生态资本货币化，通过生态资本的整体经营、共生功能开发和服务功能物化等手段，初步实现生态资本的货币价值。第二环节：生态环境质量要素建设，将经济收益用于生态损耗的修补、生态工程建设、生产技术改进和当地居民生活改善；通过直接的生态工程建设增加生态系统质能，减少系统物质、能量和信息的损耗，并使生态资本各组成因子结构趋于优化；提高居民生活水平和资源利用效率，以及改进生产方式，以减少生态系统的质能输出，降低生态资本的各种功能之间竞争使用的强度；由于技术改进，效率提高，自然资源利用效率将随之提高，进而导致生产和生活方式的大变革，最终促进生态文明的进步；通过提高生态文明程度来影响居民采取更科学、更和谐的方式来生产和生活；改进的生产和生活方式将进一步节约资源、降低损耗，所有这些都将从存量上和品质上维护，进而增加生态资本。第三环节：生态资本进一步货币化。至此，完成了一个良性循环，生态经济社会协调发展启动。

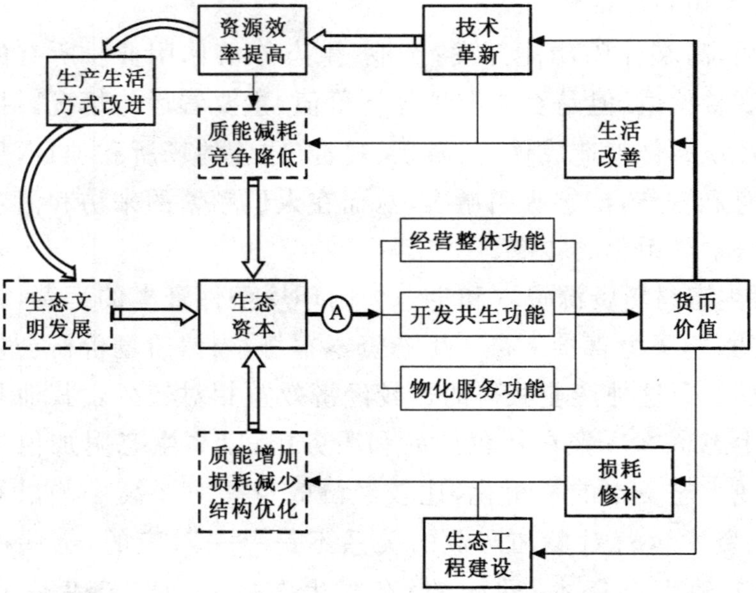

图 5-5 生态资本运营概念模式

这个过程实际上就是一个生态资本货币化-生产改进、生活改善-生态损耗降低、生态建设增强-生态资本增加的良性正反馈。在这个过程中，第一步实现生态资本的货币化是核心，是整个生态资本运营循环的推动力。第二步是必须的，因为生态资本货币化的过程中，必然导致资本的耗减，如果不加以替代补充，则将造成生态资本缩减的趋势，甚至退化到不能实现可持续发展。此后各步骤将沿着生态改善、经济发展、文化进步返回来促进生态资本增长的良性正反馈循环中。

生态资本货币化一旦启动，这个良性正反馈循环必然依次进行的机理在于，经济价值是和生态资本的价值紧密联系在一起的，生态资本越雄厚，可能实现的经济价值越多，经营者一旦发现这一点，就会自主、自觉、自愿的维护生态资本，开展生态环境建设活动，努力提高生态文明水平。其他还有一些发展的必然性，正如库兹涅茨曲线描述的那样，经济增长在趋势上会导致生产模式和生活方式向有利于生态环境质量提高的方向发展。当然，在这种大趋势下，也有一些例外，比如一时偏离方向，或者有些个体有意无意地违反规律等，这是政府制定规则和监督管理的必要性所在。在图 5-5 中，普通箭头表示流程进行，双线箭头表示功能大大增强，加黑双线虚箭头表示完成循环和效益显著增加。A 点表示生态资本货币化的启动开关，下面进行论述。

五、生态资本运营的启动子

前文一再论述，对于一个经济发展水平不高的地区来说，生态资本货币化本身是一个悖论，因为生态资本货币化是需要前期投入的，加工、包装、宣传和配套条件建设等要达到一定水平才能支撑这个生态资本货币化步骤，而这种经济条件不具备资金大规模流向生态建设的能力。所以，在这类地区的生态资本运营，最关键，也最难以跨越的就是，如何筹集物力、人力和资金的投入启动生态资本的货币化。为便于讨论，这里把实现生态资本货币化的各种前期投入称为生态资本运营的启动子，因为只有具备了这个条件，生态资本运营的第一步货币化才能实现，其后各个步骤才可能发生。下面以一个简单的区域模型来分析(图 5-6)。

图 5-6 区域功能分区与生态资本运营启动子来源示意图

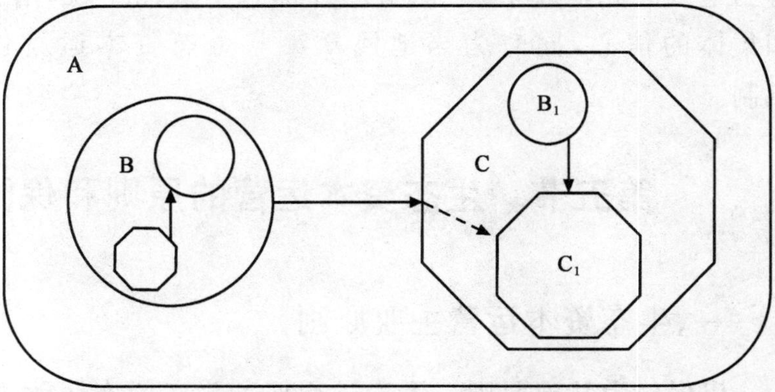

任何一个地区，通常可以分为核心经济功能区和生态涵养服务区，在有行政结构的区域，总是可以按照这个标准再分下去的，如图5-6所示。这里只考虑两个层次，用方框表示一个大区域(A)，用圆圈表示其核心经济功能区(B)，八边形表示生态涵养服务区(C)，在一个相对大的区域内，通常C区的面积比B区大得多；则生态服务区C内部的核心经济功能区为B_1，生态涵养服务区为C_1。B区内的核心经济区通常会比生态涵养区面积大得多，而C区内的生态涵养区要比核心经济区面积大得多。很显然，适宜进行生态资本运营的是C，确定C为研究对象，A和B都是相关区，再深入考察，生态资本运营主要集中在C_1。

根据以上分析，C_1自身是无力筹集到启动子的，只能依靠区外的B和本区内的B_1。一个途径是生态补偿。因为生态涵养服务区必然为核心经济功能区提供生态支撑和服务，理应得到一定的补偿，虽然理论上的生态补偿不易得，但是降低标准，筹集一些生态资本运营的启动子还是有可能的。内部和外部支付的生态补偿资金用于C_1的生态资本运营都是合理的，因为C_1是提供生态支持和服务的核心区。第二个途径是政府财政，C_1的生态建设对于B区和整个A区都是有意义的，所以他们理应适当考虑投入。第三个途径是金融途径，可以通过向内外两个经济区贷款准备启动子，也可以使用这两个市场来融资。

在启动生态资本运营的过程中，当地政府部门起着关键作用。争取内外部的支持、吸引内外部的投资，需要真正把工作中心转移到生态资本运营上，包括尽可能地把公共支出向这个方向倾斜，只有当地政府先动起来，才能引起外部和上级的重视，增强本地个体和集体的信心，同时为当地民众参与生态资本运营创造顺畅的机制。

第五节　生态资本运营的原则和保障

一、生态资本运营主要原则

以保值为基础原则。无论进行何种生态资本运营，整体设计框架中，生态资本应该是增长的，整体功能应该是增强的。一定要保持生态资本价值，不得使其降低。如果一种具体的运营本身不可避免的减少或者降低了生态资本品质，那么一定要划分出一定的运营收益，在临近系统中建设专门生态工程，补偿生态资本的损失。

功能优先序，遵循伴生功能优先开发原则。首先考虑伴生功能的开发，其次才是耗用功能。在功能开发过程中，提高资源利用效率，尽量降低功能竞争使用的强度，这样可以减少对生态系统的破坏，实现在生态资本保值的基础上进行开发。

运营对象优先序。遵从上述两个原则，在不同类别的生态资本运营中，优先序列为：整体资本运营、生产支持条件资本运营、生活休闲条件资本运营、可加工资源资本运营。沿着这个序列，其占用的资源逐步增加，运营收益依次减小。

二、生态资本运营政策保障

1. 公共政策

虽然生态资本是可以运营的，但是非常不容易，尤其在启动的时候，常常遇到很多困难。但是，生态资本运营是生态环境质量优良、经济欠发达地区不依赖于外界输入，自力更生搞发展，抓好经济促生态的重要途径。政府应该大力倡导、支持并扶植。这里的政府不仅是指当地政府，而是各级政府，从中央政府开始，提倡、提供推动力和保障力。政府可以在如下几个方面进行导向和相应的支持，让广大民众能够充分的了解生态资本运营，并积极参与其中。

第一，需要明确生态资本运营的积极意义。生态资本运营是巧用当地资源谋发展的全新战略，中央政府应制定优惠政策，鼓励有条件的地区积极创造适合本区域的生态资本运营方法。

第二，需要明确生态扶贫和生态补偿是维护良好的生存环境、缩小区域发展差距、显示公平的重要手段。各级政府亟须有计划、有步骤的帮助典型区域开展工作，为生态资本运营提供第一推动力量。

第三，政府需要设立生态建设公共基金，用于支持生态资本运营项目。

此外，需要对生态资本运营进行规范。生态功能和产品的开发必须以生态资本保值为前提。所有的生态资本运营项目，必须不得明显耗减生态资本，或者降低生态服务功能，或者降低生态环境质量。凡是因为开发和经营造成生态资本耗减的，应该在同一系统中进行生态建设，以补充生态服务功能的流失和生态环境质量的下降。

2. 区域政策

在生态资本实现货币化，运营生态资本的策略上，应该有一个区域发展战略。前面分析了不同类型生态资本实现货币化的难度。一般来讲，西部偏远地区，由于认识上的差距，市场发育程度的限制，生态资本难以实现货币化，政府在促进这类地区生态经济矛盾解决的政策导向上，应该以生态扶贫、生态补偿为主，帮助其实现生态资本的货币化。在临近发达地区、交通便利的地区，或者特征和优势十分突出的地区，生态资本实现货币化相对容易，政府应大力促进这类地区生态资本运营，除了支持其启动生态资本货币化外，还应该尽可能给予政策上的支持。例如，风景优美独特的地区可以设立国家公园，既提高该区域的知名度，又进行了辅助性投资建设。而靠近市场的区域，则应该多给自主权，多给优惠政策，支持发展具有地方特色的产业，例如特色产业园区建设。

类似密云县这种情况，主管部门可支持其建设国家生态产业示范园区。参照国家高新技术产业园区成功建设的道路，以生态科技为主题，给予同样优惠的条件，打造一个崭新的示范园区。密云县具有生态资本方面的优势，也具有高新技术产业建设的基础，还有很高的生态科技示范园建设热情。从大的形势上看，生态科技是下一个热点和主流方向，进行提前探索、孵化能够赢得先机；而且京津环渤海地区的总部经济已经呼之欲出，结果到底落户何处，尚不明确，在环境质量高的地区进行生态科技示范园区建设，能够为总部经济的形成奠定基础。如果主管部门支持密云建设国家生态科技产业示范园，则密云整盘运营生态资本的棋全活了，经济、社会和生态问题全部迎刃而解。

第六章

生态资本理论框架下的生态补偿机制设计

生态资本运营是在当前中国经济条件下最现实可行的实现生态服务价值的途径,也在一定程度上具有生态补偿的功能。进行生态资本运营虽然理论上不受时间和地域限制,但也需要具备一定的现实条件才宜于操作。比如像密云县,与周边环境比较起来,生态资本蕴力雄厚,邻近一个巨大的消费城市,同时具有资源和市场优势,因而运营生态资本容易成功。此外,政策的支持也是一个不可少的条件,对密云而言政策条件是北京市将密云定位为"生态涵养发展区",积极倡导其发展生态产业。综合而言,现阶段要用生态资本运营理论指导一个地区制定发展策略,一定要先期考察其资源富集程度、市场便捷程度和政策支持力度。

密云水库建设启动之后的不同阶段,国家和北京市针对不同情况对水库周边实施了一定补偿。20 世纪 90 年代以前主要是进行移民安置补偿;90 年代中期以后,补偿种类和数量开始逐渐增加,包括水库移民扶助金、口粮补贴、生态林补偿、山区生态保护专项和财政转移支付等;2000 年以后,开展了多种补偿机制的新探索。总结现有经验和成果,结合生态资本运营理论,开创生态补偿新道路,才能真正推动北京地表水源区可持续发展。

第一节　首都地表水源区现有生态补偿政策

一、移民安置补偿

1958 年密云水库修建开始。根据设计,高程 159.5 m 以下约

188.1 km^2 的面积将被淹没，区内居民需要整体搬迁。从 1958 年开始到 1999 年的 42 年间，先后进行了三个阶段 7 批次的大规模移民。每个阶段的移民，国家都相应给予了一定的财、物补偿。

1. 20 世纪 50 年代和 60 年代的搬家补助

该阶段移民分两批完成。第一批从 1958 年 9 月开始，到 1959 年 6 月结束。搬迁范围涉及高程 155 m 以下 57 个行政村。第二批随后开始，到 20 世纪 60 年代末结束，搬迁范围涉及高程 155～157.5 m 15 个行政村。两批共涉及 72 个行政村，搬迁 11 013 户，53 186 人。

移民主要采取原村(队)、公社(乡)整建制迁移，安置在密云县内经济基础较好地区，包括城关、高岭、东田各庄、西田各庄、塘子等 5 个公社 84 个村。共有 9 000 多户安置到这些地方，另自愿投亲靠友和迁往外县的有 500 多户。

(1)房屋补贴

两批搬迁共拆毁房屋 45 626 间，国家给移民新盖房屋 38 792 间，比原有房屋少 6 834 间。移民房屋补偿按照“自报公议，分等论价，新旧相抵，长退短补”标准，将原有瓦房分六等，作价分别是每间 500 元、450 元、375 元、300 元、225 元、150 元；草房分四等，作价分别是每间 310 元、240 元、170 元、100 元；棚圈分三等，作价分别是每间 70 元、55 元、40 元；国家新盖房屋每件均价是 450 元。

全部移民费为 4 040 万元，平均每人补偿 759 元。因为原住房草房居多，大部分移民房屋定价都很低，而新房价格偏贵，多数家庭搬迁后都欠国家的钱，有些家庭直到 20 世纪 90 年代才还清新房的债务。

(2)土地和财物补贴

该阶段占用耕地 24 万多亩地，每亩一次性赔偿 55 元，共赔偿 924 万元，除库区外还占库区外边一些地，赔偿 279 万元，库内库外占地赔偿费总计约 1 203 万元。

另外，由于时间紧、任务重，搬迁交通运输能力有限，迁移居民家产物资由于很难全部带走，除贵重物品带走外，笨重物资基本都低价处理或只能扔掉。基本做法是每家发一驾牛车，牛车装不下的全部扔掉。但整个搬迁损失费才给了 120 万元。

由于本次搬迁基本在县内消化，迁入地人口骤增，人均耕地迅速减少，造成粮食严重短缺，移民生活非常困难的局面。这种状况也深刻的影响了迁入地日后的发展。

2. 20 世纪 70 年代的回迁二次搬迁补助

水库建成初期蓄水少，水库水位低，第一阶段搬迁范围内有一些耕地没有淹没。此时由于迁入地困难的生活局面，加上故土难离的乡情，一部分农民陆续自发地搬回库区种地。155 m 高程以上的董各庄、陈各庄、八家庄、黄各庄、赶河厂等 18 个村的 2 200 多户、11 000 多口人在 1963 年获审批在库边安家生产。

1974 年，水库蓄水位曾达到 153 m，库区 157.5 m 以下的押宝地大部分被淹没，回迁的一些村庄，生产和生活再次面临很大困难。密云县委从 1974 年到 1976 年组织了西恒河、东井峪、水泉、于家台等 10 个村约 4 000 人迁往水库南部的十里堡、西田各庄定居。整个搬迁费用从中央水电部前期拨付的 150 万元中开支。

这个阶段搬迁费的标准不比上一个阶段高，因此造成了同样的各种问题。

3. 20 世纪 90 年代移民补偿

20 世纪 90 年代密云水库蓄水不断上升，1992 年水位升到 153 m，1994 年再次上升到 155 m，冲毁大量机井、道路和农田等。由于县内土地资源已少得可怜，无法再行安置移民，密云县向北京市申请将移民安置在县外。

1995 年开始，水库周边地区 155 m 高程以下被移向通州和顺义，共涉及 23 个村队，5 067 户、14 982 人口。其中被安置到顺义区约 8 000 人，通州区约 7 000 人。

这个阶段的移民补偿遵照“总体规划，分步实施，国家、集体共同负担”的原则，具体按照《北京市密云水库周边地区移民搬迁安置细则》的规定执行。搬迁安置标准是人民币 1 万元，9 000 元用于建房，500 元用于搬迁，500 元市政府预留为不可预见费。

在该阶段的第一批移民中，采取的是国家建房，不仅将迁移款消耗殆尽，所建房屋质量也不高，造成很多问题。第二批移民补偿措施中，采取了发放补助金到个人，自行建房的措施。农民安排完迁移之后资金还略有盈余，移民款首次具有了一定的补偿意义。

本次移民款相对于前两次，标准有了极大的提高。然而同期三峡工程移民中，补偿金标准是人均4万元。这极大地降低了密云水库移民对补偿的满意度。

4. 后期补偿和扶持

上述的各种所谓移民补偿，仅仅是完成了把库区居民搬走的过程。并未能对其以后的生产生活有合理安排。2006年国务院发布了《关于完善大中型水库移民后期扶持政策的意见》明确规定，对纳入扶持范围的移民每人每年补助600元，并连续补助20年。此外，还要求地方政府继续从其他渠道积极筹措资金，加大扶持力度，解决库区和移民安置区长远发展问题。后期扶持资金能够直接发放给移民个人的应尽量发放到移民个人，用于移民生产生活补助；也可以实行项目扶持，用于解决移民村群众生产生活中存在的突出问题；还可以采取两者结合的方式。

关于完善大中型水库移民后期扶持政策的意见标志着国家水库移民政策的一个新阶段，不仅更关注移民的未来发展，还开启水库移民补偿的多元化道路。

二、资源与环境保护补偿

1. 生态林补偿

2004年，国家建立中央森林生态效益补偿基金，北京市也建立了山区生态林补偿机制。密云县当年即享受国家和北京市的生态林补偿政策，在有些项目上两个政策被合并实施。

2005年，密云县从国家和北京市共获得生态林补偿和管护建设资金共3 553万元。

(1)中央森林生态效益补偿

国家重点公益林补偿计划资金由中央森林生态林效益补偿基金支付，从2004年开始执行，暂时计划补偿到2010年。具体补助标准每亩5元，其中4.5元用于补偿性支出(给人)，0.5元用于护林防火、病虫害防治、资源监测等公共性支出。

落实到北京的国家重点公益林项目是以密云水库为中心，主要分布在密云，辐射到怀柔、昌平和延庆三区的97.68万亩林地，包括国有林场11.92万亩，集体所有林地85.76万亩。国有林场按照国家标准，以林场为单位执行了补偿；属于集体林地的补偿被合并入北京市生态林补偿政策中一并执行。

(2)北京市山区生态林补偿机制

北京为有效保护山区造林绿化成果，提升山区绿色生态屏障建设和管理水平，切实维护山区农民的利益，促进山区经济社会全面、协调和可持续发展，于2004年8月开始实施山区生态林补偿机制。

对山区生态林建设和管理实行“养山就业、规范补偿、以工代补、建管结合”的方针，通过建立生态林补偿机制，实现山区农民由“靠山吃山”向“养山就业”转变，推进山区林业建设，促进山区经济发展和社会进步。

北京市山区生态林补偿范围是经区划界定的山区集体所有的生态林，总面积为60.8万hm^2(912万亩)，月人均补偿400元，补助人数全市近4万人。补偿年限从2004年开始，暂定到2010年。

生态林补偿资金由市、区(县)两级财政分别安排，列入本级财政预算，专款专用。市、区(县)财政按8∶2比例投入。

补偿资金使用方式为：以山区生态林所在乡镇为单位，按一定条件配置生态林管护人员，补偿资金由乡镇财政以直补方式发给管护人员。

选用管护人员要坚持以下原则：一是公开、公平、公正。由乡镇政府统一组织，农民个人自荐、村民委员会推荐，经审核、公示确定管护人员。二是用工本地化。管护人员应从本村农民中选用，生态林面积大、本村劳动力不够，也可从本乡镇农民中选用。三是面向低收入农民。要优先选用符合条件的低收入农民。

生态林管护人员在划定的管护范围内，承担林木抚育和防止森林火灾、乱砍滥伐、乱捕滥猎、乱采滥挖以及防治病虫害等职责。

2004年10月密云县出台了《密云县山区生态林管护补偿机制实施办法》。该办法明确了县域内生态林管护补偿的范围，山区生态林是指在本县山区集体所有的山场上人工种植，或者自然生长的中幼林、成林和灌木林。管护人员一般按照中幼林类型100～300亩一人、成林类型200～400亩一人、灌木林类型300～500亩一人的标准配备。各村可以根据生态林的地理分布、距离远近、管护的难易程度进行调整，但不能超过上限、下限。管护人员的选用按林地所有权，采取农民自愿报名的方式，经本集体经济组织成员的村民大会或村民代表会议选定，并报乡镇政府审核同意，在本村范围内张榜公示确定。管护人员的确定工作在乡镇政府的领导下，由村级组织负责，要确保生态林管护效果，确保农民养山就业增加收入，确保农村稳定。

2. 水资源费

20 世纪 80 年代以前，北京市只收取自来水费，而不对水资源使用付费，地表和地下水资源均处于无偿使用状态。到 21 世纪初，陆续通过各种不同方式给予水资源费以极少量的补贴。比如，90 年代北京市曾以增加自来水费的方式，为密云水库支付了每立方米 2 分钱的水资源使用费。

2002 年北京市开始全面征收水资源费。北京市物价局发布《关于调整我市水价的通知》（京价（商）字[2002]023 号），对地表地下水资源费收取标准及资金来源做出了详细规定。2004 年北京市发改委印发《关于调整水价的通知》（京发改[2004]1517 号），规定从 2004 年 8 月 1 日起调整市水资源费、污水处理费征收标准，并相应调整水利工程和自来水供水价格。

征收的水资源费一部分返还到水源地。2004 年市财政返还密云县水资源费 700 万元，用于密云水库周边水土保持与水源保护工程和沙厂水库灌区改造工程；2005 年市财政返还密云县水资源费 2 200 万元，用于水源保护区治污工程、人畜饮水工程。

3. 农田水利保护

为保障北京市供水安全，市财政分别拨付农田水利向密云县拨付了农田水利项目款。2002—2005 年期间分别执行的项目有：水环境治理类水利富民工程建设、水环境治理项目、蛇鱼川清洁小流域治理、大城子洪门川河道治理；农业灌溉类农业节水灌溉项目、小型农田水利建设、基层水利服务体系建设；引水工程类人畜饮水项目、节水村建设、冯家峪和溪翁庄两镇饮水改造等。每年拨付资金随项目走，从几百万元到几千万元不等。

4. 污染治理

从 2004 年开始，北京市大气污染治理政策开始向远郊区县倾斜。

2004—2006 年 3 年间，密云累计获得补助资金 1 982 万元。主要用于联片供热锅炉改造、裸露地面绿化、密云水库一级保护区界碑工程、农村面源污染控制工程等。

5. 农村环境建设

北京市《关于印发北京郊区村庄环境整治方案的通知》、《北京市 2006 年环境建设任务书》、《北京市 2006 年郊区村庄整治工作任务书》等文件规定，经市财政局、市“2008”环境建设指挥部办公室、北京市农村工作委员会共同研究，对村庄环境集中整治工作安排市级补助资金，对于 2008 年 6 月前完成的郊区村庄环境集中整治工作任务给予资金补助。

按照市、区（县）、乡镇三级政府共同负担的原则，筹集村庄环境整治项目经费。对经主管部门验收环境整治达标的行政村，市财政给予定额补助，补助资金最高不超过 10 万元，对未按期达标的不予补助。补助标准分为两档，户籍人口超过 1 000 人（含 1 000 人）的行政村，市财政对每个村整治工作补助经费 10 万元；户籍人口不足 1 000 人的，市财政对每个村整治工作补助经费为 8 万元。

为全面落实市委、市政府关于对密云首都生态涵养发展区和饮用水源保护区功能定位的有关要求，整体推进密云国家生态县和社会主义新农村建设工作，确保密云县环境优美乡镇和生态文明村创建工作深入实施，密云县人民政府于 2006 年 4 月开始实施《密云县创建环境优美乡镇和生态文明村扶持奖励办法》。

扶持奖励的范围包括：建立完善的长效保洁机制；农村新型无害化户厕建设；推广应用农村新型能源；编制民俗旅游生态文明村和社会主义新农村规划；创建达标的环境优美乡镇；创建达标的生态文明村。

扶持奖励的原则包括：坚持公正、公平、公开的原则；坚持突出重点、择优扶持的原则；坚持乡镇、村投资为主，县政府扶持为辅的原则；坚持以奖代补的原则；坚持不重复奖励的原则。市、县政策在项目区域内不重复奖励，具体执行县定政策。

具体的扶持奖励标准：一是对建立完善的长效保洁机制的扶持奖励。对推行“环卫就业”方式、每个行政村按每百户 1 人的指标配备专职保洁员、严格执行保洁管理制度、落实保洁员工作职责的乡镇，县政府按每人每月150元的标准对保洁员给予工资补贴。密云镇、河南寨镇、十里堡镇、西田各庄镇、溪翁庄镇、檀营乡、石城镇、穆家峪镇、巨各庄镇等县城周边9个乡镇和所属村的垃圾，由乡镇政府统一运输到县垃圾填埋场处理，处理费用每年50万元，县、镇乡两级各负担50%，包干使用。二是对农村新型无害化户厕建设的扶持奖励。大力推进农村改厕工作，对按照县爱卫办规划设计标准进行改厕的农户，凡农户所属行政村改厕率达85%(含)以上的，每新改建一户户厕，县政府无偿提供洁具一套，并给予300元的资金扶持。三是以示范村、户为主，鼓励农村推广使用新型绿色能源。对农户按照县农村能源办公室的规划设计要求，建设使用新型沼气池、生物质气化炉、节能吊炕、真空管太阳能热水器、太阳能照明路灯等的，经验收合格后给予一定资金扶持。标准如下：①新建沼气池按每个1 500元的标准给予资金扶持；②新安装使用生物质气化炉按每个300元的标准给予资金扶持；③新建节能吊炕按每铺200元的标准给予资金扶持；④新安装使用真空管太阳能热水器按每个400元的标准给予资金扶持；⑤新安装使用太阳能照明路灯按县、乡镇、村1∶1∶1的投资比例标准给予资金扶持。

对编制民俗旅游生态文明村和社会主义新农村建设规划的扶持奖励。坚持“科学设计、因地制宜、规划先行、突出实效”的原则，大力推进民俗旅游生态文明村和社会主义新农村建设规划编制工作。对按照县有关部门规划设计要求，编制以发展民俗旅游为主的生态文明村和社会主义新农村建设规划的行政村，按每个2万元的标准给予资金扶持。

对创建达标的生态文明村的扶持奖励。采取“以奖代补”方式，对全力推进生态文明村建设，达到市级建设标准的行政主村，经验收合格后，给予一定资金奖励：①人口在200户以下(含200户)的行政主村，按每村30万元的标准给予资金奖励。②人口在200户以上的行政主村，以30万元为奖励基数，每增一户增加奖励资金500元。

对创建达标的环境优美乡镇的扶持奖励。采取“以奖代补”方式，对全力推进环境优美乡镇建设，达到国家级和市级环境优美乡镇的乡镇，经验收合格后，给予一定资金奖励：①经验收合格，达到市级环境优美乡镇创建标准的乡镇，县政府给予100万元资金奖励。②经验收合格，达到国家级环境优美乡镇创建标准的乡镇，县政府再给予

50 万元资金奖励。

环境优美乡镇和生态文明村建设的资金管理由县财政局负总责。县农委与各乡镇签订年度环境优美乡镇和生态文明村建设合同书后，由县财政局将扶持奖励资金根据建设进度情况分三期予以拨付，启动拨付资金 30%，项目工程过半拨付 40%，项目完成后拨付 30%。

同时要求各乡镇政府要制定相应扶持奖励政策，加大对环境优美乡镇和生态文明村建设的投入力度，乡镇政府扶持奖励政策资金投入不得低于县级政策扶持奖励资金的 50%。

6. 财政转移支付

财政转移支付是为了实现各地公共服务均衡化，建立在各级行政机构财政能力差异基础上的财政平衡制度。2004 年北京市开始落实以水源保护为主题的财政转移支付，各年度分别制定了山区发展、山区生态保护转移支付等办法。2004 年对密云财政转移支付 8 139 万元，2005 年转移支付 8 859 万元，主要用于山区建设、生态资源保护、山区可持续发展等。

三、水库移民补偿专项

1. 粮食补贴

针对水库占用大量耕地，致使水库周边居民耕地不能满足基本口粮需要的情况，国家每年给相关村民一定的粮食补贴。补贴范围涉及水库上游 13 个镇和长城、富帛两个公司。标准为每人每月 40 元，具体方式是发放平价粮证。近几年因粮油价格上涨，又增加了粮油价格补贴。2005 年全县粮食补贴额总计 1 358 万元。

2. 水库移民发展基金

北京市 1996 年颁布了第一个真正的水资源补偿办法，即市政府办公厅发布的《北京市水库移民扶助金（发展基金）征收使用和管理办法》的通知（京政办函[1996]92 号）。其中规定，本市范围内凡由官厅、密云、怀柔水库供水的工业、农业、生活和其他用水单位，在缴纳水费的同时，都应缴纳水库移民扶助金。移民扶助金按用水单位实际用水量计征，征收标准是工业和自来水厂用水，每立方米征收 0.02

元;农业和公园用水,每立方米征收0.01元。

从官厅系统征收的移民扶助金,河北省怀来县和本市延庆县按照4∶1的比例分配;从京密供水系统征收的移民扶助金,按密云水库和怀柔水库供到用户的实际水量比例进行分配。2002—2005年,北京市返还密云县财政分别是962.79万元、648.55万元、461.05万元、648.76万元,用于解决库区移民生产和生活问题。

密云、怀柔、延庆县政府要根据扶助金的使用范围和原则,结合本地区具体情况,制定本县移民扶助金使用和管理办法,报市计委、市财政局、水利局、审计局备案。密云、怀柔、延庆县政府每年12月份编制下一年度移民扶助金安排使用计划,报市计委、市财政局、水利局审批。市财政局根据征收的移民扶助金和各县扶助金的使用计划,按季度拨付移民扶助金。各县财政要专户专储,专款专用,不得挤占挪用。每年6月底和12月底要向市财政局、市水利局上报移民扶助金具体安排、落实使用情况。市有关部门定期对各县移民扶助金使用情况进行检查。河北省怀来县移民扶助金按季度由北京市财政局拨到怀来县财政局,用于安排库区移民的生产和生活。

四、山区发展补偿措施

新修编的《北京市城市总体规划》(2004—2020)提出的北京"两轴两带多中心"的建设构想,明确了山区是首都生态带的功能定位。鉴于山区的绿色生态屏障和水源涵养供给功能日渐突出,对首都经济社会协调发展的作用日益重要,北京市政府首次下达编制《北京市"十一五"时期山区发展规划》的任务。

山区是北京市解决"三农"问题的重点,也是北京市率先基本实现现代化目标的难点,《北京市"十一五"时期山区发展规划》担负着强化山区生态功能,加快山区建设与发展,促进山区农民增收的重要任务。专门针对山区编制五年发展规划,对于促进山区生态、经济和社会发展,缩小山区与平原、城区差距,构建和谐社会具有重要意义。

该规划的范围包括房山区、门头沟区、昌平区、平谷区、怀柔区、密云县和延庆县七个山区县的83个山区和半山区乡镇,面积为1.04万km^2,占全市总面积的62%。共有1 669个村委会、61.8万户、161.8万人,占全市人口总数的14%。北京市山区乡镇分布图和北京市山区生态建设规划图分别见图6-1和图6-2。

生态环境建设力度加大。自2000年实施京津风沙源治理和退耕还林工程以来，山区累计完成退耕还林3.67万hm^2，配套荒山造林3.33万hm^2，人工造林0.79万hm^2，封山育林11.24万hm^2，飞播造林6.44万hm^2，爆破造林867 hm^2。2005年底，山区森林覆盖率达到46.6%，林木绿化率达到67.9%。全市已累计治理水土流失3 493 km^2，7个山区区县均成为“全国水土保持生态建设示范县”。

图 6-1 北京山区乡镇分布图

但与全市相比较，山区在生态、经济、社会和基础设施方面差距明显，仍然存在突出问题。一是山区生态环境还比较脆弱，没有完全处理好发展生产与保护环境的关系。二是山区经济发展水平落后，农民收入水平低。山区产业发展与山区资源优势没有很好结合，产业质量还比较低，农民收入水平仍相对较低。三是山区基础设施条件差，投入不足，落后于北京郊区平原地区，影响了山区产业发展和农民出行。四是山区社会事业发展缓慢。山区与城市统筹发展的理念还没有得到全面落实。

图 6-2 北京山区生态建设规划图

解决这些问题，山区生态建设的力度尚需进一步加大，生态建设的标准尚需进一步提高，发展生产与保护环境的协调尚需进一步加强；产业发展与山区资源优势尚需进一步结合，经济效益尚需进一步提升，农民收入增速尚需进一步加快；基础设施投入尚需进一步增加，山区产业发展和农民出行的条件尚需进一步改善，山村环境卫生状况尚需进一步改进；山区城镇化水平尚需进一步加速，农民培训体系尚需进一步健全，山区与城市统筹发展的理念尚需进一步落实。“十一五”时期山区发展的指导思想是：以科学发展观为指导，以富民养山为主题，以构建和谐社会加快社会主义新农村建设为目标，坚持从首都发展认识山区，以科学手段涵养山区，用城乡统筹建设山区。加大山区经济结构战略性调整力度，加强山区生态环境和基础设施建设，加快推进山区城镇化，促进山区经济社会全面、协调、可持续发展。

其发展原则包括：生态优先和可持续发展的原则。把强化山区生态功能放在首要位置，以环境保护和生态建设为中心，使山区成为首都的绿色生态屏障、水源涵养区和休闲度假地。加强山区科学综合开发，以治理促保护，以保护促开发，实现山区水土资源的可持续发展、生态环境的可持续维护和经济社会的可持续发展。

富民惠民的原则。农民是山区建设的主体，要把促进农民增收作为加快山区发展的中心任务，在富民的基础上实现保水和养山。坚持因地制宜，加大山区优势资源开发，大力发展符合山区特色的区域经济。

市场机制与政府手段相结合的原则。加大政府对山区的投入力度，改善基础设施，发展公共事业，推动山区经济社会全面进步。树立和运用市场经济的新理念，引导各种生产要素投向山区建设，形成城乡之间相互促进、协调发展、共同繁荣、良性互动的新局面。

山区发展的总体目标是：达到生态环境良好、基础设施完备、绿色产业兴旺、社会事业发达、山川景色秀美、人民生活安康。2010 年山区建设要实现的具体目标是：①通过培育山区特色产业和开展非农就业服务工作，山区农民人均纯收入每年增长 10%以上。②规划的宜林荒山、荒地基本实现绿化，山区林木绿化率达到 71%，森林覆盖率达到 48%。③山区水源地得到有效保护，水源地内 80%的流域基本得到保护和治理。④山区农民饮水困难和饮水安全问题基本得到有效解决。⑤2008 年前，完成山区强泥石流易发区、采空区 2.8 万人的搬迁任务。⑥2006 年底前，完成山区自然村广播电视信号覆盖工作，实现“村村通”、“户户通”。⑦提高公路等级标准，加强通往风景名胜区公路建设和改造；启动新的自然村通油路和村内街坊路硬化工程计划。⑧加快山区电信工程建设，山区旅游景区、民俗村和中心村等地区实现移动通信网络覆盖。

结合北京山区的实际情况，在“十一五”期间要完成以下主要任务。

1. 以提升山区生态环境质量为基础

为了达到以建设首都山区绿色生态屏障为契机，以“绿山、治沟，改土、保水，改厕、治污”为重点，提高山区环境质量，达到环境优美、生态良好的目标，山区要在坚持生态保育、生态修复与生态建设并重的原则下重点保护。在深山区，对生态资源进行科学有效保护，防止自然灾害和人为破坏；在浅山区，对生态资源进行科学修复和建设，提 高林木覆盖率，加强生态安全，防治水土流失和地质灾害。在山前丘陵、平原区，对生态资源进行科学改造和利用，开展小流域综合治理，防止各类污染。在山区推广可再生能源综合利用技术，改善农村用能结构和卫生状况，保护生态环境。

2. 以发展山区特色产业为重点

为了达到以发展都市型现代农业为主导，突出山区特色产业，使山区主导产业达到“规模适度、结构合理、效益显著、农民增收”的经济发展目标，生态涵养区人民的生存和发展要以发展生态经济为重中之重。生态经济应是资源节约型和环境友好型经济。山区首先是要搞好生物多样性资源的保护，坚持保护和利用有机结合。重点发展观光休闲农业、绿色种植业、绿色养殖业、生态旅游业等生态环境友好型产业。利用首都科教资源优势，加强对农民的科技培训，提高劳动者素质，拓宽就业门路，提高非农收入。另外在基础设施方面，以保护、建设生态环境为中心，在搞好山区村镇规划布局的基础上，加大山区基础设施建设力度，完善和改善山区生产生活条件、提高农民生活质量。要重点加强山区路、水、电、通讯、环保等方面的基础设施建设工作，进一步提高山区基础设施质量，发挥基础设施在社会主义新农村建设中的保证作用，确保山区农民生活和产业发展的需要。

3. 以发展山区社会事业为保障

为了达到加快改善山区农民生产、生活条件；大力发展山区教育、文化、卫生事业；推进新型医疗合作制度；完善养老保险制度，提高农民最低生活保障标准，推动社会保障制度的进一步发展的目标，要围绕提高农民素质目标，利用城市智力资源、资金资源、市场资源，采取适当方式，统筹城市与山区的发展，促进教育、卫生、文化、体育、科技、社会保障等方面的全面进步。

在对策和措施中，明确提出了完善山区生态补偿机制。统筹安排支付山区发展的专项资金，不断加大对山区的投入力度，支持山区生态建设和山区农业和农村经济结构调整。增加政府投入，认真落实中央关于每年新增教育、卫生、文化等事业经费部分主要投向农村的要求，在继续完善山区生态补偿机制的同时，进一步加大政府资金向山区农村的投入力度，在增加政府投入的基础上，制定相关政策广泛吸收社会资金支持山区产业发展，建立长期稳定、适合山区产业发展的投资机制，促进山区经济发展和社会进步。

五、生态产业扶植政策

1. 生态型生产补贴

从 2007 年开始，北京市对生态型作物实行补贴政策。补贴坚持农民受益、生态保护和因地制宜三个原则，要求利用粮食直补通道，确保生态补贴资金按时、足额发放到农户；加大季节性裸露农田治理力度，实现抑制裸露、控制扬尘、保护生态的目标；结合各地区实际合理布局，实现生产与生态兼顾，产业与环境相融的目标。补贴范围是农户在耕地内种植的小麦、牧草，重点解决冬季裸露地问题；补贴标准小麦生态补贴为 600 元/hm^2，牧草生态补贴为 525 元/hm^2。

根据《密云县人民政府关于做好今冬明春农田裸露治理工作的意见》（密政发[2007]37 号），全县 2007 年共投入资金 300 万元。以京承高速都市型现代农业走廊沿线为重点，全县累计种植冬小麦等越冬覆盖生物 3.4 万亩，其中冬小麦 2.2 万亩，小黑麦 0.553 万亩，其他作物 0.647 万亩。

2. 生态产业园区政策

由于不合理的产业政策，作为北京的引用水源地，长期以来密云不仅在源源不断地给北京“送水”，还在一直被强迫默默地给北京“输血”。突出的表现是密云工业开发区原有的高新技术企业纷纷向享受中关村优惠政策的地区迁移，即使不能迁移的企业，也都实行了异地注册，即企业在中关村园区注册享受优惠政策，在密云生产，一些原来准备入区的高新技术企业也不再落户密云。2005 年，密云工业开发区的高新技术企业已从 2002 年的 60 家减少到 16 家，而这 16 家企业都是在异地注册，本地生产，密云工业开发区的产值、税收大幅度下降。目前，留在园区内 16 家高新技术企业，2005 年的收入达 13 亿元，税收 1 亿元，但经济指标和税收都没有落在密云。而在企业引进初期，密云县为支持这些高新技术企业发展无偿提供了建设用地近千亩，原计划在以后的税收中得到补偿，现在愿望落空。这种资源流失情况导致出现农村地区向发达地区“输血”的不正常现象。

为发挥中关村科技园区创新资源丰富和辐射力的优势，以及密云县独特的区域优势，进一步优化产业结构和区域布局，共同推动首都经济结构调整和经济发展方式转变，2007 年 12 月 26 日，中关村科技园区管理委员会与密云县人民政府签订了《合作共建密云高新技术产业基地框架协议》。

双方共同对共建基地进行整体规划，将共建基地规划与中关村科技园区整体规划衔接，明确产业定位，实行分布开发建设，在共建基地内形成与中关村科技园区“一区十园”优势互补、布局合理、协同发展的产业集群。中关村科技园区发挥高新技术产业的辐射力和影响力，密云县发挥区位独特、发展空间广阔等优势，共同促进共建基地发展。

协议中明确了中关村科技园区管理委员会和密云县人民政府共同适时向市政府申请，将共建基地纳入中关村科技园区范围，享受中关村科技园区的优惠政策。中关村科技园区管理委员会利用中关村科技园区高新技术产业聚集的优势，积极引导项目入驻共建基地。中关村科技园区管理委员会支持中关村科技园区的高新技术企业在共建基地内建设企业自己的产业化基地。在共建基地内注册并经认定的高新技术企业可享受中关村科技园区产业联盟、开放实验室、创业投资、信用担保等产业投融资等方面的政策支持。

在 2007 年 1 月，北京市十二届人大五次会议期间，北京市市委书记刘淇明确指出，要充分认识到良好的生态环境不是包袱而是优势资源，要开拓思路研究产业替代问题，解决环境保护与发展经济之间的矛盾，把良好的环境资源变成财富。期间时任北京市主管农业的副市长牛有成指出，2006 年全市地区生产总值 7 730 亿元，而农业产值不足百亿元。农业的经济功能对全市来讲并不突出，但北京的农业是现代化国际大都市的农业，这个特性决定了它现在最大的价值在于服务于城市的生态功能和生活功能。牛有成认为，一亩地玉米，一年的产值能有 300～400 元，但这玉米地作为一块植被茂密的绿地，制氧、防风等价值折算出来的结果每年在 3 000 元以上，达到其经济价值的 10 倍。领导层对生态价值的超前认识催生了对地方发展生态产业的支持。在北京市的大力支持下，密云建成了全国首个绿色经济产业园区和示范基地。并计划给予该基地内符合生态标准的绿色产业与中关村高科技产业园区相同的优惠政策。极大地促进了生态型产业发展。

六、生态型就业机制

2004 年 7 月北京市人民政府做出了建立山区生态林补偿机制的重大决策。此项机制实施 3 年以来，北京市森林资源管护水平大大提高，在促进山区农民就业增收、提高农民素质和农村公共服务水平、提升农村环境等方面也发挥了重要的作用，更为可贵的是对北京市农村多方面的工作都有着重要的启示意义。目前，北京市在参照生态林补偿机制的基础上开展了很多有益的探索，逐步在农村地区设立了农村管水员、乡村公路养护员、农村保洁员等多种补偿机制。根据相关区县和市财政部门的初步统计，各种公益岗位共聘用了农村劳动力 15 万余名，全市各级财政年支出约 8.8 亿元，使生态林补偿机制得到了创新与发展。

山区生态林补偿机制建立以后，按照“不断完善有关制度，巩固生态护林成果”的要求，各部门相互配合、落实责任，对相关的各项配套政策和措施进行了完善：一是严格资金管理，确保补贴到位。北京市有关部门制定了《北京市实施山区生态林补偿机制办法》、《北京市山区生态林补偿资金管理暂行办法》等。二是细化政策措施，确保政策落实。区县、乡镇、村根据当地的实际情况，逐级细化了政策措施，完善了管理制度和管护标准，全市初步建立“政策透明、制度公开、要求明确、监督到位”的工作体系和长效机制。三是加强岗位培训，确保管护水平，制定并下发了《北京市山区生态林管护员培训方案》，明确了全市山区生态林管护员的培训原则、培训范围、培训计划、培训方式、培训内容和培训目标等。四是加强基础建设，确保管理到位。编制了《山区集体生态林管护建设项目实施方案》，建立了北京市生态林信息管理系统，形成定期报告和联席会议制度，全方位加强管理。五是尝试为管护员投保人身意外伤害保险，确保保障到位。生态林管护员工作地点均为山区，工作环境较为恶劣，为保障人身安全，有关区县开始尝试为管护员投保人身意外伤害保险，延庆县和昌平区采取的方式较好，效果明显。截止到2007年底，北京市生态林930.17万亩已纳入补偿机制，4.6万名山区农民参加到生态林管护队伍中，山区生态林补偿机制走上了制度化和规范化的道路。

在山区生态林补偿机制的基础上，北京市的补偿机制又在以下八个方面有了新情况。

1. 用水协会和农村管水员机制

北京市从2006年开始，建立农民参与用水管理机制，引导基层水务组建农民用水协会和农民管水员队伍。截止到2007年底，全市共成立农民用水协会125个，全市村村成立农民用水协会村分会，共计3 927个，推荐、考试、选聘农民管水员10 800名，管水员每月工资为600元，由市财政统一拨付。该政策执行以来，农民用水协会和农民管水员队伍在农村水源、供水、节水、水环境管理中，发挥了不可替代的作用。用水协会和管水员队伍的建立，实现了农村涉水事务管理制度化、规范化和专业化，提高了水利设施的完好率，有效解决了村级水务管理缺位问题。

2. 乡村公路养护员机制

2006年12月，北京市制定了《北京市乡村公路管理养护体制改革的实施意见》，市、区两级财政加大乡村公路管理养护的资金投入，将公路日常养护工作与解决农民就业及农民增收相结合，招聘沿线村民组建养路队伍。截止到2007年底，10个远郊区县依据用工本地化、帮助低收入农户的原则，共聘用 4 277 人从事乡村公路养护工作，养护员的工资由各区县核定，工资水平在 400～600 元不等，并缴纳保险，所需费用从公路日常维护资金中拨付。乡村公路养护员的建立，加强了道路日常全面养护管理，细化了养护标准，做到了行车舒适化、路面清洁化、路间草坪化、道口标准化、路田分隔化，并且提高了公路的安全保障能力。

3. 农村保洁员机制

近年来，北京各区县在建立乡镇级保洁队伍（环卫所）的基础上，开始尝试聘用村里的富余人员组成村级保洁员队伍。各区县农村保洁员的工作内容和保洁员的配备标准各不相同，如：门头沟各乡镇建立专门的管理机构，并建立村级垃圾收集保洁队伍，按照每 660 人配备 1 名保洁员的标准配备保洁员；大兴区各村按人口千分之四的标准建立村级保洁员队伍，主要对村庄街巷进行保洁和收集生活垃圾，负责街道内乱堆乱放的清理，截至 2007 年底，13 个郊区县农村保洁员队伍达到 44 214 人，其中乡镇级保洁员 10 136 人，村级保洁员 34 078 人。顺义区、大兴区实现了农村保洁员经费由区、乡镇两级担负，朝阳区、海淀区、昌平区、密云县的保洁员经费由区财政承担 1/3，其余郊区县的保洁员经费主要由乡镇、村两级承担。

4. 农村动物防疫员机制

为了有效解决基层动物防疫力量薄弱问题，强化基础动物防疫工作力度，建立健全重大动物疫病的长效防控机制，北京市在原有农村动物防疫员队伍的基础上，建立全市统一的村级动物防疫队伍体系。家畜存栏 200 头或家禽存栏 5 000 只以上的行政村每村设立一名村级动物防疫员；对于养殖量较小的村，可以统筹考虑，联村设立一名动物防疫员。主要工作是承担免疫、疫情观察报告、加施畜禽标识、养殖档案管理和存栏量统计等工作，协助区县动物防疫监督机构开展消毒、产地检疫、监测采样、疫情调查和扑灭等工作。截止到 2007 年底，北京市区县已不同形式地建立了村级防疫员队伍，共 2600 多人，下一步拟总共配备 3 679 人，月人均工作补助标准应不低于 500 元，由区县财政承担。

5. 行政村劳动保障协管员机制

为加强统筹城乡就业工作，进一步完善社会保障体系，充分发挥行政村在劳动就业和社会保障方面的服务功能，北京市自 2004 年开始在行政村聘用劳动保障协管员，截至 2007 年 7 月底，13 个涉农区县共聘用协管员 5 251 人，其中专职 1 932 人，兼职 3 419 人。协管员的选用主要有以下三种方式：由行政村支书、团支书、会计、大学生村官等兼任协管员，没有补助；在符合低保条件的失业人员中聘用专职协管员，所需资金由市、区(县)财政共同负担，年均收入不低于北京市最低工资标准；在农村富余劳动力中聘用专职协管员，所需资金由区县、乡镇、村共同负担，补助标准在 500～1 000 元之间。协管员主要负责宣传社会保障、劳动就业的政策法规，对本行政村劳动力就业动态进行跟踪管理，为富余劳动力、"零就业家庭"建立台账，协助乡镇社会保障事务所办理求职登记、转移就业登记手续等工作。

6. 有害生物查防员机制

为进一步加强预防林木有害生物的侵害工作，北京市建立了林木有害生物测报体系，截止到 2007 年底，全市共落实季节性(4～11 月份)查防员 32 737 人，重点区县基本做到每村设查防员 3～5 名。季节性查防员包括专职查防员和兼职查防员，聘请专职和兼职查防员的资金主要由区县和乡镇财政筹措，为 300～900 元。此外，全市 32 290 名生态林管护员也都具有林木有害生物查防员的职责。

7. 矿产资源看护员机制

昌平区于 2005 年 6 月 1 日组建了由 2 283 人组成的土地矿产资源看护员队伍，每人每月工资为 400 元，此项资金从土地出让金提取的基金中支出。平谷区于 2006 年 7 月招聘 29 名复退军人，组建专业执法队，充实到金海湖、刘家店、镇罗营、黄松峪等 4 个矿区乡镇，同时乡镇招收 70 余名村级护矿人员，建立了区、乡、村三级联合护矿执法体系。乡护矿队员每月工资 1 400 元，村护矿队员每月工资 1 000 元，全部由区财政拨付。土地矿产看护员上岗以来，对土地矿产资源的保护起到了重要作用，乱采滥挖随意取土现象得到了有效控制。

8. 农村地区城市管理监督员机制

为了加强数字化管理在农村地区的应用，逐步实现农村地区的城市化管理，2006 年 5 月朝阳区建立了农村地区城市管理监督员机制，并在全国率先将农村地区纳入到数字化管理体系。目前，朝阳区农村地区城市管理监督员共有 318 人，主要职责包括：对农村地区进行环境现状普查，针对农村地区反复出现的暴露垃圾、卫生死角、保洁不到位、非正式垃圾填埋场等问题实施数字化监督管理、评价等。在人员选用方面，主要以帮扶困难群体就业为原则，面向“4050”人员、下岗失业人员、低保人员等困难群体招聘，区财政按照每人每月 1 350 元的标准发放“五险一金”。

七、社会公众参与式补偿

2006 年，国务院出台的《关于完善大中型水库移民后期扶持政策的意见》中关于落实扶持资金的办法，提出了最直接的生态补偿——资金补偿的几种途径：一是现有政府性资金，包括预算内投资和国债资金、扶贫资金、农业综合开发资金以及政府部门安排的各类建设基金和专项资金，要向库区和移民安置区倾斜；二是从筹集的后期扶持资金结余中安排，用于对库区和移民安置区的扶持，具体办法由财政部、发展改革委会同水利部等部门另行制定；三是从调整和完善后的库区维护基金中筹集。同时，地方各级人民政府要加大资金投入，鼓励社会捐助和企业对口帮扶，努力拓宽资金渠道。现实情况是，目前的资金补偿基本上全都是政府投入资金，社会捐助和企业对口帮扶的基本没有。

从 20 世纪 70～80 年代开始，随着全球性能源危机以及诸多资源环境问题的泛滥，环保主义开始在世界范围内活跃起来，成为推动全球生态补偿的一股重要力量。环保主义者们主要关注化肥农药等化学品对食品和环境的污染，森林和湿地以及生物多样性的不良变化，全球气候变化以及自然景观和传统文化受到的冲击等问题。他们宣传和倡导人们要追求生活的质量，希望人们在生产和生活过程中更多的遵循生态伦理和生态原则。他们抨击传统的生产和发展方式，建议国家和社会要充分考虑经济行为的外部性，希望通过税收和制定条例以限制违反环保行为的真实社会成本，要将生产过程中的环境成本纳入现行经济核算体系。

在环保主义的积极推动下，人类的环境保护意识不断觉醒，越来越多的公众开始参与到为保护自然、建设生态和改善生活质量而开展的各种活动中，公众参与成为实现生态系统价值不容忽视的力量。1992 年在巴西里约热内卢召开的联合国环境与发展大会通过了著名的《21 世纪议程》。这份文件是可持续发展概念的基础，其中公众广泛参与决策是其重要的内容之一，提出了环境司法程序的公众参与原则，明确了"各国应通过广泛提供资料来便利和鼓励公众的认识和参与。应该人人都能有效地使用司法和行政程序，包括补偿和补救程序"。

"公众参与"从社会学角度来讲，是指以社会群众、社会组织、单位或个人作为主体，在其权利和义务范围内有目的地进行社会活动。而就环境保护和生态补偿来讲，公众参与的一个很重要的渠道是设立生态环保为主题的公益型基金会，宣传倡导和鼓励支持更多的社会公众和力量参与生态补偿的实践。要把"公众参与"作为生态补偿机制的一种方式或渠道加以实现，需要政策保障、社会氛围和资金的支持目前由各种组织和公民个人开展的生态公益性的慈善捐助越来越重要。与发达国家相比中国这方面的差距是巨大的。

为建立健全都市水源区的生态补偿机制，作者在研究和实践中努力尝试和探索社会公益的渠道和方式，经过两年多的酝酿和筹备，发起并成立了中国第一家以水源保护为主题的基金会——北京水源保护基金会。这也是在密云水库的保护和密云水库移民补偿政策上对社会捐助和企业对口帮扶的有力实践。

八、异地开发模式

密云县域整体可划分为两大功能区：水库生态涵养发展区和水库下游城镇与产业发展区。为在保护各乡镇尤其是水库上游乡镇的生态环境的基础上，增强各乡镇生态经济的实力，即生态县建设的能力，密云县于 2006 年 3 月开始了《密云县支持乡镇引进实体工业企业入驻工业开发区暂行办法》。

乡镇引进实体工业企业进入县工业开发区，要符合国家产业政策和密云县生态工业发展规划，固定资产投资规模在 5 000 万元以上。

乡镇引进企业以优惠价格购买开发区土地、厂房或租用厂房的，由开发区和引进乡镇协商确定引进企业生产经营形成的乡镇级财政收入分成比例，企业生产经营所形成的其他经济指标归引进乡镇。乡镇引进企业已按优惠的土地、厂房价格入驻的，企业生产经营所形成的乡镇级财政收入，开发区和引进乡镇各得50%，其他经济指标归引进乡镇。或乡镇引进企业以市场价格购买开发区土地、厂房或租用厂房的，企业生产经营所形成的乡镇级财政收入和其他经济指标归引进乡镇。

九、"以物易物"的环保方式

密云县溪翁庄镇石马峪村紧邻密云水库，有9个自然村，2 300口人，其中最近的自然村距水库岸边只有200 m。每天所生产的"白色垃圾"被风一吹，到处都是，造成环境污染，石马峪村为了提升村庄的环境质量和提高村民的素质，从2004年7月起，把每月的30日定为"环保大集日"，村民可把自家的或者捡拾到的"白色垃圾"拿到村委会，经村干部上称重后，2 kg"白色垃圾"兑换1袋洗衣粉。随着村民踊跃参加"环保大集"活动，村庄周边的环境得到日益改善。

随着本村的白色垃圾数量少，邻村的村民也把白色垃圾收集起来，"托付"石马峪村村民兑换洗衣粉。这个村坚持开展"环抱大集"活动一年多的时间中，村委会已出资2.2万元，回收"白色垃圾"2.1万kg，兑换洗衣粉1.5万袋。镇环卫所将石马峪村回收上来的"白色垃圾"运到县垃圾处理场统一进行集中处理。

石马峪村处理白色垃圾的做法启示我们：以物易物，即用没有用的东西换有用的东西，更能得到农民的认可并付诸实践。农民因此得到了极大的精神补偿。事实上，农民更加看重面子，物品对他们的补偿要远远优于相同价值的资金补偿。甚至，当采用现金支付大于物品价值的2倍或者3倍时，农民更愿意接收"以物易物"。

第二节　近几年北京生态补偿的成效

近年来，北京市认真贯彻以人为本的科学发展观，坚持城乡统筹和农村经济社会协调发展，坚持走"工业反哺农业，城市带动农村"的道路，各种农村补偿机制的创立和发展正是落实这种发展思路的具体体现。在各种补偿机制和实施过程中，有关部门和区县按照“将工作重点向农村转移”、“不仅要见财见物，更要见人”和“农民是主体，政府负主责”的要求，深入开展调查研究，狠抓基础工作，加大支持“三农”力度。各种补偿机制的建立对于推进北京市郊区城市化，发展现代农业，建设现代农村，造就现代农民，实现城乡一体化发展发挥了重要的作用。

一、对公共服务体系的直接资金补偿收效显著

实现了有效的资金补偿，扩大了公共财政覆盖农村的范围，逐步在农村建立起城乡一体化的公共服务体系。通过市、区县、乡镇三级财政按不同比例的补偿机制，在农村地区逐步建立了护林员、农村管水员、矿产资源看护员、乡村道路管护员、农村保洁员各种队伍，全面提高了农村的水、森林、土地、矿产等资源管护水平，增强了农村地区对环境卫生、道路设施、交通秩序、劳动力保障的综合管理能力，通过把城市管理中的一些方法借鉴到农村，初步建立起了城乡一体化的公共服务体系，实现了农村事务的有序管理。

二、项目补偿明显改善了农村生态环境

各种补偿机制的建立，使农村在生态林管护、乡村公路养护、垃圾处理等方面有了资金保障，各个方面管理状态得到显著改善，生态环境美好了，路好走了，城乡面貌焕然一新。崭新的农村面貌吸引了大量的社会资金到农村投资，发展副食品加工、城乡旅游、现代化制造业等，增加了农村新的经济增长点，促进了产业结构调整，提高了农民的收入和生活水平，同时也促进了城乡交流。农村环境的改善和经济发展形成了相互促进、相辅相成的良性循环。

三、生态就业型补偿机制促进农民就业和增收

农村公益性岗位基本是按照“就近招聘”和“救助与就业互动管理”的原则来选用人员的，采取“政府买岗位”的方式帮助农民就业，消除了部分“零就业家庭”，解决了部分农村富余劳动力就业问题，提高了农民的收入水平，促进了新农村生产发展和农民安居乐业。

四、智力补偿效果初显

一是通过公益岗位培训，使农民掌握了一定的技能，提高了农民

综合素质和自信心。二是为了保证公共岗位的工作质量，各部门对工作人员实施较为严格的管理和严密的组织，使得农民在组织性、纪律性上有了新的提高。三是各种公益岗位激励机制的建立，有利于发挥农民主观能动性，调动每个人的竞争意识。思想观念的变化推动了乡风文明，使得在农村学科学、学技术成为新时尚，促进了生产技术和生产水平的提高。

第三节　生态补偿机制框架的设计

生态补偿一般被理解为政府代表受益的群体和区域，向提供生态服务并付出某种代价或做出利益牺牲的群体和区域的转移支付。与这种官方对生态环境贡献承认相关的，还有一种来自民众自愿的对优良生态的认可尚未引起足够的重视。实际上，在发达国家，出于对优良环境的追求、以“支付意愿”体现的这种生态补偿十分普遍，甚至更加重要。例如，向有机农产品支付高出使用化肥、农药和抗生素的常规农产品价格若干成甚至数倍的事例已很寻常。类似形式在我国收入较高的大城市也开始有所表现。前几年沙尘暴频发时，一项对北京市民关于对防治沙尘暴的支付意愿调查表明，很多人愿为清洁天空每年付出上百元。这提醒我们，当国家的生态补偿由于种种原因暂时无法指望时，不能悲观和无所作为，应积极寻找其他途径。

与这种民间支付意愿，或者称之为“市场支付意愿”相关联的是生态环境质量。优良的生态环境质量可以支持优质生物产品的生产，可以支持舒适的休憩，可以支持高级商务和会谈，而这些活动都可以实现很好的经济价值。从自然资本概念的原则出发，这种具有资源特征、服务功能、经济潜力的生态环境质量，也是一种资本。而且是一种比传统自然资本更易于实现货币转化的“资本”形式。

正是因为在现实条件下具有广阔的市场，易于货币化的特征，使得它能够替代自然资本，完成自然资本概念和理论的一个其自身难以达到的初衷，即帮助生态脆弱地区、农村落后地区实现较低的经济发展水平下经济和生态双赢、共同发展。这个从自然资本出发，又超越了自然资本的生态环境质量，本研究中将其命名为“生态资本”。

随着全球自然资本存量的减少，总体生态环境质量的下降，生态资本弥足珍贵；随着城市发展越来越追求“宜居”，生态资本愈发受到欢迎。生态资本能够唤醒当地居民对生态环境的重视意识。优良的生态环境通过优质的农产品为中介,可以卖钱,可以卖到很高的经济效益,这是一个非常有吸引力的思路。而且由于生态资本能够实现经济效益,进而发展经济,然后就可以支撑对环境质量的维护和建设。

一、生态补偿的基本命题

在全面建立生态补偿机制的过程中,为什么要补、谁补给谁、补多少以及怎么补始终是四个基本问题(表 6-1)。其中,“为什么要补”问的是补偿的动机和目标,目前在学术研究和政府工作中对这一问题的认识在逻辑上是比较混乱的,结果导致相关生态补偿的政策在导向上就有问题;“谁补给谁”主要问的是补偿的主体(出资实施补偿者)和客体(接收补偿者),这方面的研究及相关政策制定的困难在于,研究对象的界限比较模糊,在不同系统层面上补偿主客体是相对转化的;“补多少”主要问的是补偿依据和标准,在这方面,理论研究很多,且社会也有了一定的认识,问题是缺少能够被社会普遍认可且政府能够作为政策依据而采纳的方法和标准,要想弄清楚补多少,必须认清阶段,以补偿主体的认识和能力为基础;“怎么补”主要问的是补偿的途径和方式,从我国现行的生态补偿政策来看,大多存在“以环境为本”而不是“以人为本”的见物不见人的现象,科学有效的补偿途径和方式应当以人为本,以补偿客体的需求为导向。

表 6-1 对生态补偿的要素分析

基本命题	命题的内涵	命题的盲点	本研究重点
为什么补	补偿的动机和目标	逻辑较混乱	从源头出发,明确生态补偿的政策导向
谁补给谁	补偿的主体和客体	对象很模糊	分清层次,在不同系统层面上研究和确认生态补偿的主客体
补多少	补偿的依据和标准	操作性很差	认清阶段,以补偿主体的认识和能力为基础
怎么补	补偿的途径和方式	见物不见人	以人为本,以补偿客体的需求为导向

1. 为什么补

人们习惯性的一谈到补偿,往往容易和扶贫、扶持等词汇联系起来。国家退耕还林草计划的纲领性宣言中就明明白白地写有“以工代赈”四个大字。补偿金支付者理所当然地把自己放到“施主”的位置上，好像是给了别人多少好处。这个认识是个严重的错误。生态补偿的本质目标是通过帮助生态涵养区的发展，从而培养其可持续的提供生态服务功能的能力，因为如果没有良好的补偿机制和适当的投入，生态服务就会断流、断奶。从这个角度来讲，补偿金支付者不仅不能随兴所至的爱支援多少就支援多少，而应该有目的、有计划全力以赴的开展生态补偿工作；从这个角度来讲生态涵养发展区的政策是“以人为本”的，但从根本上来说是以“城里人”为本的；对密云水库区实施的生态补偿，本质上是为北京城中人修缮水源命脉。

要想找到生态补偿的动机，最简单的方法就是看生态补偿的要求最初是谁提出来的。就像统筹城乡发展是由城市提出来的一样，生态补偿是由提供补偿方提供的，城市之所以替农村提出统筹发展，是因为城市已经发现，如果没有农村的发展和保障，城市将无法实现可持续发展；生态补偿的提供方之所以要提出生态补偿，是因为他们发现如果不提供补偿，他们最需要的生态环境的服务将削弱、降低乃至消耗殆尽。生活在生态涵养区域中的人们，其实最需要的是能够像经济核心区的人们那样正常的发展和致富，是经济核心区的人们提出了要求、出台了政策要限制他们的经济发展，要求他们进行生态建设和环境保护。当然，生态建设和环境保护的要求和举措客观上也会促进生态区域的发展，但这不能掩盖或转变生态补偿的真正动机。

三江源地区生态环境的日趋恶化，不仅严重影响全流域的可持续发展，也给当地牧民群众的生产生活带来严重影响。由于基础薄弱，自我发展能力差，贫困面大，三江源地区要实现生态修复和人与自然的和谐发展，既要依靠青海省自身努力，也离不开国家的支持和帮助。自上而下、自外而内的建立生态补偿机制和政策，适当限制矿产资源的开发，争取三江源地区的高标准保护和可持续发展是当地人的需求，但首先在根本上是其下游人民甚至是国家稳定与发展的需求。

青海省的很多地区不仅矿产资源非常丰富，同时也是生态地位十分重要的地区。由于经济落后，三江源地区的干部群众普遍生活质量不高，对于发展当地经济具有很强烈的愿望，正是在这种情况下，很多干部群众产生了大力开发矿产资源，发展当地经济的想法。

很多县的年财政收入仅有100多万元，捉襟见肘的地方财政收入无法保证正常的公务支出，这使得当地干部职工只得自己掏腰包维持正常工作运转。在三江源地区，当地政府部门大多认为开发矿产资源对于缓解当地贫困，增加当地财政收入具有十分重要的作用，所以当地部门对于在三江源地区开发矿产资源，普遍热情很高，这种热情远远高于对国家给他们进行生态补偿的期望。

青海省曲麻莱县秋智乡是长江上游重要的支流色吾曲的发源地，距离黄河源头仅有几十公里的路程。21世纪初，在加巧村的白地沟发现了大型沙金矿，大批采金者蜂拥而至，仅仅两年时间里，白沟就形成了一条延伸20 km、寸草不生的黑色沙带。为了保护生态环境，青海省人民政府颁布法令在全省境内禁止采挖沙金。但几年前来到白地沟的一些企业，虽然声称是来填埋沙坑，恢复生态，但是实际上这些企业却在悄悄地掘金。2005年，青海省国土资源厅投入了200万元资金，在沟口填埋复坑了1 km，但在年底时，"从事复坑作业的企业"就开始在白地沟盗采沙金。

青海省泽库县麦秀境内的纳蒙秀姆山是黄河上游主要支流隆务河的发源地，这里的麦秀林场是黄河上游重要的水源涵养地，被列入了三江源核心保护区。自2002年来，地质部门在纳蒙秀姆山的瓦愣根地区勘探出了岩金矿，这座岩金矿的黄金储备量在70 t以上，属于大型金矿。由于这座正在勘探的瓦楞根岩金矿位于三江源核心保护区内，我国法律禁止在自然保护区内开发矿产资源，金矿的开发受到法律的严格约束。目前，当地政府已经准备将金矿所在的瓦楞根地区从三江源保护区内剥离出来，为金矿打通法律、政策渠道。

在补偿不力的时候，无论是禁止的目标，还是补偿的目标，都不可能实现。

转移支付的方式用于生态补偿，就形成了"生态转移支付"的概念，其含义是：生态位势较低的地区向生态位势较高的地区支付资金，以使生态位势较高的地区在不对生态位势较低的地区造成污染的同时，也能有效的发展经济。也就是生态服务的受益地区为了保障自己能长久的享受生态服务，避免自己成为生态灾难的受害者，而向生态服务的提供地区支付资金，支持该地区在不破坏生态环境的前提下发展经济、增强实力，以长期维持提供生态服务。

2. 谁补给谁

青海三江源是我国最为重要的生态敏感区之一，为了保护三江源地区的生态环境，国家在这一地区实行了禁采矿产资源政策，并且为了弥补其损失，通过各种渠道给予了一定的扶植和补偿。然而，禁采政策是致命的，补偿和扶植不过是杯水车薪。于是，无论是法律法规的禁止，还是道德舆论的谴责，还是所谓关心关爱的行动，都无法抑制冲破发展藩篱束缚的强烈冲动，在三江源地区，私采滥挖矿产资源现象仍无法杜绝。这种现象折射出的正是生态补偿的主客体之间深刻的矛盾。表6-2是北京市地表水源区生态补偿的主客体关系。

表6-2　北京市地表水源区生态补偿的主客体关系

主体	目标	对生态补偿的思维	生态补偿中的角色
北京市政府	保护水源、城乡协调发展	因为限制了密云的发展，应对密云的损失给予补偿	对密云进行生态补偿的主体
密云县政府	经济发达、社会和谐、文化繁荣	发展型思维，北京应给予回报	北京进行生态补偿的客体，对水库上游乡镇进行生态补偿的主体
密云百姓	脱贫致富、安居乐业	实用型思维，是不是让生活更好	北京和密云两级政府实施生态补偿的客体

生态补偿机制是对相关主体环境利益及经济利益分配关系的调整。谁出资补偿的问题，一般遵从“谁破坏、谁付费”、“谁受益、谁补偿”的原则；考虑到社会公平性需求，还可适当考虑发达地区多承担责任原则。具体到本研究主题，有北京市政府、北京市各经济发达区县，在县内还有相对发达地区。

补偿给谁的问题，重要的是必须坚持“以人为本”原则，既要见物，也要见人。具体来讲，生态补偿不仅要着眼于生态环境建设本身，更要考虑到生态涵养区居民的需求和发展。在本研究中，接收补偿的客体有：水源涵养区生态环境、密云县和水库上游区居民。

3. 补多少

以市场对价值实现的能力和效果来区分，生态服务价值分为可通过直接市场或替代市场实现的价值和无法通过市场来实现的价值两类。无法通过市场来实现的生态价值主要有两类。要么是这部分生态功能或服务的价值太大以至于超出了现有理论的核算原则而不可估量，如谁都知道阳光的价值，你可以无限赞美太阳，但如果谁去计算太阳的经济价值，不论是什么结果都无人能够支付得起。要么是因为其价值体现或回报的周期漫长不可亲见以至于超出了现有理论的时间尺度而不可估量，如生物多样性、全球气候变化、历史文化等方面的价值都是人类不可或缺的，但在现有经济体系中却很难直接实现其价值。

这两类生态服务价值既然如此重要却又在市场上无法实现，就必须要政府来制定生态补偿政策，政府直接出资购买生态服务或通过带有强制性的生态补偿机制来促使社会和民众出资购买这种生态服务。

生态补偿额度的计算方法，国际通行做法一般有按照生态保护者的直接投入和机会成本计算、按生态受益者的获利计算、按生态破坏的恢复成本计算、按生态系统服务的价值计算等。本研究从生态补偿目标出发，为保证生态补偿的效果，具体补偿额度应综合考虑补偿主客体的认知水平和经济状况确定。一方面，要充分考虑生态保护、环境建设和水源涵养区人民生存和发展的需求；另一方面，要适当考虑城市经济核心区政府的支付能力、居民的支付意愿和支付能力。最终的金额确定要建立在科学基础上，要具有先导性，要通盘考虑，可分步实施。

4. 怎么补

在补偿方式和途径方面，现行的生态补偿政策和措施大多存在"见物不见人"即重视环境轻视百姓的倾向或问题。

环境保育是生态补偿的终极目标，生态保护和环境建设项目应加强力度。在这一过程中必须看清和强调的是生活在生态涵养区中的百姓既可能是生态环境的保护者又可能是生态环境的破坏者，是他们的态度和行为最终决定了生态涵养区的环境质量水平。因而，关于生态补偿的补偿方式和途径应当重点考虑直接向农业生产方式上和农民生活方式的补偿。

在实践中制定和推行生态补偿机制应当构建相对完善的政策体系、公益体系和市场体系。政策体系是指在坚实的理论基础和法律依据的背景下，政府直接向提供生态系统服务者进行补偿。这也是目前比较容易启动的补偿方式。政府补偿方式可以包括:财政转移支付,差异性的区域政策,生态保护项目实施,环境税费制度等;公益体系就是要增加社会的参与,比如成立专门从事库区生态环境保护,动员社会参与密云水库生态环境保护的基金会,整合各种资源,综合运营密云水库库区的生态资本。社会力量的参与是值得提倡并且具有可持续的一种有效补偿方式,也体现了"谁获益谁付费"的原则。在公益体系中,政府将提供法律保障和监督服务。广泛宣传生态理念、环保法规和水法规,推广节水技术、节水器具,编制水利科技实用手册,利用各种传播媒介扩大宣传范围;市场体系就是各商业团体或个人消费者可以出于慈善、风险管理和准备参加市场管理的目的而参加直接补偿。参与市场交易的对象可以是生态环境要素的权属,也可以是生态环境服务功能,或者环境治理的绩效或配额。通过市场交易或支付兑现生态环境服务功能的价值。典型的市场补偿机制包括:公共支付,一对一交易,市场贸易,生态环境标记等。

二、生态补偿的阶段性

随着经济发展水平的提升和生态文明程度的发展,生态补偿措施表现出典型的阶段性和层次性规律,这一点从国家和北京市对密云的补偿中也可以清楚地看出来(表 6-3)。

表 6-3 对密云水库实施补偿的不同阶段

时段	水库对当地居民的意义	补偿目标	补偿重点内容	补偿方式	补偿效果
20 世纪 50～60 年代	障碍和包袱	社会责任	搬迁	建房、搬运	维持生存
20 世纪 70～80 年代	资源	社会公平	生计	居住、食物	不破坏性开发
20 世纪 90 年代以来	工作和服务对象	生产、生活无害化	生态人居、生态产业	就业岗位、配套设施、发展机会	生态服务能力不降低
今后	资本	生态服务可持续	生态产业、生态文化	移民、教育、智力	自主性增强生态服务功能

在 20 世纪 50～60 年代水库开工建设期,水库和当地居民的关系是最直接的竞争关系,完全是你死我活的形势。建设水库,就吞噬了原居民的家园。那时的补偿还算不上生态补偿,甚至连补偿的性质也没有,仅仅是为了实现移民的搬迁所支付的最小成本。而这点付

出是国家不得不承担的社会责任，内容主要包括房屋建置、搬运。

到 20 世纪 70 年代，水库成为回迁居民的生存和生活资源，他们在消落地（水位较低时，露出水面的土地，也称押宝地）上耕种，在水库中养殖和捕鱼，并部分地利用水库涵养山林资源以维持生计。回迁民的生活与水源保护形成一定的竞争关系，他们的活跃程度越高，资源开发速度越快，水源保护形势越严峻，这种形势一直持续到 80 年代。这个阶段有一定的经济补偿，或者可以说是扶贫性质的补助，主要是通过口粮补贴，保障库区基本生存条件，以抑制他们对资源的开发和对环境的破坏。这个阶段的前半部分是"以粮为纲"时代，所谓"手中有粮，心中不慌"。到改革开放以后，各地经济蓬勃发展，库区保护生态所划定的限制条件对当地经济发展的抑制和破坏作用远远大于那一小点儿可怜的补偿。表面上看，这一时期的补偿具有维护社会公平的作用，实际上正是从这个阶段开始，拉开了密云与其他区县发展差距的序幕。

到 20 世纪 90 年代，经过国际可持续发展思潮和一系列水危机事件之后，尤其是密云水库作为北京市饮用水源之后，对水库上游地区实行了更为严格的限制和管理措施。这个时期，北京市已经具备了比较雄厚的经济实力，初步具备了实施生态补偿的物质条件。重点加强了水库上游区基础设施配套建设，包括供排水系统，生活和生产废弃物排放处理系统，道路交通系统，为区域发展提供一些平台；还实施异地开发，以及增强教育培训、帮助转移劳动力就业等等，在为库区居民争取发展机会方面做出了一些积极探索。这些项目的实施，在一定程度上也为当地居民提供了工作机会。这个阶段的重点投入为缓解水库上游与其他地区发展的差距不断拉大起到了一定作用，但也仅仅是略为缓解而已，不能从根本上解决问题。项目一旦结束，行动和效果就不可能再继续。库区居民对现状的满意程度不断降低，保护水源的积极性下降。

进入 21 世纪以来，通过密云人不停地探索，和与高校的紧密共建合作，县领导层认识到，光靠被动的生态补偿，难以真正使库区摆脱困境。经过 50 年的保护和建设，密云水库已经成为生态优质的良好品牌，这实际上是一个金饭碗。不能"捧着金饭碗要饭"，而应该积极地在保护中开发，借开发来保护，形成保护性开发的良性循环，以走自力更生的道路为主。在此基础上，全县领导层接受并深刻理解了

“生态资本”的概念，着手操作生态资本运营。即在认识优良生态环境条件具有资本属性的基础上，将其作为资本来对待，重点是使其能够保值（即生态服务功能不降低）和增值（机生态服务功能的增强和经济层面价值的持续开发）。通过引入资金的方式，启动生态建设，广泛宣传教育，强化生态理念，打造生态文化，并借优良的生态条件大力发展生态农业、生态工业和生态旅游业。通过产业开发实现生态资本的市场价值，并以此资金支撑生态建设，完成一个生态-经济不断循环上升的建设模式。通过生态资本的运营，把生态建设的目标和经济发展的目标统一起来，让全体密云人都具有自主、自愿的维护、保持和提高生态环境质量的热情。这样一来，在没有条令约束、命令禁止、政策导向、资金扶植的情况下，生态环境也具有自主的改良和优化能力，生态服务功能可持续的得到巩固和提高。这个阶段的重要创新性成果是，由于水土保持、污染管理的需求强烈，并且由于各种限制条件使得水库上游区居民基本无事可做的情况下，北京市通过实施一系列财政项目，以部分补偿的方式阻止了有害环境的生产和生活方式，实现了一些库区居民以涵养水源为业。其中以“环水库环境治理”、“养山就业”、“水管员”、“保洁员”等项目为代表。这些项目开拓了一种新的模式，即通过财政支出，使一部分库区居民以水源保护为业，既减轻了农民的生存压力，又缓解了他们开发、使用生态和环境资源对水源生态造成的压力。最重要的是，通过他们的劳动，还可以维持、修补和重建水库生态环境，一定程度上改善水库水质、增强水库供水能力。

从上述过程可以看出，水库生态补偿的阶段性体现为生态补偿具有四个典型的阶段性：一是迁移补助阶段，以移民补助为主，重点目标是完成移民搬迁；二是移民生活补助阶段，以实施移民生活保障为主，重点目标是维持移民区社会稳定；三是生态维护补偿阶段，重点目标是减少污染排放，加强生态建设；四是综合生态补偿和生态资本开发阶段，重点是培养水源区主动开展生态保护的意识和能力，为实现该目标要全面开展生态补偿。

三、生态补偿的基本策略

要研究和制定科学的生态补偿机制和有效的生态补偿政策，首先必须找准生态补偿体系中的“标”和“本”，这就像医生要给患者治病，首先要根据症状（此为“标”）确认病因（此为“本”）。图 6-3 是对中国现行生态补偿体系的分析。

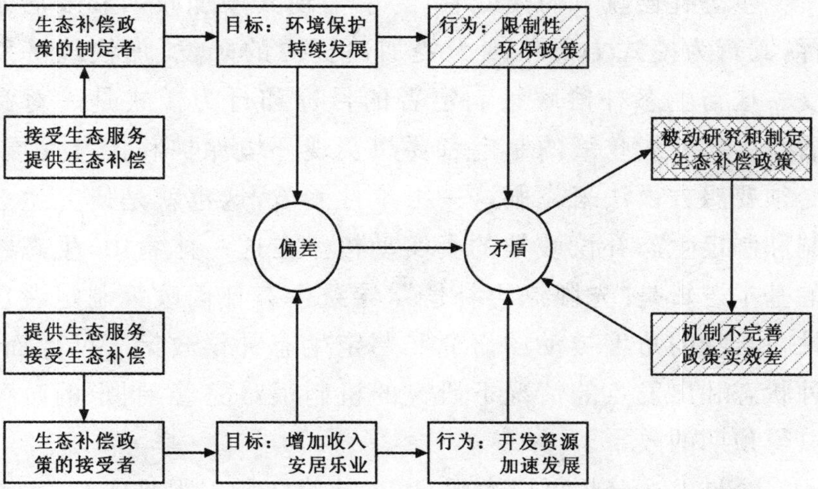

图 6-3 中国现行生态补偿体系的分析图

作为接受生态服务、提供生态补偿的一方，生态补偿政策的制定者的主要目标是环境保护和持续发展，作为提供生态服务、接受生态补偿的一方，生态补偿政策的接受者则以增加收入、安居乐业为主要目标。生态补偿主客体双方在目标上的不一致性决定了生态补偿机制的复杂性和制定生态补偿政策的难度，也说明了生态补偿机制本质上是对一个生态系统中经济发展和环境保护各方关系的调整和利益的分配。从这个意义上讲，生态补偿的目标是通过一系列的政策和措施，争取使各方目标最大限度的得到实现。

在实践中，生态补偿政策制定者为了实现其环境保护和持续发展的目标，往往简单而直接的制定和施行限制性的环保政策。例如，于 1995 年 7 月出台，于 1999 年 7 月修订的《北京市密云水库怀柔水库和京密引水渠水源保护管理条例》（以下简称《两库一渠管理条例》）中明确划定了水源保护区的范围，具体提出在保护区范围内十二项禁止的行为，并规定一级保护区为非建设区和非旅游区，禁止新建、改建、扩建除水利工程以外的工程项目（也就是说生活在保护区内的百姓只允许维持现有生活，而不允许发展生产改善生活）。在共 6 章 42 条的条例中，找不到一条是告诉生活在保护区中的百姓应该干什么、能够干什么、该怎么干的。客观上这种限制性的保护政策起到了一定的保护水源和环境效果，同时由于它没有考虑到生活在其中的百姓的目标和需求，整体上对于保护水源和环境是不可能达到理想的预期效果的，甚至在某种程度上会促使生活其中的百姓加剧对环境的破坏。

生态补偿政策的接受者，为了实现其增加收入和安居乐业的目标，其行为模式主要体现为要加速资源的开发、加快经济发展的速度。这与生态补偿政策制定者的目标和行为模式是一对深刻的矛盾。生态补偿政策的制定者要想实现环境保护和持续发展的目标，必须要想方设法来克服这一根本性矛盾，这也就是研究生态补偿机制和制定生态补偿政策的真实动机。在这一体系中，生态补偿机制的基本逻辑是“先限制再补偿”，导致生态补偿政策制定者往往是只站在自身的角度被动的研究和制定生态补偿政策。可想而知，在这种状态和出发点的情况下研究的机制很难完善，制定的政策也很难取得预期的效果。

经过上述分析可以发现，生态补偿之所以很难实现，表面原因是补偿机制不完善、补偿政策缺乏可操作性，其深层次原因则在于限制性的环保政策。所以生态补偿的基本策略是：

治标之策：完善生态补偿机制，加大补偿政策力度，注重生态补偿实效。

治本之策：在现有的“限制性环保政策”的基础上逐步增加“保护性发展政策”。

1. 完善补偿机制、注重补偿实效

从目前我国实施的生态补偿相关政策来看，很多都是表面的或短期性的，缺乏一种持续和有效的生态补偿政策。

像退耕还林、退牧还草，生态公益林补偿金等是最具有生态补偿含义的政策，其核心和出发点都是希望通过对为生态保护做出牺牲和贡献的农民、牧民等直接利益相关者进行经济补偿而实现保护和改善生态环境的目的。因此，它们也更符合生态补偿政策的理念。但是这些政策大多是以项目、工程、计划的方式组织实施，因而也都有明确的时限，导致政策的延续性不强，给实施效果带来较大的变数和风险。

如退耕还林政策的时限一般为 5～8 年，需要农户在这段时间里进行生产活动的转移，不再依附于土地开展农业生产。但从目前的政策实施效果看，农民能够成功实现转产的很少，多数还是基于土地开展生产。同样，退牧还草政策的时限为5年，政策实施期结束，牧民不可避免地会对草原展开新一轮的生态破坏。

如此，在政策的实施期限内，由于农、牧民为保护和改善生态环境所牺牲的经济利益能够得到一定的补偿，他们会限制自己的生产和开发活动，从而达到保护生态环境的目的。然而，当期限过后他们的利益得不到补偿的时候，为了基本的生活和发展需求，他们就不会再从保护生态环境的角度去限制自己的生产和开发，从而持续对当地的生态环境形成压力。这不仅不能改善和保护当地的生态环境，还可能造成更为严重的生态破坏或生态灾难。

2. 充分开发生态资本，从“限制性环保政策”向“保护性发展政策”转变

对于水源区的政策要从以限制生产为导向逐渐转变为以激励发展为导向。

把我国“十一五”规划纲要里划定的限制开发区和禁止开发区加起来，大约有 220 万 km^2，相当于我国国土面积的1/5。这意味着，1/5的国土今后的开发活动将被严格限制或禁止。如果只是一味地限制这些地区不能做什么，而不告诉或帮助他们能够做什么，这种限制性的政策能够起到实际效果吗？

如果不建立公平有效的激励机制，上游就会缺乏保护环境的动力，如果上游的经济水平一直都没得到有效改善，而下游对此没有积极作为的话，时间长了上游就可能会产生一种极端想法，通过污染来刺激下游对上游进行补偿。

生态区域的现行政策，对生活在其中的人们大多只要求义务，不讲权利。总是要求不许这样、不许那样。而没有把真正重要和有效的问题“应该怎样和能够怎样”告诉当地政府和百姓。

从颁布两库一渠管理条例以来，密云水库上游的不少农民不仅被剥脱了发展生产的权利，甚至被剥夺了生存权利。因为，在水库一级保护区几十年内都没有批农民宅基地，可与此同时却没有出台相关的农民建房或补贴政策。世上有谁会在基本生存都保障不了的情况下去保护生态环境呢？这种纯粹限制性的保护政策的效果可想而知。

四、生态补偿的政策体系

在现有的有关生态补偿政策体系的框架的研究中，有从主体利益和责任关系出发的，有从公共政策类型出发的，有从市场手段类型出发的，有从资源类型出发的。这些政策体系的框架一个整体的问题是牵涉到具体的生态补偿政策时，交叉重叠的现象十分普遍和严重，因为每一个具体的生态补偿政策或多或少都会有主体的问题、公共政策的问题、市场的问题以及资源的问题等。在总结分析首都水源区生态补偿的理论和实践的基础上，笔者试图建立一个具有通用性的脉络清晰的生态补偿政策体系的框架来支撑整体生态补偿机制的设计。

要想理清生态补偿政策体系的框架，从而制定相对全面而有效的生态补偿政策体系，必须从生态补偿政策制定者保护环境和持续发展的目标出发，研究制定一系列的生态补偿政策，最终达到生态补偿主客体目标的协调一致和相互促进的，见图 6-4 生态补偿政策体系。

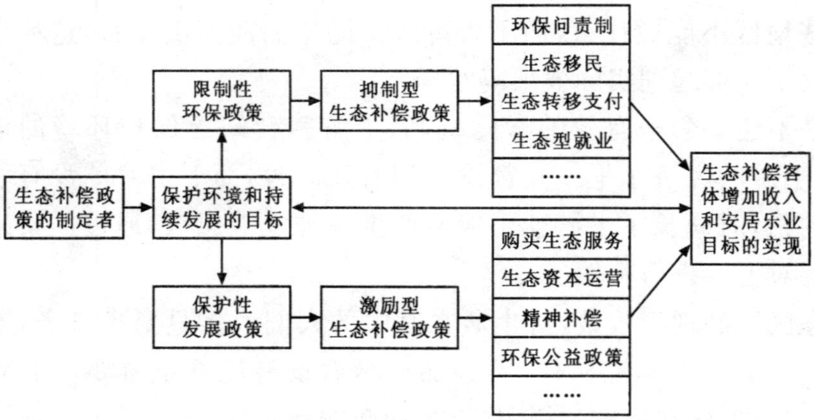

图 6-4 生态补偿政策体系

根据对生态补偿基本策略的分析，实现生态补偿的治本之策是的制定者首先要在现有的“限制性环保政策”的基础上逐步增加“保护性发展政策”。与这两种导向相对应，笔者提出生态补偿政策的两种类型：把与“限制性环保政策”相配套和对应的类型称为“抑制型生态补偿政策”；把与“保护性发展政策”相配套和对应的类型称为“激励型生态补偿政策”。

第七章 首都水源区生态补偿机制设计与政策建议

随着国家经济的发展，生态环境问题已经成为公众和政府关注的焦点，生态补偿作为一项平衡环境保护主体之间利益的有效手段，已经得到了越来越多的认同，特别是党的十七大明确地提出了建设社会主义生态文明的决策，这标志着生态补偿的政治环境已经形成。而要从根本上实现生态环境的保护，就必须从根本上改变生态涵养区居民的行为模式，而这种行为的改变是以平等对话和利益的满足为前提的。否则，为了生计，政策上的强制可能会招来当地居民的消极抵制，为此要充分体现"谁开发谁保护、谁破坏谁恢复、谁受益谁补偿、谁排污谁付费"的生态补偿原则。但在现实中这一合情合理的原则却很难实现。究其原因主要是生态补偿的理论体系、机制设计及相关政策存在明显的缺陷或不足。

第一节　首都水源区生态补偿机制要素的分析

一、生态补偿的基础条件分析

1. 北京的基础条件

哈佛大学肯尼迪政府学院有一套经典的公共管理战略分析框架——"三圈理论"。根据这一理论，战略的制定和实施需要充分考虑三大要素：价值、能力和支持。这一理论认为，在制定一项公共政策时，必须考虑的第一个因素就是该政策方案的目标能否体现公共价值，是不是以公共利益作为政策方案的最重要诉求；其次，必须考虑政策方案的实施与执行中的约束条件，即达到政策目标的人、财、物条件是否具备；第三，必须认真考虑政策方案所涉及的利益相关者的态度与意见，即他们的价值取向与政策目标的关系如何；最后，成功的决策和政策的制定是决策者在这三方面寻求某种平衡的结果。用这一理论来分析北京市对密云水库的生态补偿政策（图 7-1）可以看到，其价值主要是在科学评估的基础上充分实现密云水库的生态服务价值，而目前北京市的经济发展水平（2006 年人均 GDP 6 210 美元）已经完全有能力实施更加有力的生态补偿政策，同时北京社会各界对加强保护生态环境尤其是首都饮用水源的支持也是毋庸置疑的。早在 1999 年，有人做了一次公众调查，在北京、上海、广州、武汉、成都 5 市访问了 1 050 户居民。当人们被问及“理想的生活环境最不可缺少的东西”时，“干净空气、绿地花草、清澈的河流和森林”的得分率远远高于其他选项如汽车、高楼大厦、空调、高速公路等。这说明，生态环境正在日益成为我国人民消费的组成部分和生活质量的重要指标。

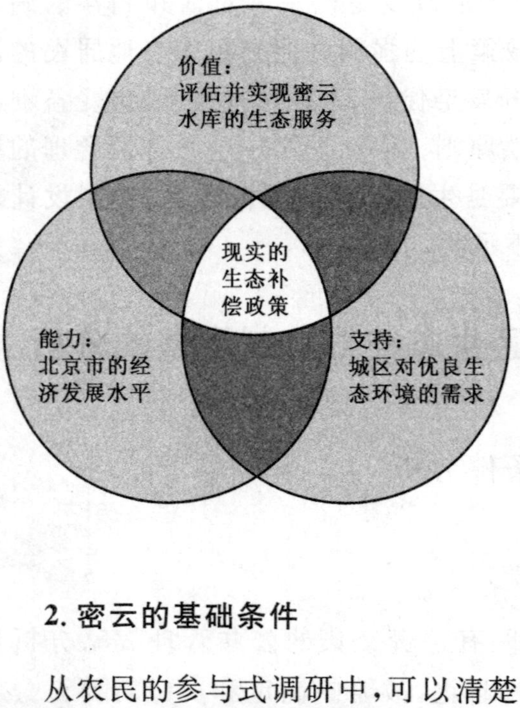

图 7-1 三圈理论分析对密云水库的生态补偿

2. 密云的基础条件

从农民的参与式调研中，可以清楚地了解当前的生产和生活的水平与方式，以及其对水源保护的影响。

(1)经济发展水平

由于人口太多，密云水库周边地区人均耕地 0.4 亩，户均耕地面积多集中在2亩以下，水库上游地区69.2%的农户少于2亩。户平均收入达到了22 481元，而种植业收入平均水平很低。产业发展方向正处与农业向第二、三产业过渡时期，传统农业收入内部主体由种植业向收益更高的畜牧业发展。

从区域消费结构来看，以食物为主要支出的农户所占的比重最大，占到总数的25.2%；接下来是教育支出和医疗支出，分别占到总数的19.3%和12.1%。

以上这些数据完全可以看出，密云水库周边农村经济发展水平很低，在这种情况下，任何有可能提高收入的生产，任何有可能节约支出的生活，农民都会倾向于尝试或采纳。比如，水库上游三令五申严格禁止发展的养殖业，竟然是传统农业当前的转型方向；再比如几乎所有人都清楚应该节水和少排放废水，竟然有85%的农户认为水冲厕所没有改进必要(改造需要农户配套1/3约1 000元资金)。这些都是强烈的节本、增收愿望造成的，而这些经济理性而环境保护不理性的愿望，最直接的原因来自于经济不宽裕。

(2)环保认知程度

在是否愿意由于保水而影响收入的调查中，接近70%的农户选择愿意，而下游区94%农户选择不愿意。尤其在水库上游地区，农民经过多年教育和实践，无论收益与否，水库实际上也是他们的一个产品，因此主观上他们还是愿意保护水库和水质的。但在增加收入的过程中是否会造成污染的调查中，超过80%的农户认为不会，下游区100%的农户选择不会造成污染。这完全是认知的误区，按照当前的生产模式再扩大生产；或者如势所趋，大力发展畜牧业，如何能不造成污染？

再比如，在水污染源的调查中，超过85%的农户认为最主要的污染是垃圾污染。而实际却是，最主要的污染是农业生产中化肥、农药和人畜粪便等面源污染。而一般农户对此并无清醒认识，总认为他们的生产和生活不会对水库水质造成危害。

在环保对收入影响的调查中，超过60%的农户认为没有影响，有近35%的农户认为有负面影响，上游区的农户比重要高于下游区。实际上正是环保政策限制了当地经济发展，这已是不争的事实。

在对农户生态环境意识进行的调查中，有接近55%的农户表示知道一些，而只有不到26%的农户表示比较熟悉或很熟悉，下游区环境意识略好于上游区，比较熟悉和熟悉的农户分别占到28.3%和24.9%。

这些资料足以说明，库区居民对自己的生产生活行为与环保之间的关系认识可以说是比较模糊。在这种不清晰的思想指导下，即便主观上是愿意保护生态的，实际行为也不可能收到积极效果。

(3)生产和生活模式的特征

畜禽粪便、化肥、农药是水库的主要污染源。在畜禽粪便的相关调查中，粪便处理主要采用了还田的占到总数的21%，而采用沼气处理的只占到总数的1%。其他基本上是直接丢弃，粪便直接丢弃的比重下游区高于上游区。上游区生活垃圾随意丢弃的比例还占到8%。在开展环保活动的调查中，大部分的农户选择了使用有机肥和不使用剧毒农药，分别占到总数的38.3%和28.4%，选择畜禽粪便无害化处理的占到总数的17.8%。

农村信息来源调查中，报刊杂志书籍排在第一位，选择的农户占到了总数的28.3%，接下来是收音机和亲戚朋友谈话分别占到了总数的23.8%和18.6%，而互联网和农技推广所占比重只有1.9%和0.3%。

这些数据说明，库区居民的生产和生活方式还远非生态型的，并且向生态化改进的能力不强、渠道不畅。从技术层面和模式方面，以及教育培训方面，都需要有大幅的提高和改善。

二、生态补偿主体的需求

根据《21世纪初期首都水资源可持续利用规划》的研究结果，到2010年北京市若要实现水资源供需平衡将以221.47亿元的巨额投入为代价，这种代价包括了发展的成本和对环境的补偿。国家和北京市已经充分认识到首都水资源的严峻形势，也愈发重视对生态环境尤其是水源地的保护。就密云水库的保护和水库周边生态环境的建设来讲，当前面临的一个具体问题是，国家和北京市的各种补偿的“能力”和“支持”的意愿如何转变为密云经济发展和保护水源的现实能力，也就是要建立和完善一套系统的、稳定的、可操作性强的、与时俱进的生态补偿政策。

随着北京市经济的发展，政府财力的增强，对北京水资源的补偿，在推行生态补偿的过程中，政府将发挥主要作用。建立水源地生态补偿机制，给予水源地农民一定的生态补偿，帮助他们转产转业，一方面从农业转向非农产业就业，另一方面从农业生产转向生态保护，实现水源地的安全化、清洁化和绿色化。为此政府应该加大财政的转移支付力度，加大对密云库区的各种补偿，这既是生态补偿建设社会主义生态文明的必然要求，也是缓解“三农”问题，巩固农业基础地位，建设社会主义新农村的必然要求。

1. 首都水源保护和生态建设的需要

生态环境建设在首都工作中的重要地位毋庸置疑。2004 年，市委市政府提出并确定了区县功能定位，明确了生态涵养发展区的功能任务。处于生态涵养发展区的各区县都根据城市总体规划和区县功能定位的要求，制定了本区域涵养生态、保护环境、发展经济的工作思路和发展规划。但如何具体落实这些发展思路和规划，还需要市委市政府进一步强调和明确加强生态涵养发展区建设和发展的重要意义，并根据这一功能区的特点，制定一系列有针对性的支持政策，这是一项系统而复杂的工作，需要科学而又充足的论证。不论从理论研究的代表性还是实证研究的重要性来讲，密云水库都是最有代表性和最有意义的案例。科学评估密云水库的生态服务价值对于评估北京生态涵养发展区尤其是山区农村整体的生态服务价值具有重要的示范和推进作用。

2. 首都和谐发展与社会稳定的需要

密云是北京最重要的水源地，同时也是经济发展最落后的地区，尤其是生活在密云水库上游的 15 万农民是北京最贫困的群体。生态补偿的效果直接关系到他们的生产水平和生活质量，也直接关系到首都的和谐发展和社会稳定。

从长远来看，首都水源区的环境保护与生态建设应当在水库上游地区实现这样一个状态：所有居民都是生态民，即以水源生态保护为职业的居民，其生产和生活享受全面的生态补偿。理论上讲，似乎可以保持有一定规模的居民，他们虽然不以水源保护为职业，但只要不对水源环境造成破坏就行，而实际上行不通。虽然可以通过技术手段保证这些人的生活实现污染零排放，但是只要有居民，就会有生产性活动，这些活动如果不是保护生态的，那极有可能是破坏生态的。再加上生态民的生产活动是享受生态补偿的，那么这些不享受生态补偿的活动一般不会产生环境正外部性。因此，通过生态补偿机制的设计和政策的实施，让暂时无法移民的水库上游区的农民能以保护水源和生态建设为主要职业，即称为生态民，是首都和谐发展和社会稳定的重要举措。

根据生态建设和生态补偿的经验，生态民分为生态保护居民和生态产业居民两大类。按照当前的基础估计，各类别人数如表 7-1 所示。

表 7-1　水库上游生态民类别和数量设计

水库上游生态民类别		劳动力	预期效益	备　注
生态保护居民	养山护林员	15 000①	—	养护山林
	卫生保洁员	275②	—	生活垃圾处理
	水务协管员	1 000③	—	协助水库管理
	道路养护员	500	—	公路和森林防火道路养护
	水土保持员	2 000④	—	小流域综合治理
	公共管理和服务	3 434⑤	—	行政、教育、医疗等
生态产业居民	旅游服务员	15 000⑥	12 亿	开展生态旅游服务
	生态种植员	4 000⑦	3 亿	运营生态农场
	合计	41 208	15 亿	⑧总人口数约 7 万

注：①全县当前市级养山护林员约 7 000 人，人均管护林地 230 亩。根据实践效果，应缩小每人负责林地面积，将管护员人数增加一倍，人均管护山林约 100 亩。

②每 250 人 1 名专职卫生保洁员。

③当前北京市计划实施的试验数字是 500 人，全面操作时加倍。

④参照税务协管员。

⑤每 100 人 5 人。

⑥按 2020 年规划规模。

⑦水库上游区有土地 4 万亩，移民后部分(25%)退还为生态林草地，其余 3 万亩，每个劳力约种植 8 亩。

⑧劳动力占总人口比例按 60%计算。

三、生态补偿客体的需求

做出了生态上贡献却得不到经济上的认可和回报，这是生态环境优良、经济发展相对落后的地区发展乏力的根本原因之一，也必将成为生态环境优良不可持续的根本原因。在一个环境污染无国界的"地球村"时代，这种情况的恶果必然是局域的落后和环境退化最终传染给整体，经济区的"一荣"并未带来"共荣"，而生态区的"一损"却必定带来"俱损"。这一问题需要通过理论创新从而推动实践创新来解决。

1. 生存需求

水库建成以来的历次移民，都属于工程移民性质。而现在是到了实施生态移民的时候了。根据以上测算和分析，水库上游地区仅能保留约 7 万人口规模的生态民，其余人口均应移出该区。一方面，当前的 15 万人口在水库上游生活改善和生产发展问题与紧张的土地供应矛盾突出，难以调和；另一方面，过高的人口压力，已经对水库水质产生了严重影响，并且必不可免地持续制约水库上游整体发展和环境质量改善。

因此，这次移民将是为彻底改善水库上游生产和生活条件，彻底改善水源区保护格局而进行的生态移民。并且进行新一轮大规模水库移民的时机已经成熟，主要原因一是保护首都水源的重要性和紧迫性；二是北京和密云生态建设以及发展生产和提高生活质量的需要；三是北京的财力有保障，市财政收入连年以 20％的速度猛增，2006 年即已超过 1 000 亿元大关（1 117. 2 亿元，比 2005 年增长 21. 5％）；四是密云水库周边地区农户外出打工比例很高，具备移民的社会基础。

尽管调查显示，水库上游 81. 6％的居民表示不愿意移民，但经进一步了解，主要原因是这些居民担心移民之后与前几个阶段移民一样，既没有补偿，日后生活又面临威胁。只要恰当地解决好居民具体问题，并能够给移民提供更好的生产和生活条件，大部分居民都可以接受移民安置。道理其实是很显然的，在北京，几乎已经没有对生产和生活限制更严格的地区了。无论移民到哪里，都将比在水库上游强。按照调查数据估计，移民补偿每人 2 万～5 万元，则本次生态移民需要补偿的资金为 25 亿～35 亿元。

（1）生活补贴

应重新制定库区农民生活补贴标准，目标不再仅仅是保证口粮。新标准应是建立在对库区生态民身份的高度认同之上的，所有人都是保护水源的工作者。因此，对库区居民的生活补贴应借鉴最低农民合同工生活补助标准，即在岗合同工每人每月 228 元，老人和孩子酌减。按照库区居民人均月补助 180 元估算，每年需要资金 1. 5 亿元。

从调查水库上游居民的收入构成来看，水库上游区农户主要以务工、旅游和种植为主，兼业收的比重低。这充分说明，水库上游区可获得经济收入的渠道极少，基本生活补贴是必需的。

(2)充分就业

必须保证水源涵养区居民充分就业。一般规律表明，不充分就业往往催生资源破坏和环境污染行业诞生。充分就业也是密云水库上游地区居民的迫切愿望，他们对生态补偿方式除现金补偿外的首选就是安排就业占到总数的62.3%。从调查水库上游居民的收入构成来看，水库上游区农户主要以务工、旅游和种植为主，兼业收的比重低。这充分说明，尚有剩余劳力多，客观上需要重点考虑安排就业。

提高养山护林员、卫生保洁员、水务协管员、道路养护员、水土保持员等专门从事水源涵养工作人员的工资待遇，变现在的兼职工作为全职工作，并相应规定工作任务内容。保证平均每人年收入不低于1.5万元。总计每年需要补偿资金2.82亿元。

2. 精神需求

生活在生态涵养区的百姓的角色和态度在相当程度上受经济发展水平和发展规律制约，同时也受到生态文化和生态文明发育程度的深刻影响。

文化是社会之魂。一个区域整体自觉地开展水源保护行动，靠一个一个的项目，零敲碎打地进行是没有希望的。必须要从文化、观念、传统的培育上下功夫，在价值观和道德层面立标杆，才能够形成全县一心一意保护水源的大势。密云文化建设的必然之选就是培植具有密云特色的首都水源区生态文化。以密云文化资源优势和实际需求为基础，以全面提高人的生态文明素质和产业的生态友好水平为核心，推动文化事业和文化创意产业繁荣发展，不断满足人民群众日益增长的精神文化需要，着力打造“生态密云、休闲之都”的区域形象，服务“新北京、新奥运”战略，把密云建成具有鲜明时代特色和地域特色的文化大县。

(1)培育公民环境意识，改善生态环境

建设密云生态文化的认知体系，凸现密云仁山智水、厚德远识的历史底蕴，培育公民爱国护根、守望家园的民族传统精神，结合体现现代生活时尚元素，引导人们养成保水、护绿、节能、减废的行为习惯，护家园之根、建和谐社会、过绿色生活，为密云生态县建设奠定文化根基。

(2)发掘生态文化潜力，繁荣文化产业

密云的生态环境和浓厚的人文底蕴为生态文化产业发展提供了得天独厚的机会。以民俗旅游为载体、乡村建设为依托、民间文化为内核、人文奥运为契机，实现以旅游、体育、美育、环保为主体的文化产业创新；打造中国生态文化产业的明星品牌。建立集影视、文化、休闲、娱乐、科研、交流、培训等于一体的开放性、国际性的多功能型文化产业区域，以此形成产业链，实现文化建设拉动经济建设的跨越性飞跃。

(3)提高公民文化素养，构建和谐社会

对公民进行以仁、智、康、乐为内涵的生态文化素养的培育，通过传播手段、机制培育、设施保障、队伍组建等方式，使生态文化成为密云人民的共识和共同的行为规范，并由此形成良好的社会风气，促进公民素质的提高和社会生活的改善，构建和谐社会。

(4)规范生态文明行动，建设生态文明制度

有机结合传统和科学两个准则，提倡有利于生态文明的行为、风俗、规定；改革或者废除对自然和环境有害的政策、法规、措施。建成具有地方特色、符合传统特点的密云生态文化制度。

通过生态文化建设，充分承认水源涵养区居民涵养水源保护生态的奉献，使其在感情上由被同情转为被尊重，调动起保护水源主动性、自觉性和积极性。

3. 发展需求

在实施“山里人进城(生态移民)”战略的同时，也要配合性地实施“城里人进山(生态资本运营和生态产业开发)”战略，适度引导传统农村人口迁出水库上游周边地带的前提下，应当配合实施“城里人进山”战略，以高附加值的经济活动替代低附加值的，通过走经济发展与环境保护双赢的道路来实现对水源保护区进行系统修复和长久保护的目标。要大力支持水库上游发展污染物零排放生态旅游业和生态种植业。通过技术推广项目、产业化示范项目、金融和财税政策，以及教育培训项目支持启动这些产业启动和发展。

四、实现生态补偿的主要保障

1. 把生态涵养区的发展作为首都环境建设的一项重点工作

2004 年,市委市政府提出并且确定了区县功能定位,明确了生态涵养区的功能任务。处于生态涵养区的各区县都根据城市总体规划和区县功能定位的要求,制定了本区域涵养生态、保护环境、发展经济的工作思路和发展规划。但如何具体落实这些发展思路和规划,还需要市委市政府进一步明确这一区域建设的重要责任,并根据生态涵养发展区的区域特点,制定有针对性的支持政策。在负有生态环境保护责任的区县中,密云县还承担着保护首都水资源的重要责任,需要市委市政府给予高度重视,扶持其生态县建设,引导当地干部群众更好地按照水源保护区的要求,进一步涵养生态,发展经济,造福群众,实现生态环境保护和经济社会发展“双赢”的良性循环。

按照中央 2006 年一号文件提出的“建立和完善生态补偿机制”的要求,建议以密云县为试点,建立水资源生态补偿机制,由市财政设立水源地补助和建设扶持资金,列入市级财政预算,专款专用。以为市区供水量为主要依据,综合考虑受影响程度、当地经济发展水平等因素,确定补助金额。采取对农民直接补助和支持水源地保水养水设施建设相结合的方式进行补助,既可以照顾到农民的切身利益,又可以提高水源保护和当地经济发展的能力。

环境保护部的环发[2008]36 号文《关于开展生态文明建设试点工作的通知》,在全国选择确定了北京密云县、江苏张家港市、浙江安吉县,以及广东的深圳市、珠海市和韶关市为全国生态文明建设试点地区。环保部要求,各试点地区应结合自身实际情况,探索生态文明建设模式,研究制定生态文明建设指标体系。环保部将联合有关部门研究制定全国生态文明建设的指导意见,总结、推广试点地区的先进经验,及时推出一批生态文明建设的先进典型。

2. 明确提出首都地表水源区生态补偿专项行动

有两个问题摆在北京市政府面前,不容回避。第一,地表水源区生态补偿必须立即全面开展,否则地表水源地保护难以为继;第二,必须明确地表水源区生态补偿专项行动，否则水源保护投入效率难以提高。

密云水库水源地保护的迫切性是客观的，不以人的意志为转移的。农民参与式调查表明，经济状态、居民认知状态和生产生活的特征都决定了当地居民不可能在条件和制度没有大的改观之前开展良好的水源保护行动。

过去有一个假象是，各级政府，甚至密云县政府自己也觉得，各种途径对密云的支持和补偿也不少，实际上如果仔细分析会发现，所有这些项目，第一都不是真正围绕如何提高可持续的供水能力展开的；第二都不是真正的生态补偿。现在提出这个问题，就是要明确设立"首都地表水源区生态补偿专项"，要旗帜鲜明、目标明确、处方对症、措施得力地开展密云水库生态补偿行动，切实加强水库可持续供水能力建设。

专项行动要清晰地提出目标，第一，降低水库上游地区人口到合理水平，并将其转化为水库生态民；第二，明确承认水库上游地区在水源保护上所作的贡献，大幅度提高其补贴标准和经济收入水平；第三，深入开展生态文化建设，把生态制度、生态传统等几方面紧密结合起来抓牢、抓实；第四，全面改造升级水库上游地区生产和生活方式，真正实现污染零排放；第五，大力支持密云县发展生态产业，重点支持水库上游地区的生态种植业和生态旅游产业。

要强调补偿对象既要见物，也要见人。把发挥当地居民的生态保护积极性、发展生态保护能力放在重要位置上支持。

3. 稳定开拓生态补偿资金来源

调整提高原有资金筹集渠道，开拓新渠道，保障生态补偿资金供应。

(1)提高水资源费收费标准，即在提高用水价格的基础上，适当提高水资源费在其中所占比例

在构成用水价格的水资源费、污水处理费和自来水价格三个组成部分上，过去一般都是自来水占据绝对多数(当前三者比例是 30∶24∶46)。皮之不存，毛将焉附，水资源应该是基础和最重要的部分。应大幅度提高水资源费所占比例(比如提高 5%～8%)。此外，还应一定幅度提高用水价格，这有两个依据，一是当前水价远低于南水北

调水价,二是虽然人人尽知北京严重缺水,但是居民的节水意识并不强,究其关键原因,用水费在生活支出中所占比例很小。这种情况下,依靠道德宣传和提倡环保意识是收不到立竿见影的效果的。有测算表明,如果这方面给予适当调整,而北京返还密云的水资源费比例有所提高,仅此一项,每年就可为密云水库筹措近10亿元生态补偿资金。在短期内不能实现的情况下,至少也应满足库区居民基本生活补助和水源涵养生态民的工资收入,每年大约为4.6亿元。

(2)增加财政转移支付强度,提出生态涵养和水源涵养财政转移支付专项

密云县承担着生态涵养和水源涵养两大任务,与其他区县相比具有更重要的地位。作为整个北京市的生态环境以及饮水环境的主要维护者和生态服务主要提供者,当前密云县每年获得的财政转移支付不足1亿元。这个标准应相应增加。首先要将转移支付明确分为两种,一是区县(平级单位)财政转移支付;二是市(上级单位)财政转移支付。基于两个因素的考虑,即一方面密云在全市18个区县中属于财政困难区县,另一方面密云全县人民在过去50年中为生态涵养和水源涵养做出了巨大贡献,并要继续通过实际行动来做出贡献,因此区县转移支付额度至少应增加到基本满足开展水库生态涵养工程建设所需要的资金,每年1.5亿~2.0亿元;市财政转移支付额度至少能满足每年所做科技推广和人才培训所需资金,每年大约为1亿元。

第三,征取水源保护生态税。密云水库价值的CVM调查显示,城八区对水库水质保持的支付意愿积极,年支付意愿额度变幅在9.5亿~31.8亿元,取中值大约为20亿元。该值与水库生态移民所需资金的额度相当。假设水库生态移民用10年完成,每年仅用掉征取的水源保护生态税的1/10。其他资金可用作水库环境保护建设和密云县生态产业发展基金,在使用方向上要重点向水库上游倾斜。

4. 加大水源地保护扶持力度

为了解决郊区水源地存在的突出问题,应按照"保水源、富农民、促发展"的原则,加大对水源地保护的扶持力度,进一步调动当地政府和群众的积极性,在大力开展保水、供水、节水措施和工程建设的同时,着力促进经济转型和产业结构调整,最终实现农民增收、产业

优化及首都用水的持续安全与稳定。

(1)制定郊区水源地补助办法

建立水源地补助和建设扶持资金，列入市级财政预算，专款专用；以及市区供水量为主要依据，综合考虑受影响程度、当地经济发展水平等因素，确定补助金额；采取对农民直接补助和支持水源地养水保水设施建设相结合的方式进行补助，既可以照顾到农民的切身利益，又可以提高水源保护和当地经济发展的能力；按照农民年收入水平划分补助的档次，分层次按农业人口数予以补助；在补助扶持资金中列出专项，支持在水源地的核心区域建设集中供水厂，纳入自来水管理，支持水源地改换机井，更换水泵等工程，尽快解决水源地农民用水难的问题。2005 年，市级财政收上来的水资源费 9.5 亿元。而水资源费的使用为 8.2 亿元，其中南水北调资金 6.7 亿元，水资源保护、节约、管理安排 1.5 亿元。尚余 1.3 亿元可用于水源地补助。

(2)加大政策倾斜力度

鉴于区县收取的水资源费数额不大，建议这部分水资源费不再实行 50%留用区县的政策，改为区县全额留用。支持有关区县在水源地进行污水、垃圾处理、排水和灌溉设施等建设；根据水价的涨幅，适当提高征收移民扶助金的标准，进一步支持密云、怀柔和延庆等老水源地的建设，同时明确该政策的实施年限。

(3)支持水源地经济转型

结合各水源保护区的功能定位和资源条件，尽快编制水源地产业发展目录，并制定相关的扶持政策，引导投资者在水源地保护区发展节水、环保的绿色产业和低能耗产业；设立水源地保护区发展扶持资金，支持在水源地发展的小型投资项目。

(4)集中力量解决突出问题

将延庆千家店镇和怀柔宝山镇退出种植水稻后栽种的速生丰产林，改成为生态公益林进行管理，参照“五河十路”的补贴政策，每年给予农民租地费和养护费；妥善解决密云水库库区裸露土地耕种问题，可以由密云水库管理处集中管理，参照高水位运行补贴的标准适当给予当地农民生活补贴。对于因应急水源工程启动后，周边地区出现的人畜饮水困难，由市财政全额投资实施解困工程。

(5)进一步落实促进发展的相关配套政策措施

进一步完善山区移民搬迁规划和政策，加大山区移民搬迁工作力度；加强水源地的基础设施建设，为水源地进一步搞活经济创造较好的硬件条件；调整水源地行政考核指标体系，强化生态保护指标，引导基层政府转变工作职能，更加注重发展各项社会事业，提高水源地的综合发展能力。

(6)依法加强水资源地保护，调整《两库一渠管理条例》

依据《中华人民共和国水法》和《北京市水资源管理条例》，制定水源地保护管理条例，使水源地保护的各项工作有法可依，减少利益纷争；建立和完善各级检查执法队伍，依法严厉查处破坏水资源的行为。

(7)加大治污、节水工作投资力度

水源地开展治污，是为了给整个城市提供洁净的水，因此水源地农村污水处理的建设和运转费用应由市财政全部担负。节水工程方面的投资安排也应优先于非水源保护区，并降低保护区区县、乡镇和农户承担的投资比例。

5. 注重生态补偿的整体性、时效性和长效性

密云水库修建以来的不同阶段，国家和北京市对水库周边实施了一定的补偿。20 世纪 90 年代以前的补偿主要是移民安置费；90 年底中期之后，补偿种类和数量开始逐渐增加，以 2005 年为例，国家和北京市给密云山区生态保护专项、水资源费返还、大气污染治理、水库移民扶助金等八项与水源保护和生态建设直接相关的补偿资金共计 19 225 万元(表 7-2)。

表 7-2 2005 年密云县从国家和北京市得到的补偿资金

补偿资金项目	金额(万元)	主管部门
山区生态保护专项转移支付	8 859	财政局
山区生态林补偿资金	3 553	林业局、财政局
水资源费返还	2 200	水务局、财政局
口粮补贴	1 358	商务部、农委
大气污染治理资金	1 259	环保局、财政局
水利建设资金	1 192	水务局、财政局
水库移民扶助金	649	水务局、财政局
农田水利资金	155	水务局、财政局
合计	19 225	

近几年，北京市为落实科学发展观，促进生态涵养发展区实现环境保护和经济发展的双赢目标，在构建生态补偿机制和施行生态补偿政策方面做了许多积极的努力，已经有了不少成功的实践。北京山区整体上实现了从"靠山吃山"向"养山就业"的转变，在北京市的指导和支持下，密云县在创建国家生态县的过程中施行了"保水就业"、"保洁就业"等积极有效的措施。"养山就业"政策的实施，每位农民"护林员"通过生态林管护可以每月收入现金 400 元左右；"保水就业"政策的实施，每位农民"水务协管员"通过管理和保护水源每月可收入现金 500 元左右；"保洁就业"政策的实施，每位农民"保洁员"通过村镇的环境卫生工作每月可收入现金 300 元左右。这几项措施深受广大农民欢迎，既增加了农民的收入，又更有效地保护了密云水库。

上述的一些政策和措施是可喜的进步，但在整体上由于缺乏科学的补偿依据和补偿标准，造成了补偿内容不全面、补偿标准过低、补偿资金分散、补偿方式简单等一系列问题。如目前执行的 1996 年制定的水库移民扶助金政策，至今仍沿用 1996 年确定的工业用水 0.02 元/m^3，农业及其他用水 0.01 元/m^3 的标准征收。1996—2004 年间北京市自来水价格经历了八次上调，居民用水价格由 0.5 元/m^3 上涨到 3.7 元/m^3，增长了 7.4 倍，而水库移民扶助金的标准却一成未变。2005 年市财政实际拨付密云县密云水库移民扶助金 648.76 万元，如按自来水价格等比增长，应拨付 4 800 万元，见表 7-3。

表 7-3　水库移民扶助金标准与自来水价格比较　　元/m^3

年份	水库移民扶助金标准		自来水价格
	工业用水	其他用水	
1996	0.02	0.01	0.5
2001	0.02	0.01	2.00
2004	0.02	0.01	3.70
1996—2006	一成未变		7.4 倍
合理标准	0.15	0.08	

以水资源费为例，2004 年 8 月 1 日起，北京市调整了水资源费征收标准，由平均每立方米 0.81 元调整为 1.37 元，其中地表水和供自来水公司的地下水水资源费由每立方米 0.60 元调整为 1.10 元。根据密云水库的供水量，2004—2006 年，北京市每年通过密云水库收取

的水资源费应在3亿元左右，可在2004年和2005年返还给密云的水资源费只有700万元和2 200万元，只占到水资源费总量的2%～7%。

按照现行规定，水资源费的市级收入全部归市级所有，区县征收的水资源费按照50%的比例进行划分。就北京市的财力及意愿来讲，并没有通过密云水库的水资源费来增加财政收入的目的，之所以会出现密云水库的水资源费返还密云的比例过低的原因，主要是因为北京市水资源的形势越来越严峻，水资源的价值和保护水源的成本越来越高，征收水资源费的标准以及水资源费的分配使用方法却没有相应的跟进。反映出过去制定的现行的许多生态补偿的政策缺乏科学性，应当及时调整不断完善。

6. 建立生态补偿的责任赔偿机制和管理体制

生态补偿机制和相关责任赔偿机制是一个问题的两个方面，二者相辅相成，缺一不可。责任赔偿机制就是对享受了生态补偿机制的经济利益，但不履行相应的生态环境保护责任和义务的行为进行惩罚的机制。

生态补偿机制直接触及到重新调整许多方面的环境和经济利益关系的重大问题，影响广泛而深刻。可以在国务院下设由相关部委组成的国家生态补偿委员会，负责生态补偿工作的协调、监督、仲裁、惩罚与奖励等相关事务。有需求的地方，可以参照国家的体制设置格局，建立地方生态补偿管理体制。

7. 加强生态补偿机制和政策研究

加大力度支持生态补偿机制与政策的系统研究。生态补偿涉及到公共管理的各个层面和各个领域，关系复杂，头绪繁多，目前这方面的研究基础薄弱，需要深化认识。如生态服务功能价值评估技术方法；生态环境税费政策制定和实践；生态环境保护的公共财政体制；生态保护的市场化政策和产业化政策；流域生态补偿机制和政策；重要生态功能区的保护与建设补偿机制；自然资源核算和绿色GDP核算等。要特别注意结合我国国情，分地区、分类型进行研究。“中国生态补偿机制政策研究”课题组建议应当先行开展城市饮用水源地、中小流域和资源开发过程中的生态补偿。

第二节 政策及措施建议

一、抑制型生态补偿政策

1. 积极完成水库上游生态移民工程

当前水库上游地区居民约15万人，需要迁移53.3%，共计8万人。这是一个很大的工程。整体上可以分三个步骤来执行：

一是水库一级保护区内的农业实现从“生产向生态”功能的转变，消除水库周边农业生产造成的面源污染。生产损失由政府来承担，其本质是由政府向农民购买农产品转变为购买生态产品和服务，依靠传统农业生产方式生活的农民转化为生态建设和环境保护为职业的生态民。

二是将水库一级保护区内的农民全部迁出，消除水库周边农民生活的面源污染。

三是逐步将水库二、三级保护区内的传统产业退出，同时引导在二、三级保护区内居住的人向外移民，最终留下少量的生态民。

2. 政府生态补偿的实现——法律和制度保障下的转移支付

由于在环境保护和生态补偿等领域中经常会出现“市场失灵”的现象，所以研究它就需要认清政府的角色和市场的作用。

经济的理论和世界的现实告诉我们，非市场的生态服务在资源配置上无法与市场物品竞争。市场经济的运行是通过各种各样的交易实现的。人们通过交易来获得某种明确的利益。这种直接的具体的目的性得到了人们的普遍重视。相对而言，人们重视这样东西的同时，也就意味着对另外东西的忽视。各种生态价值由于很难进入市场也就得不到人们足够的重视。这是生态补偿首先要面临和解决的问题。对于这种现象或问题，人们习惯于简单地认为是政府的过失，是政府的职责。由于生态环境问题具有明显的公共物品的特性，政府作为全社会利益的代表对此进行管理是合情合理的。可是，简单划一的行政化的环境管理体系容易割裂经济发展与环境保护之间的内在联系，甚至有时会把二者放在一个对立面来考虑，有些地方会简单地认为经济发展是环境破坏的根源，有些地方又会简单的认为环境保护是经济发展的制约。单纯依靠政府的命令与控制的体系来实现生态补偿的目标有明显的局限。

(1)对主体清晰情况单一的问题比较有效，面对普遍的细小的现象和问题就十分乏力

比如对污染的控制，政府管理对于控制点源污染很有效，对于大量存在的面源污染的控制却很难管理。政府可以大面积的建立自然保护区，而对存在于日常生产和生活中的环境污染却束手无策。环境破坏者和资源使用者的行为越明显、数量越大、目标越具体，政府管理和控制体系的效果就越好。当生产和消费活动中的不良行为细小而分散的时候，政府职能部门的信息收集、行政监管和处罚的难度和成本就大幅上升，结果导致政府在生态补偿领域的很多工作出现了各式各样的"形式主义"。

(2)政府管理和控制体系在直接制止环境破坏方面比较有效，而在激励环境保护方面的作用和能力很有限

滥用资源和环境污染者是受利益驱动而采取各种不良行为的。为了消减他们的"作案动机"，弱化这种不良行为的内在驱动力，需要有各种激励机制促使社会经济系统中的每个行为主体都走上对环境有益的道路。现在国家倡导建设环境友好型社会，可以说是政府工作的目标，更准确地说应当是政府工作的理念。这一理念的核心是：经济发展和环境保护是互为目标、互为手段的。

在政府管理和控制体系存在明显局限的同时，现行市场经济体系的不健全也在一定程度上对生态补偿产生了一些负面影响。二元结构、粗放增长、地方保护主义等在经济生活中长期存在的许多问题，都对生态补偿政策的制定和实施形成了直接而巨大的阻力。中国改革开放 30 年的历程本质上是市场经济体系在中国试验和发展的历程。我们都承认，这 30 年是中国经济快速发展的时期，在 30 年之后的今天中国旗帜鲜明的提出了"科学发展观"，这一发展理论和目标的提出，说明了中国政府在发展理念上的进步。从理论上讲，科学发展可以简单地概括为遵循生态规律的经济发展，要让市场尊重自然。从生态学和环境经济学的角度来看，市场经济可以分为环境友好型的市场经济和环境不友好型的市场经济。大量的事实说明，中国现行的市场经济对环境是不友好的。我们相信市场是配置资源的

最主要的有效方式，同时我们却形成了一个对生态环境不友好的市场体系，面对这样一对矛盾，我们必须一方面促进市场的自由竞争，一方面加强政府对市场的宏观调控，以实现社会当前繁荣和国家可持续发展的双重目标。

3. 用好、用足生态公益型就业机制

生态产业居民主要由地方政府管理，但是接受基金委员会的监督、业务指导和技术考核。

将生态民的收益与水源区保护的主要指标挂钩。按时保质完成任务可获得额定工资和生活补助，否则视情况扣发应得工资和补助。如相关指标显著好转获得额外效益及收益，则给予适当奖励。

4. 增加水源涵养的生态保育和环境建设项目力度

通过水利项目、森林绿化项目、水土保持项目、污染治理项目、节能减排项目、新农村建设项目等适当向库区倾斜，支撑水库水源涵养。

二、激励型生态补偿政策

1. 设立地表水源生态补偿基金管理委员会

配合首都地表水源区生态补偿专项行动，设立地表水源区生态补偿基金管理委员会(官方)，专门负责地表水源区生态补偿基金的筹措、管理和使用。专款专用，并与其他支持远郊区县的行动区别开来。管理机构下按照水源区保护和建设需要设立不同部门，配合地方政府的横线管理，对水源保护生态民实行纵向管理，并给予监督、业务指导和技术考核。

2. 明确水权，充分发挥市场机制作用

明确密云县拥有对密云水库的水源拥有管理和市场运作的权力，以充分发挥市场机制作用。例如，可利用已经比较成熟的生态服务交易、排污费交易、水权交易，森林碳汇交易机制，实现生态服务的市场价值。

3. 重视生态资本及其运营

可以实现生态补偿的市场一定是对生态环境友好的市场，这种市场体系必须是高效率的。这种效率至少包括两个层次：首先是传统的经济系统的运行效率；再高一层是生态与经济复合系统的运行效率。传统的高效率市场是高效配置各种生产要素的经济场所。科学合理的市场体系会使社会经济充满活力，这种活力会催生合理的经济结构和充满活力的企业，这样社会才可能积累足够的财富用以生态建设，或者说是实现生态补偿。根据热力学第二定律，生态系统的建设和维持需要大量的能量投入，而且这种投入必须是以满足人民福利的全面提高为前提。也就是说，一个城市若要确定生态建设的目标必须要具备经济运行效率高的基础和条件，唯有如此，才能在不断满足人民生活质量的要求的同时增加对环境与自然资源的投入。生态与经济复合系统的高效率是要求维持同样的人口与福利水平，一个社会追求的不仅是常规核算意义上的经济效益，还应追求经济结构在生态尺度上的优化，即在不降低生活质量和福利水平的基础上，努力提高环境资源的使用效率，使能流与物流最小化，力求创造的每一份福利都消耗尽可能少的资源，或者说要用尽可能少的资源和环境代价创造出尽可能多的经济效益和社会效益。

现实中有一个值得注意的倾向，在谈到生态建设和环境保护时，人们往往会忽略经济运行效率的作用。人们大多寄希望于政府和社会尤其是个别领导人的觉悟和重视，以为环境保护和生态补偿和很多具体问题一样，领导一重视、政府一出钱就一切 OK 了。中国目前的现实是，在社会主义市场经济尚处在初级阶段，技术水平和管理水平相对落后，企业的经济效益和社会责任感普遍不高的情况下，简单的依靠政府的号召或者是领导的指示是很难进行生态补偿的，也几乎不可能形成“生态文明”。从这一意义上讲，按照科学发展观的要求和可持续发展的理念，深化经济体制改革，加快经济发展步伐是实现建立生态补偿机制，实现生态补偿目标的重要条件和现实途径。

面对提高生态与经济复合系统运行效率的迫切要求，一个根本性的问题是要在现有理论体系的基础上完善形成一种能够指导持续续发展实践和建设生态文明目标的新的生态经济理论体系。古典资本主义理论中的三大生产要素是土地、劳动力和资本，或者是物质资本、劳动力和货币资本。市场机制使这些要素在市场中得到有效配置，从而不断的创造或增加财富。土地或物质资本的概念中包含了那些经开发可以转变为财富的自然资源，但是支持人类生命系统的生态系统的功能服务，以及直接影响人们生活质量的生态环境质量要素的价值却经常被人们忽视。当前主宰世界经济体系运行的古典西方经济学，更多关注的生产要素是资本和劳动力，甚至可以说是就关注资本。我们把以西方经济学理论为基础发展起来的发达国家的社会制度称之为资本主义社会，也可以说是清楚地认识到了这一点。建设生态文明和实现可持续发展的目标，要求我们必须把生态功能和服务的价值纳入资本的体系，建立健全“生态资本主义”的理论体系。

4. 大力倡导精神和智力补偿

对居民的补偿要充分考虑居民生活和生产的需求。第一要保障其基本生活条件达到一定水平；第二要规范其行为资源和环境无害性；第三要促进其意识形态的生态文明先进性、环保行为的主动性和持续性。

宣传生态保护的先进性。要是水源涵养区居民具有自豪感和使命感，使其能够自觉地把水源保护当成一种神圣使命，能够主动地开展生态保育和环境保护。

强调当代公平性。结合生态文化建设，宣传生态道德、贯彻生态理念。在此过程中，要宣传“保水光荣”，要承认库区人民的历史贡献，要强调他们现在的行动依然值得尊敬。

重视代机公平性。同时要发动多方力量，对库区居民开展各类别、各层次的培训和教育，一方面强化保水意识、训练保水技能、培养保水骨干人才；另一方面加强劳动力转移就业培训和加强基础教育水平，尽可能的为当代人和下一代在水库以外开拓发展空间创造机会。

5. 构建生态补偿的公益体系

密云县委县政府经过两年多的酝酿和筹备，于 2007 年底正式成立了中国第一家以水源保护为主题的基金会——北京水源保护基金会。基金会通过民间渠道筹集资金，投放于水源区保护的各种实践中，包括水源保护宣传、相关技术培训和推广、水土保持工程建设、节能减排工程建设等。

民间生态补偿途径是政府工作的一个有力补充，应在基金会运作的各方面给予指导和支持，以充分发挥其作用，为水源保护和水源地相关问题的解决做贡献。

三、近期应重点突破的政策领域

应尽快彻底解决密云在为北京“送水”的同时还给北京“输血”的问题。支持和鼓励高新技术企业在生态涵养区落户，使生态涵养区的建设有经济支撑。

支持生态涵养区的经济社会发展，不仅要加大财政支持力度，也要加强对生态涵养区的政策支持力度，特别是研究制订发展适合生态涵养区本地特点的环境友好型产业及其他代替产业。通过政策支持增强生态涵养区县的“造血”功能，以利于从根本上解决生态涵养区保护环境和发展经济的矛盾。例如密云经济开发区地处水源保护区外的东部发展带上，其发展高新技术产业具有一定的基础和优势，应当在政策上鼓励其发展软件业、技术研发院所、高附加值的食品加工业等环境污染小，能够增加就业的高新技术产业，以扶持水源区经济发展。虽然中关村科技园区管理委员会与密云县人民政府已于2007年12月26日，签订了《合作共建密云高新技术产业基地框架协议》，但许多相关政策如在密云经济开发区内注册并经认定的高新技术企业可享受中关村科技园区的税收优惠及产业联盟、开放实验室、创业投资、信用担保和产业投融资等方面的政策支持都还急需推进落实。

1. 重点政策

①修订《北京市密云水库怀柔水库和京密饮水渠水源保护管理条例》，放宽约束条件，鼓励生态产业发展。（注：《两库一渠管理条例》现在基本形同虚设，上面规定了很多库区农民不应该做的事情，但是实际上农民也已经在做了，我们需要的是告诉农民应该做什么，而不是不应该做什么。）

②在市县两级财政中增加并整体设计专门的生态补偿科目。以水资源为突破口不断完善水专项的生态补偿费。在水资源费的使用项目中增加对水源涵养区的补助开支。

③明确落实分区指导政策，区别对待水库上下游功能区的保护和发展要求。

④研究出台《北京市关于完善生态补偿机制建设生态文明的若干意见》。

⑤研究制定鼓励生态建设的产业化经营政策，在密云的水库上下游之间，尝试生态建设的配额交易制度。

2. 重点措施

①加快北京新规划及密云生态县规划的落实，从法律上确定对生态涵养发展区进行生态补偿的合法性。

②以生态功能区为平台，系统整合目前的各类重点生态建设和保护工程，整体提出密云“绿山、净水、富民、强县”的系统工程。

③集中计划使用转移支付，并且将促进农民增收致富与改善生态环境有机结合起来。

④北京设立水源区环保标识（让消费者花钱来进行选择），从宣传的角度支持密云的农业生产。

⑤限制密云农业用水转变为加大对密云农业节水灌溉项目的支持。

⑥采用“民建公买”的措施，促进各种经济主体进行生态建设。如农民治理绿化的生态林在成材若干年后，通过评估机构的评估，估算生态林的价值，政府将其买下来收归国有。好处：一是使农民投资生态建设有了经济收益，可以使他们扩大再生产；二是提高国家生态建设资金的使用效率。改变年年种树不见树的局面。

第三节　密云县强化生态补偿的主要对策

一、完善生态资本运营理论和操作模式

分析各种因素对经济增长的贡献的一种重要方法是美国经济学家索洛提出的“增长的核算”分析方法，该方法把经济增长的来源分为三个要素：资本积累、劳动力投入和全要素生产率的提高。要计算全要素生产率的贡献，首先利用索洛的增长模型建立生产函数，测算资本积累、劳动力对经济增长的贡献，再利用产出增长率扣除资本和

劳动力的经济贡献，得到的余值即为全要素生产率的贡献。据测算从1978—2002年，我国经济增长年均9.3%，其中资本积累贡献率59%，劳动力总量扩展9%，全要素生产率贡献为32%。促进全要素生产率提高的因素为经济体制改革、对外开放、人力素质的提高、技术进步等。

而环境保护对经济增长的贡献主要是通过对全要素生产率的贡献来实现的，也就是说，环境保护的各项措施，包括立法、标准、管理、执法等，促进了资源利用效率的提高，促进了生产技术的进步。同时环保也促进了资本积累，因为环境保护要求催生了环保产业，它对经济的增长起到了积累资本的作用。虽然现在难以明确回答“环境保护究竟在全要素生产力提高的过程中具体占到多大的比重？”但就像人们都同意说“健康的身体对人的事业成功贡献很大”一样，可以肯定地说环境保护对改善经济增长具有很明显的正面作用。

以前的经济发展建立在资源无限的理念上，把对资源的攫取作为经济增长的手段，而随着经济的发展和资源的短缺，经济增长必然更多地从粗放利用资源转移到对资源的精深利用和再利用方面上来。即经济的发展要更多地从环境保护方面入手进行考虑。要从以前的“环境换取增长”模式，转变为“环境优化增长”模式上来，即把环境保护作为一种手段，使之改善和促进经济增长，达到环境保护和经济发展的“双赢”目标。环境之于经济，犹如考试之于学生，没有学生喜欢考试，但考试确实促使学生提高了成绩。

那么，作为环境保护直接成果的生态资本，对经济增长的贡献有多大呢？在哪些地方促进了经济的增长呢？生态资本对经济增长的贡献体现在以下三个方面：①资本存量的稀缺性使生态资本对经济的重要性越来越大，也促使更多的经济增长研究如何更合理的利用有限的生态资本，以达到生态和经济的共发展。②良好的生态资本培育了优良的环境条件，而人们在优良环境中工作的生产力要远远高出在恶劣环境的生产力，这也是众所周知的事实。③促进和保护生态资本的软环境，如政策、法律法规以及体制改革等，对经济的巨大促进也是不争的事实。也就是说，生态资本通过对全要素生产率的贡献，对经济发展起着重要的作用。在这方面，循环经济和环保产业是两类最典型的代表。

生态资本经营就是将生态资本的这种巨大促进作用转化为现实

的经济生产力。可以预料，在我国今后经济的增长中，生态资本通过全要素生产率对经济的贡献将越来越大。

1. 密云县生态资本运营的基础

密云县是北京市水源保护区。土地总面积 2 229.45 km^2，俗称"八山一水一分田"，境内林木覆盖率高、空气清新、风景区和名胜古迹众多、密云水库的水质优良。相比周围地区，密云具有优良的生态资本。

多年来，密云水库每年为北京城区居民提供了一半以上的生活用水，而密云县人民则为保证北京地区的清洁水源和保护生态环境，做出了巨大的牺牲：20 世纪 50 年代后期修建密云水库时，库区 10 万农民整体移民，但当时农民和地方得到的经济补偿几近于零。到 20 世纪 80 年代和 90 年代，密云县又因水环境保护的约束而未能搭上全国经济大发展的快车。2005 年北京市边远落后的山区村共 395 个，密云就占了 216 个，水库周边低收入农民的人均年收入不足 3 000 元，增收缓慢，成为所谓"环京津贫困带"的一部分。而由于贫困和发展制约，民间一度有"要想富，炸水库"的说法，这种情况对密云优良生态资本的维护、建设和谐社会的要求极不相符。

但是密云多年保护水源的生产方式，积累了雄厚的生态资本。县内水、空气质量优良，森林覆盖率高，先后获得"全国林业生态建设先进县"、"全国绿化模范县"、"国家生态示范区"、"园林卫星城镇"、"山区水利富民综合开发优秀区县"、"环境综合整治定量考核先进单位"、"全国水土保持生态环境建设'十百千'示范工程示范县"等荣誉称号。当前密云县结合北京市对其"生态涵养发展区"的定位，依托北京巨大的高端消费市场，正在"举全县之力"，创建国家生态县，为生态资本运营创造了良好机遇。

2. 密云生态资本运营的思路

密云县生态资本运营的循环过程为："本县加强生态环境建设(系统内部进行生态补偿)→推动县域整体协调发展→获得北京市的政策和资金支持(来自更高一级系统的生态补偿)→环境更好→经济更强→……"系统内部进行生态补偿是密云县生态资本运营的启动子。

操作思路是以生态资本运营理论为指导，以“绿山、净水、富民、强县”为目标，以休闲经济为产业发展的特色和导向，紧抓生态特色产品和产业，施行“农业拓展、工业支撑、旅游带动”的经济发展战略，在各个行业领域努力实现生态资本向货币的转化，并以此作为其他产业发展和产业升级的原动力，力争一产做优、二产做强、三产做大，构建出以生态农业、生态工业、生态型建筑和房地产业及休闲旅游业为四大支柱的密云县生态经济体系。具体通过对景观资本、生物生产环境资本、整体生态环境质量三种主要生态资本4条途径的运营，建设3个主导产业，具体技术路线如图7-2所示。

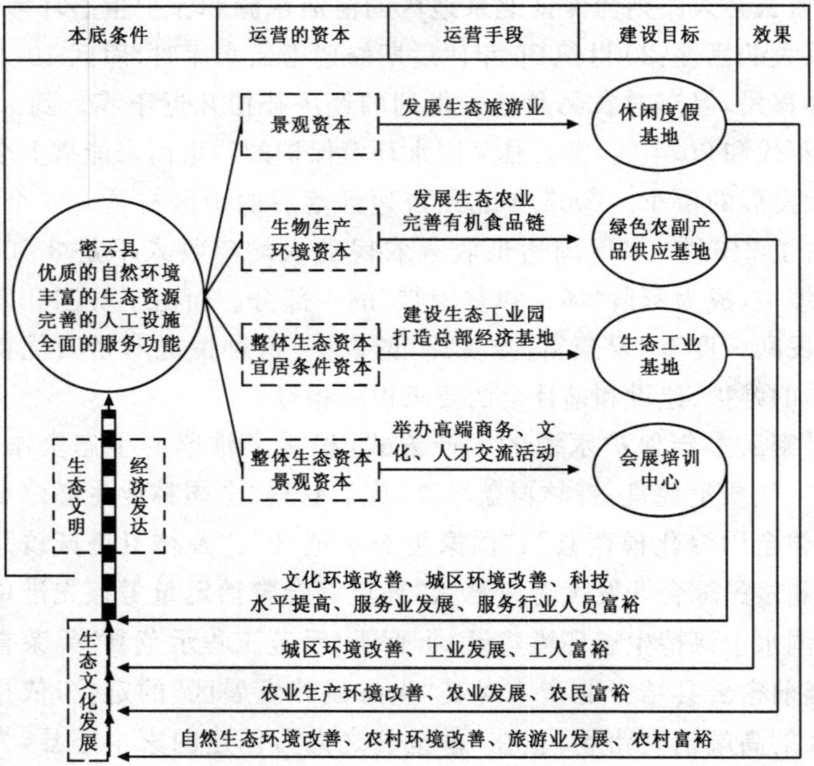

图 7-2 密云生态资本运营的总体框架

二、完善生态就业机制，使其发挥更积极的作用

针对生态就业实施中的主要问题，如农村公益岗位工作分工过于细化，不利于整合资源、统一调配；各种公益岗位的补偿标准不统一，总体工资水平仍然偏低；公益岗位人员选聘机制尚不成熟，有所用非人和人浮于事的现象；对公益岗位人员的培训力度不够等等，要积极完善生态就业机制，使其发挥更积极的作用。

（1）对村的公益岗位进行通盘研究，整合资源，综合考虑，使公益岗位人员发挥出整体作用

对农村公益岗位的配置、管理、待遇等方面进行规范，准确定位，统一标准。明确各职能部门与乡镇的职责，保证这支队伍管理的科学性、规范性、有序性。建议明确一级乡镇公益岗位管理机构，对协管员队伍的配置实行宏观控制，统一配置，集中使用。

（2）对部分基层创新的补偿机制进行推广，扩大公共财政在农村的受益面

建议采取“现有岗位增员、村自主岗位纳用、开发新岗位”相结合的方式，开发既符合地区具体实际又能给社会带来真正效益的岗位，扩大现有岗位的普及面，在深入调研的基础上，把基层创新的一些补偿机制在全市，甚至是全国范围内进行推广，逐步扩大补偿范围，循序渐进地建立日趋完善的农村补偿体系。

（3）积极对公益岗位人员开展培训，提高公益岗位的专业化水平，推动城乡各项事务管理规范化

要深入开展公益岗位人员的综合培训，全面提高其技术水平、法规知识和职业观念等综合能力水平，实行专业化管理，促进制度化、规范化建设，把对农村事务的补偿管理变成常态化管理，不断提高农村地区的社会管理和公共服务水平。

（4）加大对农村公益性岗位的财政支持力度

建议进一步加大各级财政对农村公益性岗位的支持力度，进一步扩大公共财政覆盖农村的范围，推进农村地区社会管理体系的完善和社会公共服务职能的健全，加快北京市城乡统筹的步伐。

三、建立和完善水源地保护的“异地开发”模式

流域异地开发主要针对上游水源地保护区域不能布置污染项目，需要下游地区提供一定的发展空间。“异地开发”模式的三个阶段：

第一个阶段：靠山吃山

上游地区发展初期，采用内部异地开发的模式，集中设立开发区，形成产业集群，建立完善的环境保护基础设施并实施严格的管理。密云各乡镇建立的小型工业开发区或农民就业基地。

第二个阶段:山里人进城

上游地区发展到一定阶段,下游地区或受益地区采取具体措施为上游地区提供发展空间,承接上游地区产业转移和吸纳其招商引资项目,促进上游地区经济发展和产业提升。

第三个阶段:城里人进山

上游地区进一步发展完成了原始积累之后,区域之间的异地发展模式不利于管理、不利于上游地区城乡一体化发展等弊端开始凸显,这时应在产业提升的基础上,在上游地区集中发展替代产业,在一个新的高度上创新利用区域内异地开发的方式形成新兴产业的聚集和发展。

实践篇

——我国“十一五”规划纲要里划定的限制开发区和禁止开发区加起来大约有220万km^2。这意味着,1/5的国土今后的开发活动将被严格限制或禁止。如果只是一味地限制这些地区不能做什么,而不告诉或帮助他们能够做什么,这种限制性的政策能够起到实际效果吗?实现生态补偿的治本之策是在现有的“限制性环保政策”的基础上逐步调整和增加“保护性发展政策”。

——密云水库像“紧箍咒”一样“限制”了密云的经济发展,可最终也将会是它让密云的发展取得“正果”。以“脚踏实地、同心创业,自觉奉献、勇于争先”的密云精神为核心的“生态文化”就是使“紧箍咒”产生力量的“咒语”,它将引导和约束密云“又好又快”的实现科学发展。

——生态资本运营是指一个边界清晰的区域内的政府、企业或个人,立足于本地的生态资本,开发各种高生态环境质量附加值的产品或服务,通过经营这种高品位的产品和服务,从而实现生态资本货币价值的系列措施和行为。

——生态资本运营是在当前中国经济条件下最现实可行的实现生态服务价值的途径。现阶段要用生态资本运营理论指导一个地区制定发展策略,一定要先期考察其资源富集程度、市场便捷程度和政策支持力度。

第八章 北京市地表水源区生态补偿的农户参与式调查

第一节　调查研究方案

本研究应用了参与性农户评估方法 PRA。PRA 被称为“来自农户，与农户一道和依靠农户学习、了解农村生活和条件的一种方法和途径”，通过与研究和非正式访谈来对地方分析和评估，并制定符合实际的发展和研究计划。本研究具体应用 PRA 的半结构访谈(semi-structured interview)工具，于 2006 年 7 月对当地居民进行随机访问调查，根据实际自然地域条件及行政单元划分，结合经济水平等，对研究区内农户进行了分层随机抽样，进行面对面的访谈，共访问 880 户农户，收回有效问卷 877 份。877 户分布在密云县 18 个乡镇，114 个村。按照 16 个乡镇相对密云水库的位置划分为水库上游区(共 711 户，包含 9 个乡镇，分别为：不老屯镇、新城子镇、高岭镇、冯家峪镇、大城子镇、太师屯镇、石城镇、北庄镇、古北口镇)和水库下游区(共 166 户，包含 9 个乡镇，分别为：穆家峪镇、檀营乡、十里堡镇、东邵渠镇、溪翁庄镇、巨各庄镇、河南寨镇、密云镇、西田各庄镇)。

一、取样和调查方法

水库上游的 9 个乡镇每个乡镇至少选取 10 个村，每个村选取 15 户。水库下游的每个乡镇取 3 个村，每个村选取 10 户。在一个乡镇内选择村的样本时，遵循如下原则：首先水库一级圈涉及到的村要全部调研(全县共有 33 个村)，剩下的村在镇域内按正态分布取样，每个村内取样本户也按正态分布取样。在镇域内选村，在村域内选取农户要充分听取镇领导和村领导的意见。要在地理位置和经济水平两个方面尽量做到按正态分布取样。

密云的生态补偿应当结合社会主义新农村建设。完成以下四个方面的内容:①进行关键技术配套,包括小型的生活污水处理技术,畜禽粪便无害化处理技术,生活垃圾分类无害化处理技术,可再生能源利用技术等。②管理措施方面的革新。从系统的观点出发,实现管理措施创新,促进实现循环社会。③农村基础设施建设,改造农村落后的技术设施。④对各乡镇现有的企业进行摸底,挑选哪些劳动力密集、环保的产业,促进本地优势产业的转型,适应水源保护的基本要求。

调查问卷充分考虑到上述要求,由客观性问题和开放式问题组成,二者相互补充。访问的内容包括研究农户基本情况、农户信息来源途径、环境保护认识、生态补偿意愿、期望与机会成本、移民意愿与补偿、农户水资源、能源、厕所改建、垃圾处理、农户收入和支出的相关情况(第八章附录 1 至附录 3)。

二、调查涉及的关键问题

对密云水库周边地区进行生态补偿,主要是由于水源地的居民需要遵守更为严格的法律规定和更少的权利分配,对他们的行为做出相关限制和调整,导致这部分人失去很多的机会成本。因此需要一种补偿来弥补这种权利的失衡。生态补偿作为一种水源地保护的经济手段,其目的是调动水源地生态建设与保护者的积极性,促进水源保护的利益驱动机制、激励机制和协调机制的综合体。因此,生态补偿应当主要包括:水生态保护的工程成本,水生态保护的日常运行成本和由于保护水源而丧失的机会成本。

1. 生态补偿的方式和途径

目前生态补偿方式主要有经济补偿、政策补偿、项目补偿、技术补偿、人才补偿、生态移民、异地开发等等。经济补偿是最直接的补偿方式,采用增收税款和财政转移等途径来实现;技术补偿和人才补偿可以协调保护地区的发展,通过协助培养人才和无偿转让或者限期转让技术等途径实现;援助项目补偿效果明显而且见效快。针对密云县的实际情况，采取多种方式相结合的办法，找到重点补偿的内容和方式。本研究以被调查农户的主要收入和支出为出发点，确定收入和支出的主要组成部分，进而确定补偿的主要内容。

2. 生态补偿标准的确定

生态价值是生态补偿标准或补偿量确定的重要依据，是进行生态补偿的重要参考。但是，在实践中，生态服务功能价值的评估方法仍存在着一些缺陷，根据这些理论以及相应的价值评估方法所得到的生态服务功能的货币价值还不能直接作为生态补偿的标准。在现实的政策设计中，可以从成本弥补的角度来考虑补偿的标准。由于水源保护区其所处地理位置的特殊性，法律法规的限制使当地政府和社区居民部丧失了平等的发展权利，因此生态补偿政策应该对保护水生态而丧失的发展机会成本进行补偿。保护者损失的发展机会成本的确定尽管可以参照国家或地区的平均利润率、平均 GDP 增速、可以用源头地区人均纯收入与可比地区人均纯收入的差额测定等指标。本研究通过调查经济情况、期望与机会成本等情况为生态补偿标准提供依据。

3. 生态补偿制度的建立

建立和完善生态补偿机制是落实中央关于建设资源节约型和环境友好型社会的重要内容，是促进环境保护和经济发展和谐的有效手段。要形成长期有效的生态补偿制度，首先要尽快完善相关的法律法规，解决生态补偿的法律地位，用法律手段规范各类行为，明确有关税收、财政转移支付和补偿资金筹集、调配、运作和管理等政策方面的问题。

4. 充分发挥政府宏观调控和市场机制在生态补偿中的作用

政府相关部门应监督执行相关的法律和法规，有效征收和合理利用生态补偿费，建立补偿费的征收和使用监督机制以及流域生态补偿的信息公开制度、奖惩制度，使财政补偿资金更好发挥激励和引导作用。本研究通过调查农户对生态环境的认知程度，生态补偿的意愿，对生产生活中生态保护的相关内容，为机制的建立提供参考。

第二节　调查结果分析

一、调查农户的生产生活基本情况

1. 农户基本情况

在访问的877户农户中(表8-1),其中男性619人,占70.6%,女性258人,占29.4%;最大年龄84岁,最小17岁,平均48岁。受访农户文化程度普遍偏低,多集中在初中以下,占到总数的80.2%。家庭人口多以3~4人为主,占总数的50.5%;家庭以1个小孩为主,占总数的41.4%,有老人家庭占到总数的46.9%。在主要收入来源调查中,超过50%的受访农户主要以畜牧业为主,外出打工占到总数的37.2%;从事运输业,旅游业和小卖部为主的农户相对较少,之和不到总数的8%。由此可见,水库周边地区非农经济有一定发展,但农业产业仍然占有较大比重。

上游区受访农户共711户,其中男性500人,占70.3%;女性211人,占29.7%。最大年龄84岁,最小年龄17岁,平均年龄47.8岁;下游区受访农户共166户,其中男性119人,占71.7%;女性47人,占28.3%。最大年龄74岁,最小年龄18岁,平均年龄49.2岁。文化水平调查中,下游区农户整体高于上游区农户。在主要收入来源的调查中,下游区农户畜牧业比重高于上游区农户,而非农产业比重低于上游区农户。

2. 农业生产基本情况

耕地面积的调查中(表8-2),水库上下游地区,农户耕地面积情况基本类似,都极为缺乏。没有耕地的占到总数的23.5%,其中下游区为28.3%,上游区地区为22.4%。耕地面积多集中在2亩以下,占总数的68.2%,其中下游区为63.9%,上游区地区为69.2%。上游区和下游区果园面积的调查中,有果园的农户占到总数的41.7%,下游区有果园的农户比重要低于上游区。果园面积中大于4亩的果园的农户总平占12.4%,其中上游区占13.5%;下游区果园规模整体上小于上游区。

表 8-1 受访农户基本情况

项目	类别	全体		上游		下游		项目	类别	全体		上游		下游	
		频数	%	频数	%	频数	%			频数	%	频数	%	频数	%
性别	男	619	70.6	500	70.3	119	71.7	小孩数	0	371	42.3	293	41.2	78	47
	女	258	29.4	211	29.7	47	28.3		1	363	41.4	297	41.8	66	39.8
年龄	<18	4	0.5	3	0.4	1	0.6		2	124	14.1	106	14.9	18	10.8
	[18,30)	24	2.7	20	2.8	4	2.4		≥3	19	2.2	15	2.1	4	2.4
	[30,40)	130	14.8	117	16.5	13	7.8	老人数	0	466	53.1	381	53.6	85	51.2
	[40,50)	380	43.3	301	42.3	79	47.6		1	193	22	166	23.3	27	16.3
	[50,60)	219	25	178	25	41	24.7		2	209	23.8	157	22.1	52	31.3
	>60	120	13.7	92	12.9	28	16.9		≥3	9	1	7	1	2	1.2
文化程度	未受教育	56	6.4	48	6.8	8	4.8	主要收入来源	种植业	18	2.1	17	2.4	1	0.6
	小学	176	20.1	143	20.1	33	19.9		畜禽养殖	464	52.9	360	50.6	104	62.7
	初中	471	53.7	395	55.6	76	45.8		外出务工	326	37.2	273	38.4	53	31.9
	高中(中专、技校)	168	19.2	121	17	47	28.3		出租车、运输	56	6.4	50	7	6	3.6
	本科(大专)	4	0.5	3	0.4	1	0.6		小卖部等	9	1	8	1.1	1	0.6
	研究生	2	0.2	1	0.1	1	0.6		民俗旅游	4	0.5	3	0.4	1	0.6
家庭人口	1	53	6	41	5.8	12	7.2								
	2	145	16.5	115	16.2	30	18.1								
	3	224	25.5	184	25.9	40	24.1								
	4	219	25	189	26.6	30	18.1								
	5	139	15.8	114	16	25	15.1								
	≥6	97	11.1	68	9.6	29	17.5								

注：本文表格中用括号表示的区间，"("表示不包含；"]"表示包含，下同。

表 8-2　农户种植业生产基本情况

调查项目	类别	全体			上游			下游		
		频数	%	累积(%)	频数	%	累积(%)	频数	%	累积(%)
耕地面积(m^2)	0	206	23.5	23.5	159	22.4	22.4	47	28.3	28.3
	≤667	169	19.3	42.8	140	19.7	42.1	29	17.5	45.8
	(667,2×667]	223	25.4	68.2	193	27.1	69.2	30	18.1	63.9
	(2×667,3×667]	122	13.9	82.1	93	13.1	82.3	29	17.5	81.4
	(3×667,4×667]	68	7.8	89.9	55	7.7	90	13	7.8	89.2
	>4×667	89	10.1	—	71	10	—	18	10.8	—
果园面积(m^2)	0	511	58.3	58.3	388	54.6	54.6	123	74.1	74.1
	≤667	79	9	67.3	70	9.8	64.4	9	5.4	79.5
	(667,2×667]	79	9	76.3	69	9.7	74.1	10	6	85.5
	(2×667,3×667]	59	6.7	83	53	7.5	81.6	6	3.6	89.1
	(3×667,4×667]	40	4.6	87.6	35	4.9	86.5	5	3	92.1
	>4×667	109	12.4	—	96	13.5	100	13	7.8	—

3. 收入构成情况

从收入情况来看(图 8-1),户平均收入达到了 22 481 元,而种植

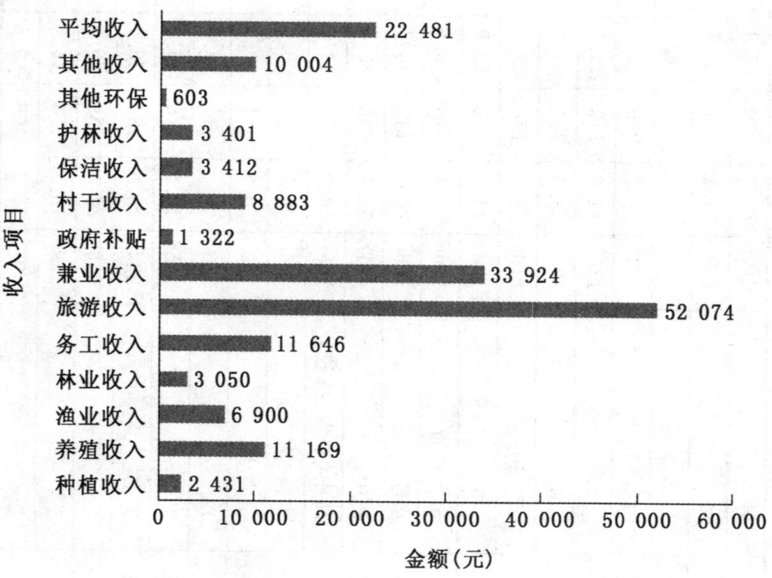

图 8-1 农户收入基本情况

业收入平均水平很低，只有2 431元，旅游收入、兼业收入、务工收入和养殖收入四项平均值较大，分别达到52 074元、33 924元、11 646元和11 169元。可见，由密云水库周边地区处在农业向二、三产业过渡时期，传统农业收入内部主体由种植业向收益更高的畜牧业发展。

4. 主要收入来源的情况

兼业经营调查中（表8-3），兼业的农户占到总数的20.8%，兼业种类主要是家庭餐馆，占到兼业农户总数的94.7%，兼业收入主要在5 000元以下占到兼业农户总数的35%，下游区兼业情况整体好于上游区。可见密云水库周边农户兼业主要以餐饮为主，并且规模较小。

表8-3 农户兼业经营情况

调查项目	类别	全体		上游		下游	
		频数	%	频数	%	频数	%
兼业种类	无	695	79.2	569	80.0	126	75.9
	家庭餐馆	160	18.2	124	17.4	36	21.7
	小卖部	7	0.8	6	0.8	1	0.6
	卖生产资料	2	0.2	1	0.1	1	0.6
	其他	13	1.5	11	1.5	2	1.2
兼业收入	0	695	79.2	569	80.0	126	75.9
	≤5 000	64	7.3	58	8.2	6	3.6
	(5 000,10 000]	38	4.3	27	3.8	11	6.6
	(10 000,20 000]	26	3.0	19	2.7	7	4.2
	>20 000	54	6.2	38	5.3	16	9.6

旅游经营调查中（表8-4），经营旅游的农户占到总数的5.2%，接待旅客人数主要集中在1 000人/年以下，占到经营旅游农户总数的76%，旅客接待费用集中在50元/人，占到经营旅游农户总数的78.3%，服务的种类主要集中在吃住和游玩，分别占到总数的50%和28.3%。上游区和下游区情况基本相似。整体来看，水库周边地区旅游经营比重较轻，单个规模较小，旅客消费偏低，服务种类单一。

表 8-4 农户旅游经营情况

调查项目	类别	全体		上游		下游	
		频数	%	频数	%	频数	%
接待旅客数（人/年）	0	831	94.8	673	94.7	158	95.2
	≤1 000	35	4.0	30	4.2	5	3.0
	(1 000,5 000]	10	1.1	7	1.0	3	1.8
	>5 000	1	0.1	1	0.1	0	0.0
旅客均费（元/人）	0	831	94.8	673	94.7	158	95.2
	≤50	36	4.1	30	4.2	6	3.6
	(50,100]	9	1.0	7	1.0	2	1.2
	>100	1	0.1	1	0.1	0	0.0
服务种类	无	831	94.6	673	94.7	158	95.2
	吃住	23	2.6	17	2.4	6	3.6
	游玩	13	1.5	11	1.5	2	1.2
	商品	7	0.8	7	1.0	0	0.0
	其他	3	0.3	3	0.4	0	0.0

务工情况调查中（表 8-5），有务工成员的农户占到总数的 43.8%；务工人数多集中在 1 人，占到务工农户总数的 73.7%，务工时间多集中在半年以上，占到务工农户总数的 89.3%，务工收入主要在 10 000 元以内，占到务工农户总数的 60.6%，上游区打工比重高于下游区。密云水库周边地区农户外出打工比例整体较高，成为收入来源的重要组成部分。

表 8-5 农户务工情况

调查项目	类别	全体		上游		下游	
		频数	%	频数	%	频数	%
外务人数	0	493	56.2	393	55.3	100	60.2
	1	283	32.3	236	33.2	47	28.3
	2	93	10.6	75	10.5	18	10.8
	≥3	8	0.9	7	1.0	1	0.6
务工月数	0	493	56.2	393	55.3	100	60.2
	<3	13	1.5	13	1.8	0	0.0
	[3,6]	28	3.2	25	3.5	2	1.2
	≥6	343	39.1	279	39.2	64	38.6
务工收入	0	493	56.2	393	55.3	100	60.2
	≤5 000	103	11.7	90	12.7	13	7.8
	(5 000,10 000]	130	14.8	116	16.3	14	8.4
	(10 000,20 000]	123	14.0	93	13.1	30	18.1
	>20 000	28	3.2	19	2.7	9	5.4

二、农户对生态环境的认知与响应

1. 信息来源途径

农村信息来源调查中(表 8-6),报纸杂志书籍排在第一位,选择的农户占到了总数的 28.3%,接下来是收音机和亲戚朋友谈话分别占到了总数的 23.8%和 18.6%,而互联网和农技推广所占比重只有 1.9%和 0.3%。

表 8-6　信息来源调查

信息途径	全体		上游		下游	
	频数	%	频数	%	频数	%
电视	15	1.7	9	1.3	6	3.6
报纸杂志书籍	248	28.3	214	30.1	34	20.5
收音机	209	23.8	160	22.5	49	29.5
亲戚朋友谈话	163	18.6	124	17.4	39	23.5
集市	88	10	76	10.7	12	7.2
公司宣传	73	8.3	66	9.3	7	4.2
自己摸索	33	3.8	22	3.1	11	6.6
村致富能人带动	18	2.1	15	2.1	3	1.8
互联网	17	1.9	15	2.1	2	1.2
电话	4	0.5	2	0.3	2	1.2
农技推广人员	3	0.3	3	0.4	0	0
外出参观	2	0.2	1	0.1	1	0.6
孩子	4	0.5	4	0.6	0	0

2. 环保认识调查

在对农户生态环境意识进行的调查中(表 8-7),有接近 55%的农户表示知道一些,而只有不到 26%的农户表示比较熟悉或熟悉,下游区环境意识略好于上游区,比较熟悉和熟悉的农户分别占到 28.3%和 24.9%。在开展环保活动的调查中,大部分的农户选择了使用有机肥和不使用剧毒农药,分别占到总数的 38.3%和 28.4%,选择畜禽粪便无害化处理的占到总数的 17.8%。环保对收入的影响的调查中,超过 60%的农户认为没有影响,有近 35%的农户认为有负面影响,上游区的农户比重要高于下游区。

表 8-7 环境保护调查

项目		认识程度				做过的环保活动						环保对收入影响					生态支付(元/月)						环保补偿(元/月)				补偿方式	
类别		不了解	知道一些	比较熟悉	很熟悉	不使用化肥和有机肥	不使用化肥，使用有机肥	不使用剧毒农药	对畜禽粪便无害处理	对生活垃圾无害处理	其他	没有影响	负面影响不大	负面影响很大	促进收入增加，幅度不大	大大增加收入	0	≤2	(2,5]	(5,10]	(10,20]	>20	≤200	(200,500]	(500,1 000]	>1 000	现金	非现金
全体	频数	173	480	142	82	63	336	249	156	54	19	532	128	175	32	10	243	67	463	68	14	22	25.1	268	385	4	845	32
	%	19.7	54.7	16.2	9.4	7.2	38.3	28.4	17.8	6.2	2.2	60.7	14.6	20	3.6	1.1	27.7	7.6	52.8	7.8	1.6	2.5	165	30.6	43.9	0.5	96.4	3.6
上游	频数	137	397	110	67	37	270	211	135	43	15	424	111	143	24	9	192	63	381	47	10	18	23.2	210	333	3	685	26
	%	19.3	55.8	15.5	9.4	5.2	38	29.7	19	6	2.1	59.7	15.6	20.1	3.4	1.3	27	8.9	53.6	6.6	1.4	2.5	55	29.5	46.8	0.4	96.3	3.7
下游	频数	36	83	32	15	26	66	38	21	11	4	108	17	32	8	1	51	4	82	21	4	4	33.2	58	52	1	160	6
	%	21.7	50	19.3	9	15.7	39.8	22.9	12.7	6.6	2.4	65.1	10.2	19.3	4.8	0.6	30.7	2.4	49.4	12.7	2.4	2.4	220	34.9	31.3	0.6	96.4	3.6

在缴纳生态费用的调查中，有80%以上的农户认为应当缴纳，金额主要集中在5元以下，下游区的支付意愿要高于上游区。在对应的生态补偿的调查中，超过95%的农户选择现金补偿，而金额集中在500～1 000元，占到总数的43.9%，上游区的补偿意愿要高于下游区。

3. 生态补偿意愿调查

在非现金生态补偿意愿的调查中(表8-8)，第一选择集中在安排就业、优惠政策和提供生活资料3个方面，分别有243户、141户和122户选择，占到总数的27.7%、16%和13.9%。前三选择合计集中在安排就业、优惠政策两项，分别占到总数的62.3%和56.1%。上游区提供生活资料的愿望强于下游区，而提供优惠贷款的愿望弱于下游区。

表8-8 生态补偿意愿调查

调查对象	选择顺序	基础建设	土地补偿	安排就业	安排搬迁	生产资料	生活资料	优惠政策	优惠贷款	其他
全体	第一选择	105	91	243	37	58	122	141	78	3
	第二选择	56	133	174	86	95	118	142	71	2
	第三选择	74	91	129	55	118	85	209	118	0
	合计	235	315	546	178	271	325	492	267	5
	%	26.8	35.9	62.3	20.3	30.9	37.1	56.1	30.4	0.6
上游	第一选择	90	72	191	29	52	99	113	62	2
	第二选择	48	104	150	67	73	98	115	54	2
	第三选择	54	74	106	46	95	76	172	87	0
	合计	192	250	447	142	220	273	400	203	4
	%	27.0	35.2	62.9	20.0	30.9	38.4	56.3	28.6	0.6
下游	第一选择	13	19	54	8	5	23	27	15	1
	第二选择	7	30	22	20	22	20	27	17	0
	第三选择	20	17	23	8	23	8	37	31	0
	合计	40	66	99	36	50	51	91	63	1
	%	24.1	39.8	59.6	21.7	30.1	30.7	54.8	38.0	0.6

4. 期望与机会成本

对村官期望的调查中(表8-9)，持肯定态度的占到总数的80.8%，上游区的比重要高于下游区。对培训期望的调查中，只有近33%的农户持肯定态度，反映出农技推广在农户生产中的实际作用较

表 8-9　期望与机会调查

调查项目		村官期望		培训期望		工资期望/(元·月)						机会成本/(元·年)					是否造污		愿否保水	
类别		肯定	否定	肯定	否定	无	≤200	(200,500]	(500,1000]	(1000,1500]	>1500	≤1万	(1万,2万]	(2万,5万]	(5万,10万]	>10万	否	是	否	是
全体	频数	709	168	593	284	257	6	62	412	76	64	223	142	284	127	101	717	160	267	610
	%	80.8	19.2	67.6	32.4	29.3	0.7	7.1	47	8.7	7.3	25.4	16.2	32.4	14.5	11.5	81.8	18.2	30.4	69.6
上游	频数	567	144	477	234	101	6	60	405	75	64	192	118	246	96	59	551	160	111	600
	%	79.7	20.3	67.1	32.9	14.2	0.8	8.4	57	10.5	9	27	16.6	34.6	13.5	8.3	77.5	22.5	15.6	84.4
下游	频数	142	24	116	50	156	0	2	7	1	0	33	25	42	29	37	166	0	156	10
	%	85.5	14.5	69.9	30.1	94	0	1.2	4.2	0.6	0	19.9	15.1	25.3	17.5	22.3	100	0	94	6

好，但仍需要进一步加强。在对工资期望的调查中，金额主要集中在500～1 000元，上游区对工资期望较高，占到总数的85.8%，下游区只有16%的农户有工资期望。在如果没有环保的限制，预计年收入的调查中，大部分农户认为在20 000～50 000元范围内，下游区农户机会成本意识要高于上游区。在增加收入的过程中是否会造成污染的调查中，超过80%的农户认为不会，下游区100%的农户选择不会造成污染。在是否愿意由于保水而影响收入的调查中，接近70%的农户选择愿意，而下游区94%农户选择不愿意。

5. 移民意愿与补偿

在为了保护水源是否愿意移民的调查中(表8-10)，近85%的农户选择不愿意，下游区不愿移民的意愿要明显强于上游区。在移民补偿的调查中大部分的农户集中在20 000～50 000元，占到选择补偿农户总数的37%。

表8-10　移民情况调查

调查项目	类别	全体		上游		下游	
		频数	%	频数	%	频数	%
移民意愿	不愿意	745	84.9	580	81.6	165	99.4
	愿意	132	15.1	131	18.4	1	0.6
移民补偿	不愿意	580	66.1	418	58.8	162	97.6
	≤10 000	39	4.4	39	5.5	0	0.0
	(10 000,20 000]	48	5.5	47	6.6	1	0.6
	(20 000,50 000]	110	12.5	110	15.5	0	0.0
	(50 000,100 000]	50	5.7	49	6.9	1	0.6
	>100 000	50	5.7	48	6.8	2	1.2

三、农户对生活环境的认知与响应

1. 水资源情况

在水质的调查中(表8-11)，近65%的农户认为水质好，上游区农户比重高于下游区。在日用水量调查中，50%的农户低于50 kg/天，上游和下游用水情况基本接近。在水污染源的调查中，超过85%的农户认为是垃圾污染，只有14%的农户选择企业污染。

表 8-11 水资源调查

调查项目	类别	全体		上游		下游	
		频数	%	频数	%	频数	%
水质好坏	无	97	11.1	65	9.1	32	19.3
	差	83	9.5	65	9.1	18	10.8
	较好	129	14.7	115	16.2	14	8.4
	好	568	64.8	466	65.5	102	61.4
日用水量（kg/天）	≤20	189	21.5	145	20.4	44	26.4
	(20,50]	250	28.5	215	30.2	35	21.1
	(50,100]	212	24.2	171	24.1	41	24.7
	(100,200]	112	12.8	91	12.8	21	12.7
	>200	114	13.0	89	12.5	25	15.1
水污染源	垃圾	751	85.6	608	85.5	143	86.1
	企业	123	14.0	101	14.2	22	13.3
	其他	3	0.3	2	0.3	1	0.6

2. 能源使用情况

在与能源有关的调查中(表 8-12),近 70%的农户主要取暖用能为电能,以沼气为主的农户不到 4%。上游区也是类似的比例,而下游区煤气和煤炭使用频率较大,分别占到了 20.5%和 26.5%,电能使用比重仅略高于 40%。节能坑、节能灶、节能灯和太阳能器等的使用比重均较低,分别占到总数的 17%、9.5%、38.1%和 44.7%,下游区的使用比重均略高于上游区。认为使用节能设备节约开支的农户只占到总数的 16.7%,大部分(60%)的农户认为节约支出在 200 元以内。由于使用对节能设备而获得县乡补贴的农户占到总数的 13.2%,金额集中在 200～500 元,而 34%农户有个人节能支出,金额也集中在 200～500 元,下游区的补贴比重和个人支出情况略好于上游区。在对节能设备的调查中,近 64%的农户认为节能效果很好,上下游区基本类似。

3. 厕所情况

在厕所改造的相关调查中(表 8-13),经过厕所改造的农户占到总数的 50%以上,上游区比例高于下游区。采用污水和自来水冲厕所的农户分别占到总数的 27.4%和 27.7%,下游区污水使用的比重

表 8-12　能源调查

调查项目	类别	全体		上游		下游	
		频数	%	频数	%	频数	%
取暖用能	柴草	47	5.4	34	4.8	13	7.8
	电	587	66.9	518	72.9	69	41.6
	煤气	85	9.7	51	7.2	34	20.5
	煤炭	129	14.7	85	12	44	26.5
	沼气	29	3.3	23	3.2	6	3.6
年用柴量（kg/年）	0	249	28.4	162	22.8	87	52.4
	≤500	106	12.1	89	12.5	17	10.2
	(500,1 000]	166	18.9	144	20.3	22	13.3
	(1 000,2 000]	173	19.7	155	21.8	18	10.8
	>2 000	183	20.9	161	22.6	22	13.3
节能坑	否	728	83	600	84.4	128	77.1
	是	149	17	111	15.6	38	22.9
节能灶	否	794	90.5	645	90.7	149	89.8
	是	83	9.5	66	9.3	17	10.2
节能灯	否	543	61.9	457	64.3	86	51.8
	是	334	38.1	254	35.7	80	48.2
太阳能器	否	485	55.3	404	56.8	81	48.8
	是	392	44.7	307	43.2	85	51.2
节能效果认识	投资大不愿应用	149	17	126	17.7	23	13.9
	不了解不想用	128	14.6	110	15.5	18	10.8
	节能效果很好	559	63.7	451	63.4	108	65.1
	节能效果不明显	41	4.7	24	3.4	17	10.2

调查项目	类别	全体		上游		下游	
		频数	%	频数	%	频数	%
节约支出（元/年）	0	643	73.3	530	74.5	113	68.1
	≤200	139	15.8	113	15.9	26	15.7
	(200,500]	70	8	48	6.8	22	13.3
	(500,1 000]	19	2.2	15	2.1	4	2.4
	(1 000,1 500]	3	0.3	3	0.4	0	0
	>1 500	3	0.3	2	0.3	1	0.6
节能补贴（元/年）	0	761	86.8	619	87.1	142	85.5
	≤200	21	2.4	15	2.1	6	3.6
	(200,500]	67	7.6	49	6.9	18	10.8
	(500,1 000]	26	3	26	3.7	0	0
	(1 000,1 500]	2	0.2	2	0.3	0	0
	>1 500	0	0	0	0	0	0
节能个人支出（元/年）	0	579	66	486	68.4	93	56
	≤200	75	8.6	61	8.6	14	8.4
	(200,500]	133	15.2	106	14.9	27	16.3
	(500,1 000]	56	6.4	36	5.1	20	12
	(1 000,1 500]	11	1.3	8	1.1	3	1.8
	>1 500	23	2.6	14	2	9	5.4

表 8-13　厕所改建

项目	类别	全体 频数	全体 %	上游 频数	上游 %	下游 频数	下游 %
有否改厕	否	435	49.6	341	48	94	56.6
	是	442	50.4	370	52	72	43.4
污水冲厕	否	637	72.6	508	71.4	129	77.7
	是	240	27.4	203	28.6	37	22.3
自来水冲	否	634	72.3	525	73.8	109	65.7
	是	243	27.7	186	26.2	57	34.3
冲厕水量（kg/天）	≤20	447	51	348	49	99	59.7
	(20,50]	253	28.8	213	30	40	24.1
	(50,100]	125	14.3	107	15	18	10.8
	(100,200]	44	5	37	5.2	7	4.2
	>200	8	0.9	6	0.8	2	1.2
厕所粪便处理	无处理	340	38.8	259	36.4	81	48.8
	贮存并还田	417	47.5	356	50.1	61	36.7
	经过沼气发酵还田	58	6.6	50	7	8	4.8
	其他	62	7.1	46	6.5	16	9.6

项目	类别	全体 频数	全体 %	上游 频数	上游 %	下游 频数	下游 %
改厕政府补贴（元）	0	571	65.1	465	65.4	106	63.9
	≤200	58	6.6	53	7.5	5	3
	(200,500]	134	15.3	97	13.6	37	22.3
	(500,1 000]	96	10.9	78	11	18	10.8
	(1 000,1 500]	8	0.9	8	1.1	0	0
	>1 500	10	1.1	10	1.4	0	0
改厕个人投入（元）	0	569	64.9	462	65	107	64.5
	≤200	109	12.4	100	14.1	9	5.4
	(200,500]	87	9.9	70	9.8	17	10.2
	(500,1 000]	76	8.7	58	8.2	18	10.8
	(1 000,1 500]	8	0.9	7	1	1	0.6
	>1 500	28	3.2	14	2	14	8.4
水厕待改	无	714	81.4	573	80.6	141	84.9
	有	163	18.6	138	19.4	25	15.1

高于上游区。大部分(51%)农户的冲厕用水量集中在20 kg/天以下,厕所粪便的处理主要是存储并还田,占到总数的47.5%,使用沼气的农户仅占总数的6.6%。调查农户中有政府投入厕所改造的不到35%,金额集中在200~500元,个人投入的超过35%,金额大多在1 000以下。超过80%的农户认为对冲水厕所比较满意,认为没有改进的必要,下游区农户满意程度要高于上游区。

4. 垃圾情况

在垃圾相关调查中(表8-14),日垃圾量大部分集中在2 kg以下,占到总数的43%以上,上游区和下游区有没有明显差别。在垃圾处理方法调查中,超过85%的农户采用保洁员集中处理的方法,但仍有近8%的农户采取随意扔掉。

表8-14 垃圾处理调查

调查项目	类别	全体		上游		下游	
		频数	%	频数	%	频数	%
日垃圾量(kg/天)	≤2	381	43.4	312	43.9	69	41.6
	(2,5]	260	29.6	205	28.8	55	33.1
	(5,10]	149	17.0	130	18.3	19	11.4
	(10,20]	56	6.4	45	6.3	11	6.6
	>20	31	3.5	19	2.7	12	7.2
处理方法	随意扔掉	67	7.6	51	7.2	16	9.6
	保洁员处理	752	85.7	608	85.5	144	86.7
	其他	58	6.6	52	7.3	6	3.6

5. 畜禽粪便处理情况

在畜禽粪便的相关调查中(表8-15),只有14.7%的农户进行了选择,畜禽粪便量主要集中在200 kg以下,粪便处理主要采用了还田的办法,占到总数的21%,而采用沼气处理的只占到总数的1%。粪便直接抛弃的比重下游区高于上游区。

表 8-15 畜禽粪便调查

调查项目	类别	全体		上游		下游	
		频数	%	频数	%	频数	%
畜禽粪量(kg/年)	0	748	85.3	607	85.4	141	84.9
	≤200	52	5.9	44	6.2	8	4.8
	(200,500]	19	2.2	17	2.4	2	1.2
	(500,1 000]	15	1.7	12	1.7	3	1.8
	(1 000,2 000]	7	0.8	6	0.8	1	0.6
	>2 000	36	4.1	25	3.5	11	6.6
粪便处理	无	664	75.7	536	75.4	128	77.1
	还田	184	21.0	154	21.7	30	18.1
	出售	9	1.0	8	1.1	1	0.6
	抛弃	10	1.1	6	0.8	4	2.4
	沼气还田	9	1.0	6	0.8	3	1.8
	其他	1	0.1	1	0.1	0	0.0

四、农户经济结构调查

1. 农户收入结构

按照各项收入所占的比重将 877 户农户分成 14 类(表 8-16),1~13 类分别代表农户家庭收入来源以种植、养殖、渔业、林业、务工、旅游、兼业、政府补贴、村干收入、保洁、护林、其他为主,第 14 类代表并列几项收入为主。从整个密云水库周边地区来看,以务工为主要收入来源的农户所占的比重最大,占到总数的 21.6%;其次是兼业收入,占到总数的 15.3%。其余收入类型中,以种植业为主要收入来源的农户所占比重较大,达到 12.5%,而以旅游收入为主的农户只占到 3.8%。

表 8-16 各个收入类型所占比重

项目	分类													
	种植	养殖	渔业	林业	务工	旅游	兼业	补贴	村干	保洁	护林	环保	其他	并列
不老屯镇	15.4	1.9	0.0	0.0	28.8	0.0	14.4	1.9	8.7	1.0	1.9	3.8	7.7	14.4
穆家峪镇	20.0	10.0	0.0	10.0	20.0	0.0	0.0	0.0	10.0	0.0	0.0	0.0	10.0	20.0
新城子镇	19.1	2.1	0.0	0.0	14.9	6.4	21.3	2.1	6.4	0.0	0.0	0.0	2.1	25.5
高岭镇	20.2	5.0	0.0	0.8	24.4	0.0	14.3	6.7	8.4	0.0	2.5	1.7	1.7	14.3
冯家峪镇	6.5	0.0	1.6	1.6	17.7	1.6	8.1	3.2	14.5	0.0	12.9	1.6	3.2	27.4

续表 8-16

项目	分类													
	种植	养殖	渔业	林业	务工	旅游	兼业	补贴	村干	保洁	护林	环保	其他	并列
檀营乡	16.7	0.0	0.0	0.0	16.7	0.0	50.0	0.0	16.7	0.0	0.0	0.0	0.0	0.0
十里堡镇	0.0	0.0	0.0	0.0	27.8	0.0	38.9	0.0	5.6	0.0	0.0	0.0	11.1	16.7
东邵渠镇	53.8	7.7	0.0	0.0	0.0	0.0	23.1	0.0	7.7	7.7	0.0	0.0	0.0	0.0
大城子镇	14.3	2.0	0.0	2.0	14.3	0.0	12.2	8.2	10.2	2.0	6.1	6.1	0.0	22.4
溪翁庄镇	6.1	6.1	0.0	0.0	15.2	15.2	18.2	6.1	9.1	0.0	0.0	0.0	3.0	21.2
太师屯镇	18.3	4.9	0.0	2.4	18.3	0.0	13.4	6.1	13.4	0.0	1.2	1.2	0.0	20.7
巨各庄镇	4.0	0.0	0.0	4.0	28.0	0.0	32.0	0.0	4.0	8.0	0.0	0.0	0.0	20.0
河南寨镇	11.1	0.0	0.0	0.0	11.1	0.0	11.1	0.0	11.1	0.0	11.1	0.0	0.0	44.4
密云镇	8.3	41.7	0.0	0.0	0.0	0.0	0.0	8.3	8.3	0.0	0.0	0.0	25.0	8.3
石城镇	3.4	2.3	0.0	5.7	19.3	20.5	13.6	8.0	8.0	0.0	8.0	1.1	1.1	9.1
北庄镇	10.9	1.6	0.0	6.3	28.1	0.0	7.8	6.3	17.2	1.6	0.0	0.0	1.6	18.8
古北口镇	6.6	3.9	0.0	1.3	21.1	6.6	17.1	9.2	2.6	1.3	1.3	1.3	1.3	26.3
西田各庄镇	0.0	0.0	0.0	0.0	45.5	0.0	27.3	9.1	4.5	0.0	0.0	0.0	0.0	13.6

按照不同类型农户所占各个乡镇调查农户的比重可以表示出 18 个乡镇的不同收入类型农户结构情况，依据不同类型农户结构所占的比重将各个乡镇划分为不同的收入类型。以种植业为主的乡镇有东邵渠镇和高岭镇，占到各自总数的 58.3％和 20.2％；以养殖业为主的为密云镇，占到其总数的 41.7％；以务工为主的为不老屯镇、高岭镇、北庄镇、古北口镇和西田各庄镇，分别占到各自总数的 28.8％、24.4％、28.1％、21.1％和 45.5％；以兼业为主的有新城子镇、檀营乡、十里堡镇、巨各庄镇，分别占到各自总数的 21.3％、50％、38.9％和 32％；以旅游为主的有石城镇，占到其总数的 20.5％。

分析四种重要收入为主的农户分布情况（图 8-2），以务工收入为主的农户所占比重较高的是西田各庄镇、不老屯镇和北庄镇，较低的为穆家峪镇、密云镇、河南寨镇和东邵渠镇。兼业收入为主的农户比重较高的乡镇为檀营乡、十里堡镇和巨各庄镇这三个乡镇均分布在县城周边，较低的为冯家峪镇、穆家峪镇、密云镇，北庄镇比重最低。种植业仍然是密云农户收入的重要组成部分，以种植为主要收入的农户比重较高的为高岭镇、新城子镇和东邵渠镇，比较低的为石城镇、西各庄镇、十里堡镇和穆家峪镇。旅游业是密云县发展的优势产业，以旅游收入为主的农户所占比重较高的为石城镇和溪翁庄镇，其余乡镇所占比重均较低。从区域分布来看，水库上游区以务工、旅游和种植为主的农户比重高于下游区，而以兼业收入为主的农户比重低于下游区。

2. 农户支出结构

按照各项收入所占的比重将877户农户分成9类，1～8类分别代表农户家庭消费以食物、水电、教育、医疗、交通、雇工、饲料、其他为主，第9类代表并列几项支出为主。从整个密云水库周边地区来看，以食物为主要支出的农户所占的比重最大，占到总数的25.2%；接下来是教育支出和医疗支出，分别占到总数的19.3%和12.1%。

按照不同类型农户所占各个乡镇调查农户的比重可以表示出18个乡镇的不同消费类型农户结构情况（表8-17），依据不同类型农户结构所占的比重将各个乡镇划分为不同的消费类型。大部分的乡镇以食物、教育、医疗消费为主的农户所占比重较大，檀营乡交通消费为主农户比重较大，占到总数的33.3%，而密云镇以饲料支出为主的农户比重较大，占到总数的23.1%。并列几项消费为主的农户所占比重较高的为十里堡镇、大城子镇、新城子镇、溪翁庄镇、檀营乡和石城镇，分别占到各自总数的46.2%、38.8%、34.7%、34.3%、33.3%和30.7%。

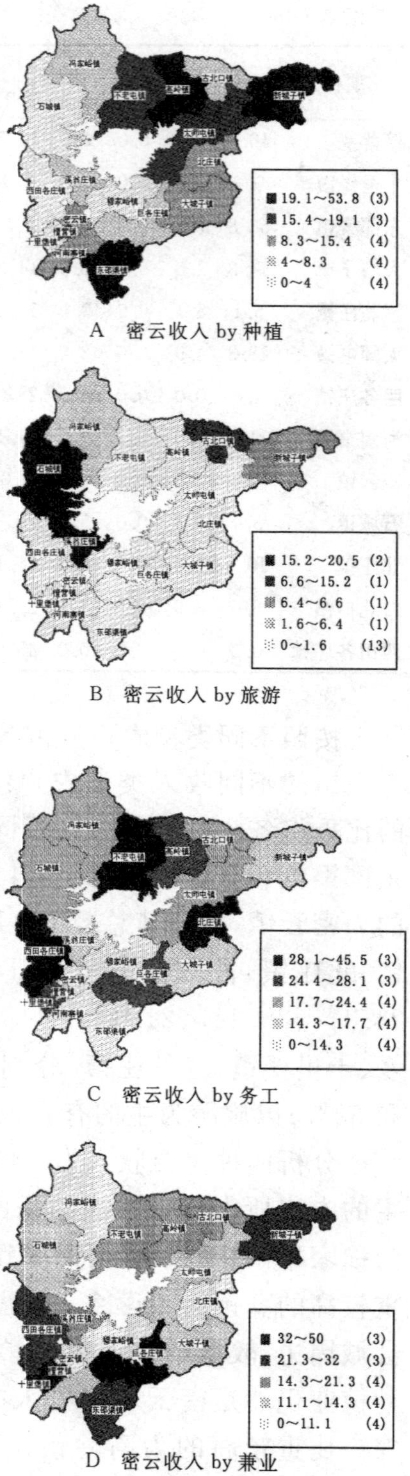

A 密云收入 by 种植

B 密云收入 by 旅游

C 密云收入 by 务工

D 密云收入 by 兼业

图 8-2 主要收入类型分布情况

表 8-17 各个支出类型所占比重

项目	分类								
	食物	水电	教育	医疗	交通	雇工	饲料	其他	并列
不老屯镇	24.5	0.9	24.5	9.4	13.2	0.0	0.9	1.9	24.5
穆家峪镇	36.4	0.0	9.1	9.1	9.1	9.1	9.1	9.1	9.1
新城子镇	22.4	0.0	10.2	16.3	4.1	4.1	4.1	4.1	34.7
高岭镇	30.6	2.4	25.0	6.5	6.5	0.8	1.6	3.2	23.4
冯家峪镇	14.5	0.0	19.4	16.1	6.5	1.6	3.2	6.5	32.3
檀营乡	0.0	0.0	16.7	16.7	33.3	0.0	0.0	0.0	33.3
十里堡镇	26.9	0.0	0.0	3.8	15.4	7.7	0.0	0.0	46.2
东邵渠镇	57.1	0.0	0.0	21.4	0.0	0.0	7.1	7.1	7.1
大城子镇	16.3	0.0	20.4	10.2	8.2	0.0	4.1	2.0	38.8
溪翁庄镇	25.7	0.0	14.3	8.6	2.9	8.6	5.7	0.0	34.3
太师屯镇	23.3	2.3	29.1	10.5	9.3	2.3	3.5	3.5	16.3
巨各庄镇	14.8	0.0	25.9	22.2	11.1	0.0	0.0	0.0	25.9
河南寨镇	20.0	0.0	30.0	10.0	20.0	0.0	0.0	0.0	20.0
密云镇	15.4	0.0	15.4	30.8	7.7	7.7	23.1	0.0	0.0
石城镇	30.7	1.1	19.3	10.2	4.5	0.0	0.0	3.4	30.7
北庄镇	42.0	2.9	10.1	11.6	1.4	0.0	0.0	2.9	29.0
古北口镇	15.6	0.0	19.5	18.2	6.5	6.5	2.6	3.9	27.3
西田各庄镇	20.8	8.3	8.3	20.8	12.5	8.3	0.0	4.2	16.7

分析四种重要消费为主的农户分布情况(图 8-3),以食物消费为主的农户所占比重,石城镇、北庄镇和东邵渠镇最高,冯家峪镇、穆家峪镇、巨各庄镇和檀营乡比重最低。教育投入为主的农户所占比重,太师屯、巨各庄镇和河南寨镇所占比重较高,西田各庄镇、穆家峪镇、十里堡镇和东邵渠镇所占比重较低。医疗方面,巨各庄镇、密云镇和东邵渠镇所占比重最高,高岭镇、溪翁庄镇、穆家峪镇和十里堡镇比重最低。饲料消费为主的农户,主要分布在水库东面乡镇和冯家峪

镇、溪翁庄镇和东邵渠镇等7个乡镇。整体来看水库上游区在食物、教育和医疗为主的农户比重高于水库下游区，水库下游区消费并列为主的比重更大。

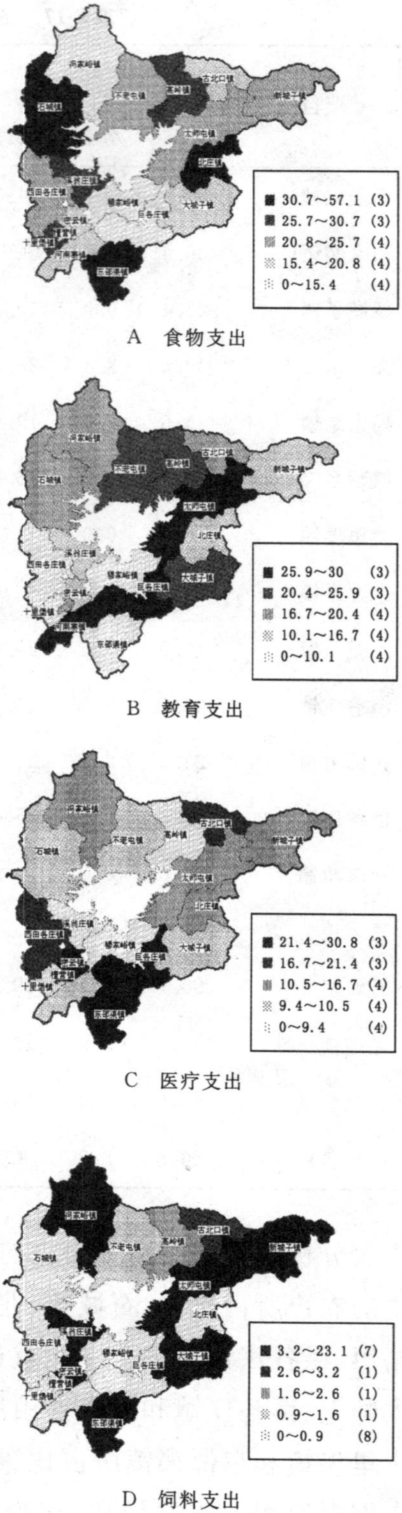

图 8-3 主要消费类型分布情况

五、农户收支情况分析

1. 农户收入分析

将877户农户的收入数据分析，得到各项收入的权重结果(表8-18)。收入项目中林业收入、政府补贴和旅游收入权重较高，务工收入、其他收入和保洁收入权重较低。借鉴经济学四象限分析法，以各项收入的平均值为横坐标轴，以各项收入的权重作纵坐标轴绘制象限图，定性的分析各项收入对农户收入的意义。

旅游收入属于高度关注区(图8-4)，平均值高并且权重较高，是收入的优势部分；林业收入、政府补贴、村干收入、养殖收入和种植收入属于优先改进区，平均值低但权重较高，是提高农户收入的潜力部分；护林收入、渔业收入、务工收入、其他收入和保洁收入属于无关紧要区，平均值低并且权重低，对提高农户收入影响较小；兼业收入属于维持优势区，平均值高但权重较低，是农户收入的重要组成部分但提高潜力较小。

表 8-18　各项收入权重

项目	种植收入	养殖收入	渔业收入	林业收入	务工收入	旅游收入	兼业收入	政府补贴	村干收入	保洁收入	护林收入	其他环保	其他收入
平均值(元)	2 431	11 169	6 900	3 050	11 646	52 074	33 924	1 322	8 883	3 412	3 401	603	10 004
权重	0.080	0.099	0.034	0.195	−0.011	0.177	0.024	0.187	0.098	−0.079	0.041	0.040	−0.043

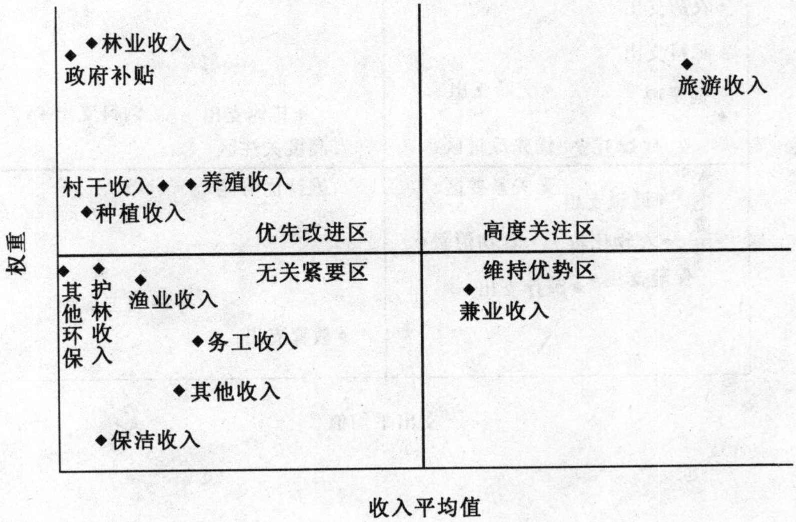

图 8-4　农户收入象限图

2. 农户支出分析

将 877 户农户的收入数据分析，得到各项支出的权重结果(表 8-19)。支出项目中农药支出、肥料支出和交通支出权重较高，教育支出、雇工支出和医疗支出权重较低。借鉴经济学四象限分析法，以各项支出的平均值为横坐标轴，以各项支出的权重作纵坐标轴绘制象限图，定性的分析各项支出对农户支出的意义。

表 8-19　各项支出权重

项目	食物消费	衣物化妆	水电费用	气煤开支	教育支出	医疗支出	交通支出	雇工雇物	肥料支出	农药支出	饲料支出	其他资料	保险支出	通讯支出	其他支出
平均值(元)	4 472	1 135	880	1 475	5 527	2 343	2 739	8 054	341	355	9 570	367	2 116	1 222	6 068
权重	0.080	0.079	0.118	0.144	0.025	0.053	0.167	0.046	0.186	0.213	0.154	0.150	0.059	0.103	0.153

饲料支出和其他支出属于高度关注区(图 8-5)，平均值高并且权重较高，对提高农户支出的影响最大；农药支出、肥料支出、交通支出、其他资料和气煤开支属于优先改进区，平均值低但权重较高，是

容易提高农户支出的部分；水电费用、通讯支出、衣物化妆、食物消费、保险支出和医疗支出属于无关紧要区，平均值低且权重低，对农户支出的影响较小；雇工雇物和教育支出属于维持优势区，平均值高但权重较低，是农户开支的重要组成部分，但对提高农户支出影响较小。

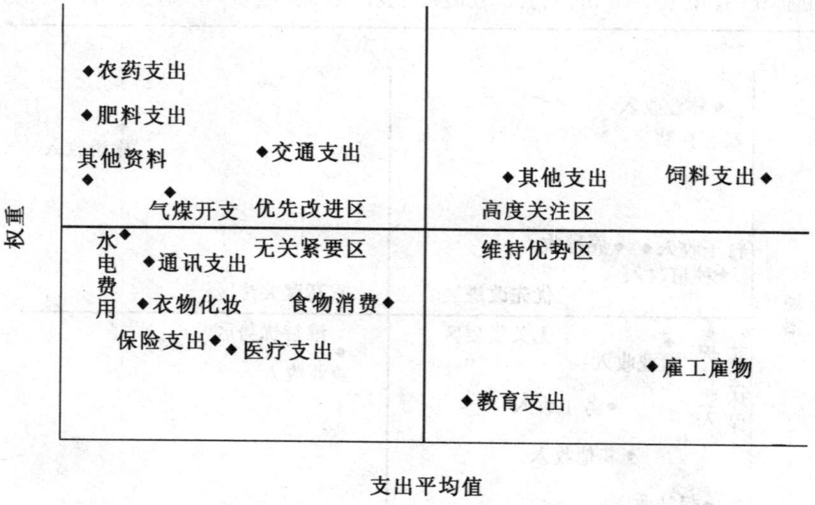

图 8-5 农户支出象限图

第三节 主要调查结论

1. 生态补偿的区域特点

研究各个类型空间分布的基本情况，在进行水库周边地区生态补偿，能够针对不同区域农户的特点制定相应的发展规划，突出各自侧重点，进行合理的补偿。整体上看，上游区农户观念趋于传统，有较为丰富的旅游资源，下游区具有距离市区较近的区位优势，个体经营意识较强，在结构调整和产业转型方面水库上游区更有潜力。

(1)收入来源方面

在种植、旅游和务工方面，水库上游区总体上要好于下游区，主要是由于上游区旅游资源更为丰富，旅游开发潜力大，而个人经营的意识比较薄弱，因此外出打工比重比较大。兼业为主的农户所占比重低于下游区，反映出上游地区农户观念较为传统，而下游农户更具有经营理念。

(2)家庭支出方面

从区域分布来看，水库上游区以食物、教育、医疗消费为主的农户所占比重高于水库下游区，而下游区农户消费更趋向多元化，较上游更为合理。

(3)生态保护意识

下游区农户生态环境意识的认识水平总体上好于上游区，同时考虑到上游区的特殊地理位置，环保知识宣传的侧重点应是上游区。

(4)生活环境保护

水库下游区在节能应用方面总体上要好于上游区，而在厕所改建和废弃物处理方面上游区总体上要好于下游区，在推行清洁能源和垃圾无害化处理方面各有侧重。

(5)生态补偿期望

水库上游区的农户现金和生活资料补偿意愿要强于下游区农户，而提供优惠贷款的愿望弱于下游区；对村官、培训、工资的期望方面上游区均强于下游区，而在机会成本相关的调查中弱于下游区，总体上反映出上游区农户观念较为传统，下游区农户经营理念、机会成本意识较强，可能主要是由于距市区远近的差异导致。

2. 农户生产的生态保护

调查中发现农户生态环境意识总体上仍然比较薄弱，有待进一步的加强生态环保的宣传力度。本调查发现水库周边地区农户信息来源主要是报纸杂志、收音机和亲戚朋友谈话，互联网和农技推广人员的比重很低。因此，在普及环保知识时，应当依照当地农户的习惯，多采用报纸等方式，同时需要强化培训教育，借助互联网等现代传媒方式，更为有效的提高农户的环保意识。

调查发现农民普遍认为农业生产资料和农户生活垃圾是密云水资源主要的潜在污染源，因此农业清洁生产和改善农村生活方式对密云水库水源保护有重要的影响。实际却发现，农业生产中化肥和农药是影响生态环境的主要因素，因此应当进一步提倡清洁生产，合理施用化肥，减少高残留、难降解农药的使用。

3. 农户生活的生态保护

水库周边地区主要使用的能源为电能，但在水库下游区煤气和煤炭的使用占到较大比重，有必要进一步提倡使用清洁能源。节能设备使用率整体较低，政府对使用节能设备的农户补贴覆盖范围很小，交互调查发现，虽然大部分农户对节能效果持肯定态度，但节能设备前期投入较大，由于节能而带来的经济效益还不能得到大部分农户的肯定。

调查发现水库周边地区过半的农户厕所已经改造，但厕所粪便的处理手段主要是还田，沼气的使用率还非常低。厕所改造中有政府投资的农户比重仅1/3，有待进一步提高。绝大部分农户在垃圾处理过程中的环保意识较好，集中处理的方式被广泛采用，但仍有少数农户存在着随意乱扔，需要进一步规范。畜禽粪便的处理方式主要是还田，利用沼气发酵处理的仍然很少，有待进一步改进和推广沼气技术。

生态环境的治理是长期工程，需要农户长期广泛的参与，采用包括经济、技术、政策、法律法规等多途径的综合手段，不断提高广大农户的环境保护意识，从农户的实际利益出发，通过合理的政策来调动农户的积极性，从严格控制生活垃圾处理，提倡电能的使用，强化节能环保设备的前期投入，改进和推广使用沼气技术等方面入手，发展生态循环经济，实现水库周边地区生态环境建设和农村人居环境的改善。

4. 农户经济构成

密云县的农户经济结构正在进行变革，原先种植业一直是农业收入的重要组成部分，近几年随着农业结构的调整以及二、三产业的发展，畜牧业和旅游、服务业等收入已经成为农户的重要的收入来源。但从整体来看，二、三产业发展仍处于起步阶段，规模较小，服务种类较为单一，有很大的提升空间。

水库区农户以务工和兼业为主要收入来源的农户所占的比重较大，表明农户已经具备了一定的非农经营意识，但是以种植业为主要收入来源的农户所占比重仍然很大，而以旅游等收入为主的农户很低，反映出大量的农户仍然没有转向附加值更高的畜牧产业和二、三产业的经营。在提升水库周边地区农户收入方面，旅游收入是最重要的内容，而林业收入、政府补贴、村干收入、养殖收入和种植收入也是增加农户收入的关键。

我国农村居民消费主要集中在食品、居住和娱乐文教等方面，对交通通讯、医疗保健类消费存在较大的潜在需求。研究发现在农户支出方面，大量的农户仍然是主要满足食物的消费，教育和医疗消费占到农户支出的相当大的比重，表明农户的整体收入水平仍然较低，消费主要集中在必须的生活开支上。对食物价格的调控和教育、医疗体制的规范也是改善农户家庭经济的重要内容。在控制农户支出方面，饲料支出对农户的影响最大，因此饲料价格的稳定对密云水库周边农户经济有重要影响，而农药支出、肥料支出、交通支出、其他资料也是农户开支的重要组成部分。

5. 农业产业转型方向

关于农村生态环境建设有大量的研究报道。虽然在保水和生态支付方面农户支持率较高，但大部分农户不愿意因为保水而移民，因此维护水库周边生态环境的关键在于寻找切入点来协调发展生态保护与经济利益的矛盾。密云水库生态环境的建设需要结合当前新农村建设的要求和密云县的实际情况，针对水库周边地区不同的区域特点制定相应的措施，采用包括经济、技术、政策、法律法规等多途径的综合手段，综合提升农户的生态环境意识，同时强调农业生产与城市发展以及人和自然环境等方面的和谐，依托优美的生态环境，开发具备休闲娱乐、旅游观光、文化教育等功能的城郊都市农业。

附录 1

“密云库区生态价值与生态补偿机制和政策”研究

乡镇情况调查表

乡镇名称：　　　　　　　　介绍情况的镇领导姓名：　　　　　　　　职务：

行政村个数： 水库一级圈涉及的村个数：		总人口： 非农业人口： 农业人口：		农民年人均纯收入	
自然村个数					
统计耕地面积		林地： 国有的： 集体的：		果树用地：	
实际耕地面积					
乡镇一产产值		二产产值		三产产值	
乡镇主导产业及发展规划					
村举例	估计人均纯收入	主导产业		富裕或贫困的主要原因	
最富 2 个村					
最穷 2 个村					
上级财政补贴资金及构成	如村运转经费资金、生态林补偿管护、保洁费用、生态村奖励资金等				
乡镇自筹保护水源、生态建设的相关投入及其来源					
本乡镇因“保水”而丧失的重要发展机会			如没有保水限制，本镇农民人均纯收入将达多少？		

填表人签字：__________　　　　　　　　日期：__________

—1—

附录 2

“密云库区生态价值与生态补偿机制和政策”研究

村情况调查表

______________乡镇______________村　共调查__________户

介绍情况的村干部姓名：______________职务：______________

距　离	您村离主河道或水库哪个更近，最近距离是：__________				
本村是否有生活在水库一级圈内的人口				若有有多少	
户籍人口		常住人口		人均纯收入	
耕地面积		果园面积		林地面积	
一产产值		二产产值		三产产值	
主导产业及村产业发展思路					
押宝地	面积		种植何种作物		
	管理水平	如肥料、亩产、收入等			
	管理办法（无序或有序）				
民俗旅游情况	有多少民俗旅游户？				
	提供何种服务？即消费结构				
	年接待游客数量		游客人均消费（元）		
	下一步发展规划				
护林员	村看管山林总面积				
	上岗人员		平均月工资		
	机制完善建议				
保洁员	村保洁员人数		平均月工资		
	保洁县、乡、村配套资金				
	机制完善建议				

—2—

村生态建设	改厕-县、乡、村补贴及个人支出	
	改水-县、乡、村补贴及个人支出	
	修路-县、乡、村补贴	
	沼气-县、乡、村补贴及个人支出	
	污水处理-县、乡、村补贴及个人支出	
	节能设备-县、乡、村补贴及个人支出	
	其他建设项目及补贴情况	
村每年的最低生活保障、军属、烈属等	补贴户个数,全村每年的补贴折现金数量	
机会成本分析	列举本村因为保水而丧失的发展机遇	
	假如没有保水发展限制,您村会如何发展?	
	没有限制,村人均纯收入会达到多少?	

填表人签字:____________　　　　日期:____________

附录 3

"密云库区生态价值与生态补偿机制和政策"研究

农户调查问卷

<table>
<tr><th colspan="7">被调查户基本情况</th></tr>
<tr><td rowspan="2">被询问人</td><td colspan="3">姓名：</td><td colspan="3">性别：</td></tr>
<tr><td colspan="3">年龄：</td><td colspan="3">文化程度：</td></tr>
<tr><td>家庭人口(不包括成家孩子)</td><td colspan="2">孩子(18 岁以下)____人</td><td colspan="2">劳动力(18～60 岁)____人</td><td colspan="2">老人(60 岁以上)____人</td></tr>
<tr><td>户籍</td><td colspan="3">□ 农业户口</td><td colspan="3">□ 非农业户口</td></tr>
<tr><td rowspan="2">收入来源</td><td colspan="6">家庭收入主要来源：
□ 种植业　□ 畜禽养殖
□ 外出务工收入　□ 出租车、运输
□ 小卖部等农村服务业　□ 民俗旅游
□ 其他________________</td></tr>
<tr><td colspan="6">非农业户口 家庭每年工资、福利等的总收入：____________元</td></tr>
<tr><th colspan="7">家庭收入情况调查(2005 年)</th></tr>
<tr><td rowspan="5">种植情况</td><td colspan="2">耕地______亩</td><td colspan="2">果园______亩</td><td colspan="2">其他耕地______亩</td></tr>
<tr><td>种类(列举)</td><td>粮食作物</td><td>蔬菜</td><td>经济作物</td><td>果品</td><td>其他</td></tr>
<tr><td>面积(亩)</td><td></td><td></td><td></td><td></td><td></td></tr>
<tr><td>亩产(斤)</td><td></td><td></td><td></td><td></td><td></td></tr>
<tr><td>销售收入(元)</td><td></td><td></td><td></td><td></td><td></td></tr>
<tr><td rowspan="4">养殖情况</td><td>种类</td><td>奶牛</td><td>鸡</td><td>鸭子</td><td>羊</td><td>其他</td></tr>
<tr><td>散/圈养</td><td></td><td></td><td></td><td></td><td></td></tr>
<tr><td>数量(只)</td><td></td><td></td><td></td><td></td><td></td></tr>
<tr><td>销售收入(元)</td><td></td><td></td><td></td><td></td><td></td></tr>
</table>

注：带□的选项，有则打√，无则划×；其余填写数字或文字。
询问数字不要用变化幅度(如 7 000～8 000 元)，要尽量精确。

—4—

<table>
<tr><td rowspan="2">渔业</td><td>□ 从事渔业养殖</td><td>□本村
□异地(何处？______)</td><td>年收入 ________元</td></tr>
<tr><td>□ 从事渔业捕捞</td><td colspan="2">年收入____________________元</td></tr>
<tr><td>林业</td><td>□ 从事林业经营</td><td colspan="2">年收入________________元</td></tr>
<tr><td rowspan="3">外出务工收入</td><td>家庭年外出________ 人</td><td colspan="2">每年外出__________________月</td></tr>
<tr><td>何种工作：</td><td colspan="2">地点：</td></tr>
<tr><td colspan="3">家庭务工年总收入：□3 000 元以下 □3 000～5 000 元
□5 000～8 000 元 □8 000～10 000 元
□10 000～15 000 元 □15 000～20 000 元
□20 000 元以上 具体数字：____________</td></tr>
<tr><td rowspan="3">民俗旅游业</td><td rowspan="2">□ 从事民俗旅游业</td><td colspan="2">年接待游客______________人</td></tr>
<tr><td colspan="2">每个游客平均消费能力____________元</td></tr>
<tr><td colspan="3">提供服务范围： □ 吃、住
□ 游玩
□ 提供商品购买服务
□ 其他________________________</td></tr>
<tr><td rowspan="2">其他 兼业收入(不包括民俗旅游)</td><td colspan="3">是否经营：□ 家庭餐馆； □ 小卖部； □ 卖生产资料；
□ 图书音像； □ 小企业 □ 家庭手工业；
□ 运输/出租； □ 其他____________</td></tr>
<tr><td colspan="3">兼业年收入：□5 000 元以下 □5 000～10 000 元
□10 000～15 000 元 □15 000～20 000 元
□20 000～25 000 元 □25 000～30 000 元
□30 000～50 000 元 □5 万～10 万元
□10 万元以上 具体数字：______________</td></tr>
<tr><td rowspan="2">政府补贴</td><td colspan="3">是否享受：□最低生活保障 □军属 □烈属 □五保户等政府待遇</td></tr>
<tr><td colspan="3">政府补贴折现金 每年：______________________________元</td></tr>
<tr><td>村干部</td><td>□ 是否村干部</td><td colspan="2">年工资收入__________元</td></tr>
</table>

—5—

环保建设收入	村政建设务工收入＿＿＿＿＿元，建设项目：＿＿＿＿＿		
	□ 保洁员		保洁年收入＿＿＿＿＿元
	□ 护林员	看管面积＿＿＿亩	护林员年收入＿＿＿＿＿元
	退耕还林补贴折现金每年＿＿＿元		水库周边粮食差价补偿款年＿＿＿元
其他收入	如养老保险收入： 其他：		
家庭年总收入	元		

家庭支出情况调查		
生活支出	食物消费支出 ＿＿＿＿＿元/年	服装、化妆品等＿＿＿＿＿元/年
水、电费	水费＿＿＿＿＿元/年	电费＿＿＿＿＿元/年
教育支出	孩子上学：＿＿＿＿＿元/年	其他成员教育培训＿＿＿＿元/年
医疗支出	医疗保险费支出＿＿＿＿元/年	医疗费（扣除医疗保险报销款） ＿＿＿＿＿元/年
交通、运输	乘车费＿＿＿＿元/年	机动车用柴油或汽油费 ＿＿＿＿＿元/年
	机动车维修费用＿＿＿＿＿＿＿＿＿元/年	
房屋建设及家庭装修	＿＿＿＿＿＿＿＿＿＿＿＿＿＿元	
雇工、雇佣机械支出	雇工＿＿＿＿＿元/年	雇佣机械＿＿＿＿＿元/年
煤炭、天然气	煤炭＿＿＿＿＿元/年	天然气、煤气等＿＿＿＿元/年

—6—

<table>
<tr><td rowspan="3">生产资料支出</td><td colspan="2">种子、种苗________元/年</td><td>购买畜禽品种________元/年</td></tr>
<tr><td colspan="2">氮磷钾化肥________元/年
化肥数量________袋</td><td>购买有机肥________元/年</td></tr>
<tr><td colspan="2">饲料________元/年</td><td>农药、兽药等________元/年</td></tr>
<tr><td>保险费支出</td><td colspan="2">养老保险费支出________元/年</td><td>其他保险费支出________元/年</td></tr>
<tr><td>通讯费支出</td><td colspan="2">固定电话________元/年</td><td>手机费用________元/年</td></tr>
<tr><td>娱乐、旅游等</td><td colspan="3">________元/年</td></tr>
<tr><td>其他支出</td><td colspan="3">如儿女婚事纯花费：
其他：</td></tr>
<tr><td>家庭年总支出</td><td colspan="3">________元</td></tr>
<tr><td colspan="4">生态补偿意愿分析</td></tr>
<tr><td rowspan="3">沼气利用</td><td>☐ 是否有沼气池？</td><td>☐ 是否正常产气</td><td>沼气池容积______ m^3</td></tr>
<tr><td colspan="2">建造费用县乡村补贴________元</td><td>个人支出________元</td></tr>
<tr><td colspan="3">您对沼气有何认识：
☐ 一次性投资太大，不愿应用
☐ 发酵原料不足，产气少
☐ 目前的沼气池已老化，不想再建新沼气池
☐ 沼气利用技术不熟悉，技术服务跟不上
☐ 沼气利于环境保护和身体健康
☐ 沼气能增收节支，应扩大应用
☐ 其他________</td></tr>
<tr><td rowspan="2">畜禽粪便处理</td><td colspan="3">家庭养殖年产生________kg 畜禽粪便？</td></tr>
<tr><td colspan="3">畜禽粪便如何处理？
☐ 堆积后集中还田　☐ 堆积后集中出售　☐ 抛弃不处理，不利用
☐ 进入沼气池发酵，再还田　☐其他________</td></tr>
</table>

—7—

旱厕改水厕	□ 是否有经过改造的厕所	□ 用污水冲厕所?	□ 用自来水冲厕所?
	每天用水: □ 30 kg □60 kg □90 kg □120 kg □ 150 kg □其他________ kg		
	冲下去的粪肥如何处理? □ 贮存并还田 □ 经过沼气发酵还田 □ 其他________		
	改厕政府补贴______元	改厕自己投入______元	
	您觉得水厕有哪些有待改进的地方?		
生活垃圾处理	家庭每天大约产生________kg 生活垃圾		
	如何处理生活垃圾? □ 随意扔掉 □ 保洁员集中处理 □ 其他______		
水	饮用水来自何处?	水质如何?	
	每天家庭大约用________kg 水?		
	生活污水如何处理?		
	本村周围是否有污染水源的污染源(垃圾源,企业等)?		
能源	取暖、做饭主要用:柴草?电?煤气?煤炭?沼气?其他______	每年用柴草______(重量)	
	□ 应用节能炕	□ 应用节能灶	
	□ 太阳能热水器	□ 节能灯	
	您还应用了哪些节能设备?	每年节约支出______元	
	节能设备县乡村补贴:______元	个人支出:______元	
	您对节能设备的认识: □ 一次性投资太大,不愿应用 □ 不了解,不想应用 □ 节能效果很好 □ 节能效果不明显 □ 其他________		

环保活动	您做过哪些保护水资源的事情？ □ 不使用化肥，也不使用有机肥 □ 不使用化肥，但是使用有机肥 □ 不使用剧毒农药 □ 对畜禽粪便进行无害处理 □ 对生活垃圾进行无害处理 □ 其他________
	保水、保护环境对您的收入有什么影响？ □ 促进身体健康 □ 没有影响 □ 负面影响不大 □ 负面影响很大 □ 促进了收入的增加，但幅度不大 □ 大大增加了家庭收入
生态补偿意愿分析	假如国家或一些组织要对您因环境保护造成的损失进行补偿，您认为每月每人补偿多少比较合适？ □ 50 元 □ 50～100 元 □ 100～150 元 □ 150～200 元 □ 200～250 元 □ 250～300 元 □ 300～350 元 □ 350～400 元 □ 400～450 元 □ 450～500 元 □ 500～550 元 □ 600～650 元 □ 或者您认为______元比较合适
	生态补偿资金方式：□ 现金补偿方式 □ 非现金补偿方式
	假定补偿资金采用非现金方式补偿，您认为哪几种比较适合您？ □ 政府免费进行村镇规划、道路建设等基础设施建设 □ 给予土地补偿 □ 安排就业 □ 安排搬迁 □ 供给生产资料和工具 □ 供给生活所需要的食品、物品 □ 政府给予优惠的发展政策 □ 给予优惠贷款 □ 其他方式：________
	假如政府补偿采用就业方式，您想从事何种工作？
生态支付意愿分析	政府为了保护环境，而对生活垃圾、生活污水、畜禽粪便等进行无害化处理，假设需要每月每户收取一定的运行费用，您认为多少能够接受？ □ 5 元 □ 10 元 □ 15 元 □ 20 元 □ 25 元 □ 30 元 □ 35 元 □ 40 元 □ 45 元 □ 或者您认为________元比较合适。

—9—

您获取科技信息、市场信息的途径	□ 电视 □ 报纸、杂志、书籍 □ 收音机 □ 亲戚朋友、邻居的谈话 □ 集市 □ 公司宣传 □ 自己摸索、创造 □ 村致富能人 □ 互联网 □ 电话 □ 政府、农业技术服务人员 □ 外出参观 □ 孩子 □ 其他________
您对政府保护环境的政策了解程度	□ 不了解 □ 知道一些 □ 比较熟悉 □ 很熟悉，能预测政策的发展方向
机会发展成本分析	在提高家庭收入方面，您做过哪些尝试？
	假如没有保水、保护环境等政策的限制，您认为现在您的家庭收入能达到多少？
	假如没有政策限制，您会在哪方面进行发展？
关心问题调查	您认为村里或周围当前最大的环境问题是什么？

填表人签字：________　　　　日期：________

—10—

第九章

密云县生态资本运营战略与生态县建设

在作者参与倡导的盘活生态资本概念启发下，密云县在县委十届三次全会和县十三届人大二次会议上做出了“举全县之力、集全民之智，创建国家生态县”的战略决策。以发展生态经济为核心，改善生态环境，建设生态人居，培育生态文化，构建和谐社会，打造“生态密云、休闲之都”品牌，促进全县生态环境和经济社会全面、协调、可持续发展，切实提高人民群众的生活水平，紧跟首都率先基本实现现代化的步伐，建设全面高水平的小康社会。正如密云县长王孝东在第 42 次县长办公会所讲：“‘十五’期间，密云最重要的历史转变是全县上下由被动保水转变为主动保水。水库对密云人民是刻骨铭心的，曾让我们感受过切肤之痛。是金碗，但只能拿着要饭。现在我们要用青山绿水擦亮金碗，不为要饭，是要发展，要科学发展，要建设生态密云、打造休闲之都。最终是要‘环境优美、衣食无忧、精神充实’的幸福生活。要实现从被动保水到主动保水的思维方式转变，从牺牲环境换发展到保护环境促发展的生产方式转变，从污染环境到享受环境的生活方式转变”。

第一节　生态资本运营战略目标与布局

密云的自然条件和生态涵养发展区的功能定位决定了密云的中长期发展战略就是如何“运营生态资本、发挥后发优势”的战略。

一、产业目标和整体功能目标

以生态资本运营理论为指导，以绿山、净水、富民、强县为目标，以休闲经济为产业发展的特色和导向，紧抓生态特色产品和产业，施行“农业拓展、工业支撑、旅游带动”的经济发展战略，在各个行业领域努力实现生态资本向货币的转化，并以此作为其他产业发展和产业升级的原动力，力争一产做优、二产做强、三产做大，构建出以生态农业、生态工业、生态型建筑和房地产业及休闲旅游业为四大支柱的密云县生态经济体系。主要产业发展方向和目标为：农业是密云社会稳定的产业基础，需要稳定发展、拓展功能，目标是建立都市型现代农业体系，重点在于品质提高；工业是密云经济发展的产业支撑，需要强势发展、优化结构，目标是增加总量、优化结构，建设生态型工业和建筑业体系，重点在于增强实力；旅游是密云经济发展的产业结点，需要整体发展、创出品牌，目标是以休闲经济为产业发展的特色和导向，建设休闲之都，密云重点在于扩大规模和提高品位。凭借这些产业，把密云县打造成京津环渤海地区的重要农、工和休闲产业区域，具体目标有以下四项。

1. 京津山岳型休闲度假基地

由于北部山区的屏障作用和密云水库的湿度调节作用，使县城具有冬暖夏凉，空气湿润的气候特征。密云的广大山区具有丰富的自然景观和人文景观。从2002年开始，密云县投入大量资金对历史人文景观、遗址、遗存进行修复、保护和开发。密云县城建设日新月异，成为北京一道新的亮丽的风景线。

2. 绿色农副产品供应基地

密云农业结构调整形成了绿色养殖、特色果品、无公害蔬菜等主导产业。随着居民生活消费水平的提高，首都市场对农副产品需求量扩大，对品种、档次、质量等要求不断提高。密云可以为北京城区提供大量蛋、奶，水果、蔬菜等绿色农副产品。加强生态农业建设，成为北京绿色农副产品基地是促进密云农村经济发展，提高农民收入的有效途径。

3. 生态工业基地

密云水库以南，以县城为核心的平原地区为首都东部发展区的起点，将该区作为密云今后的发展基地，依托密云县工业开发区、首都高校创业园区和农民非农就业基地，大力发展高新技术产业，发展无污染的都市型工业和劳动密集型工业，这既是更好地保护首都水源基地的需要，也是密云人民奔小康的需要。

4. 国际会展培训中心

首都北京是全国政治、经济、文化与国际交往中心，也是我国行业管理与培训中心。随着我国社会经济的发展与国际地位不断上升，将有更多的国际会议在北京召开，在北京召开的国内会议与举行的各种行业培训也会不断增加。无论是国外还是国内，各种会议与行业培训大多选择在城市郊区风景优美、气候宜人、交通方便、位置适中、比较安静的地点，这些条件密云基本具备，因此，密云有条件建成为北京市各种会议与行业培训基地之一。

二、生态资本运营的主要路线

以上四大功能目标主要通过生态资本运营的策略达到，通过对景观资本、生物生产环境资本、整体生态环境质量三种主要生态资本4条途径的运营，建设3个主导产业，具体技术路线如图9-1所示。

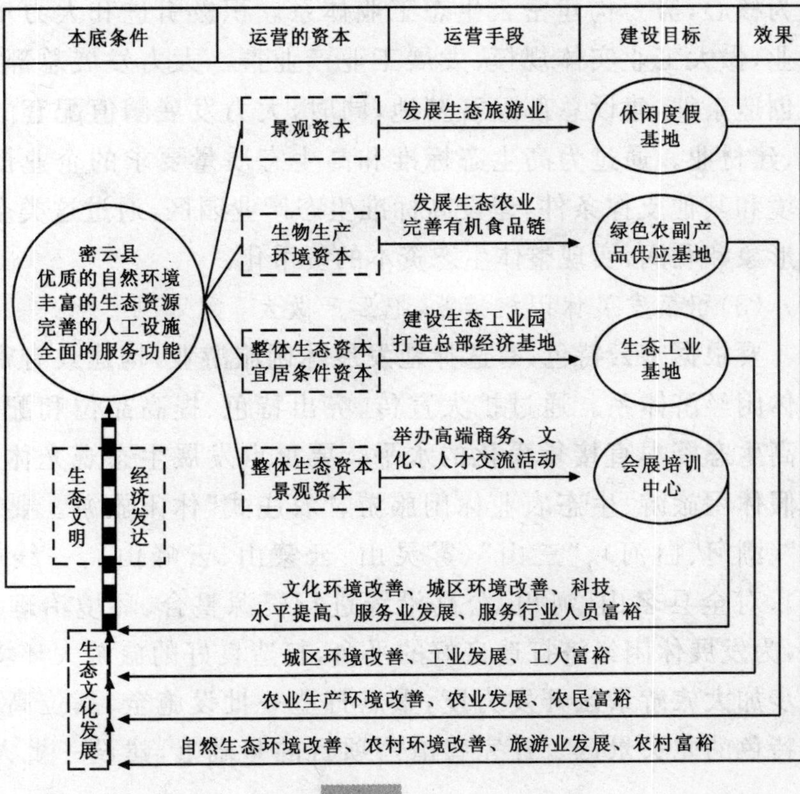

图9-1 密云生态资本运营的总体框架

密云县生态资本运营的循环过程为：本县加强生态环境建设（系统内部进行生态补偿）→推动县域整体协调发展→获得北京市的政策和资金支持（来自更高一级系统的生态补偿）→环境更好→经济更强→……系统内部进行生态补偿是密云县生态资本运营的启动子。建设要点如下。

(1)努力发展生态农业，把一产做优

把密云县建设成为首都有机食品生产基地和生态农业休闲基地，通过优质农产品的高生态附加值实现生态资本货币化。要大力实施农业结构调整和转型，建设休闲农业园区。积极开展生物措施防治农林病虫害，推广使用农家肥、配方肥等有机肥料，减少化肥、农药施用量，实施绿色种植。大力推进绿色畜牧养殖。着力培育"密水鲜鱼"、"密云甘栗"等一批优质市场品牌。推进蔬菜标准化和安全食品监测工作。广泛开展有机食品、绿色食品认证工作。

(2)大力发展生态工业，把二产做强

要通过大力发展生态工业，迅速增加工业经济的总量，提高工业在三大产业中的比重。要大力发展科技含量高、无污染、效益好的生态友好型工业。以总量增加、布局合理、产业友好、主导突出、节约高效为核心，努力构建密云生态工业体系。积极引进和大力培育龙头企业，做大工业实体规模，发展工业产业群。大力发展总部经济，积极创造条件，建设总部经济基地，同时，大力发展阈值配套的生态建筑、建材业。通过为高生态标准和高生态质量要求的企业提供运转环境和其他支撑条件，建设高标准生态产业园区，通过这类企业的良好形象和利润，实现整体生态资本的货币化。

(3)积极发展休闲旅游业，把三产做大

要根据密云特色，有选择地发展休闲旅游业，构建具有密云特色的休闲经济体系。通过扩大宣传、突出特色、提高品位和配套服务，提高生态资本直接货币化的水平。要重点发展生态观光休闲旅游、度假休闲旅游、生态农业休闲旅游、"农庄式"休闲旅游。要围绕"两河"（潮河、白河）、"三山"（雾灵山、云蒙山、云峰山）、一线（水库环线），对全县名山、河川、公路沿线进行资源整合、环境治理、综合开发，为发展休闲经济打造良好的平台，打造良好的旅游大环境。要进一步加大旅游景区开发力度，重点打造一批设施全、品位高、富有文化特色的龙头景区。在完善滑雪项目的基础上，建设一批大型的参与性较强的健身、娱乐休闲项目。要进一步加大招商引资的力度，建设一批集“吃、住、行、游、购、娱”于一体的大型休闲旅游宾馆、饭店、度假村，进一步完善县域休闲旅游基础设施，同时积极开展饭店星级评定工作，提高休闲旅游接待能力和整体水平。要大力发展旅行社等休闲旅游中介组织，建设良好的道路交通、休闲旅游识别系统，为休闲旅游活动提供便捷的服务。要进一步规范民俗休闲旅游户的管理，提升文化品位，提高卫生和接待水平。要加强休闲旅游商品开发，开发一批具有密云特色的休闲旅游商品，满足休闲旅游者购物需求。要加快农业、农产品加工业和休闲旅游产业的链接融合，建设一批具有浓郁密云风情的生态农业观光项目。发展旅游产业是生态资本运营最便捷的手段，消费者直接为生态资本的服务价值付费。

在积极发展休闲旅游业的同时，要以生态经济建设为依托，大力发展现代服务业。积极促进金融、保险、物流、商贸等服务行业与生态工业、生态农业、休闲旅游业、生态建筑建材和休闲房地产开发业的链接融合，为生态经济体系建设提供有力的服务保障。不断调整和优化全县商业布局，健全商业网络，完善商业服务功能，加强社区商业和农村商业发展，打造更具亲和力的商业便民服务体系。要适度发展休闲房地产开发业，开发建设一批人性化休闲住宅，满足首都市民到密云购房度假休闲旅游需要。这些配套条件还能够有力支撑生态产业建设和国际会展、培训中心建设。

三、密云生态资本运营必须遵循的原则

根据生态资本运营原则，结合密云现实情况，在全面盘活密云生态资本的实践中，应注意全面协调掌控，处理好几个重点关系。

(1)处理好保护生态与发展经济之间的关系

生态保护是密云永恒的主题，是开展一切工作的前提。但是生态保护绝不意味着不发展经济。没有经济发展的生态保护只能成为“空中楼阁”。在工作中必须把生态保护与经济发展有机地结合起来，在高质量保护生态的同时求发展，以产业发展促进生态保护。

(2)处理好水库上游与水库下游之间的关系

密云既受到首都重要饮用水源保护区的环境制约，又是北京东部发展带上的重要节点，也拥有产业发展的区位优势，要实现保水与发展的高度统一，就必须处理好水库上游与水库下游之间的关系，全

力打造水库上游生态涵养发展区和水库下游产业与城市发展区。以水库下游的充分发展，解决水库下游发展相对受限的问题。

(3)处理好发展产业与促进就业之间的关系

发展产业与促进就业是社会发展、繁荣、稳定的重要保障，把这两者有机结合起来，是实现保水、富民、强县相统一的必然要求。在发展中既要注重经济指标的增长，又要注重就业率的提高，积极探索产业移民、就业移民、教育移民的新路子，注重推进农村剩余劳动力向二、三产业转移，努力拓宽农民增收渠道。

(4) 处理资本运营各主体之间的分工合作与协调关系

在政府和当地集体、居民之中，政府和企业之中，政府要积极引导、真诚服务、严格管理，集体、企业和个人积极参与。其中，政府处于主导地位。第一，政府要认准方向、下定决心、积极倡导，制定县域生态资本运营战略和相应的策略；第二，政府要提供正确的启动子，一方面要通过财政支持，另一方面要争取相关上级和国家部门的支持；第三，政府要做好宣传，争取最广泛的支持、理解和参与；第四，政府应为生态资本运营提供各种支撑平台；第五，根据需要进行技术培训；第六，严格执行监督管理，保证水库水质不下降、保证生态环境质量不下降。而企业和个人应在政府的监管下，在市场经济的框架下，积极进行生态资本的运营；培养正确的环境保护观念；同时努力的提高技术水平，培养创新能力，提高生态资本运营的效率和效益。

四、功能区域布局

根据北京新的城市总体规划对密云生态涵养发展区的功能定位，结合前面的图 5-6“区域功能分区与生态资本运营启动子来源示意图”显示的原则，整体上将密云县域划分为“水库上游生态涵养发展区”和“水库下游城镇和产业发展区”(图 9-2)。

(1)水库上游生态涵养发展区

水库上游是指在密云县域内流入水库的流域范围，主要以水库水源一、二、三级保护区为基础，包括石城、冯家峪、不老屯、高岭、古北口、新城子、太师屯、北庄和石城等九个乡镇。

本区是首都重要的生态屏障，拥有丰富的历史文化遗产和自然旅游资源，侧重在生态涵养，在保护水源的前提下，大力发展生态农业和休闲旅游业等生态友好型产业，着力营造首都的“大氧吧”和“后

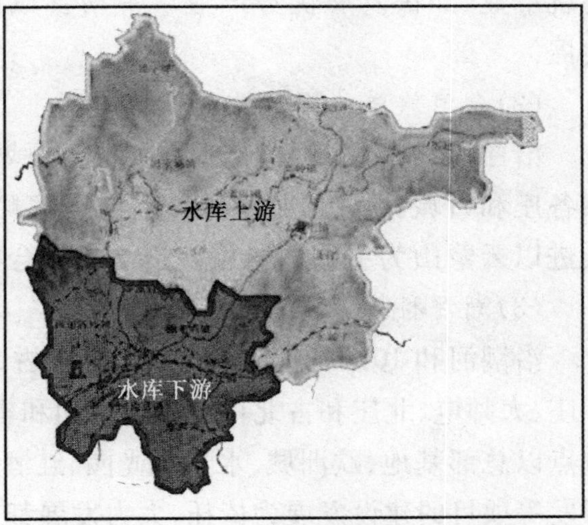

图 9-2 水库上游生态涵养发展区和下游城镇与产业发展区示意图

花园”。

(2)水库下游城镇与产业发展区

水库下游是指密云县域内水库上游以外的区域，包括密云镇、檀营乡、河南寨、十里堡、西田各庄、溪翁庄、穆家峪、巨各庄和东邵渠等九个乡镇。

以县城建成区为休闲商贸业发展核心区，以县城西部地区为生态工业发展核心区，以水库下游潮河、白河、潮白河沿线为设施休闲旅游产业发展带。本区是北京东部发展带上的重要节点，它肩负着密云山区城市化的重任，是密云未来发展的主要基地，应大力发展无污染的都市型工业、生态农业和现代服务业等生态友好型产业，为全县经济发展提供有力支撑，同时积极拓展旅游休闲、会议培训等功能，使之成为首都市民休闲度假、会议培训和国际交往的理想空间。

五、整体产业布局

构建以县工业开发区为龙头，以白河旅游休闲产业带和潮河科技休闲产业带为骨干的“一区两带”总体产业布局。

(1)工业开发区

是全县工业发展的核心区域。发展工业开发区必须树立“环境是重要生产力”的观念，依靠优良的生态环境，利用高校产业基地，高新技术产业孵化基地等发展优势，积极引进高新技术产业、改造提升传统产业、加快发展优势产业。带动县域内七个工业就业基地协同发展。

(2)白河旅游休闲产业带

沿白河和密关路，南起县城、北至石城镇。主要包括溪翁庄、西田各庄和石城镇。主要带动和辐射冯家峪镇、不老屯镇。重点大力推进以云蒙山为主的西线旅游资源的整合与开发。

(3)潮河科技休闲产业带

沿潮河和101国道，南起县城、北至古北口。主要包括穆家峪、巨各庄、太师屯、北庄和古北口。主要带动和辐射大城子、高岭和新城子。重点以总部基地、欧洲城、水景观光园、红酒文化产业带、古北口镇古镇开发等项目的建设发展为依托，大力发展都市型工业、休闲旅游业和现代服务业(图 9-3)。

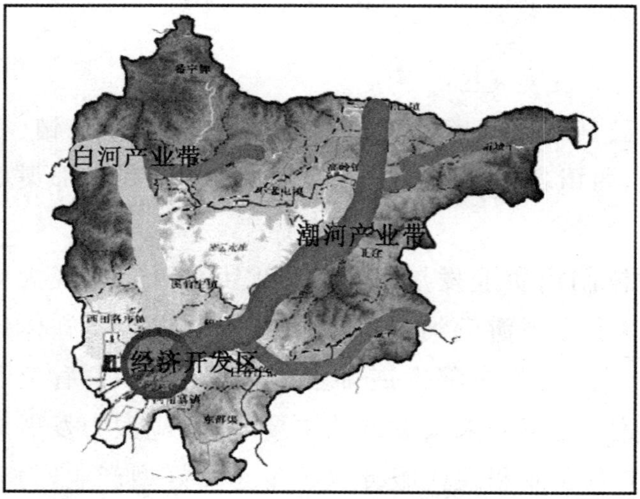

图 9-3 一区两带产业布局示意图

第二节　生态资本维护战略(保育)

生态资本维护和发展是生态资本运营必不可少的内容。尽管总体上密云生态资本运营战略都选择的是发展生态环保型产业，本身对生态资本的消耗是很小的，但已然把生态环境保护和生态资本维护作为一个重要部分。随着生态资本运营的开展，密云的所有民众将了解到，生态资本是财富之源，只有更好的保护和发展生态，才能够保持好的经济效益，保证经济、社会和生态的协调、可持续发展。

一、自然生态体系保护

1. 总体目标

全面建立区域生态调控系统，在宏观上形成由大型植被、大型水库、道路廊道、水系廊道，以及小型植被斑块构成的自然生态体系框架，在微观上建立具有高异质性、高生态功能、高生物多样性的自然生态系统。图 9-4 是密云县景观生态安全格局示意图。通过区域自然生态体系的建设，保护区域自然生态的安全，提高水源涵养、水土保持和维持生物多样性等生态功能，为全面保护“首都水源区”和实现“生态人居”打造良好的生态基础。

图 9-4 密云县景观生态安全格局示意图

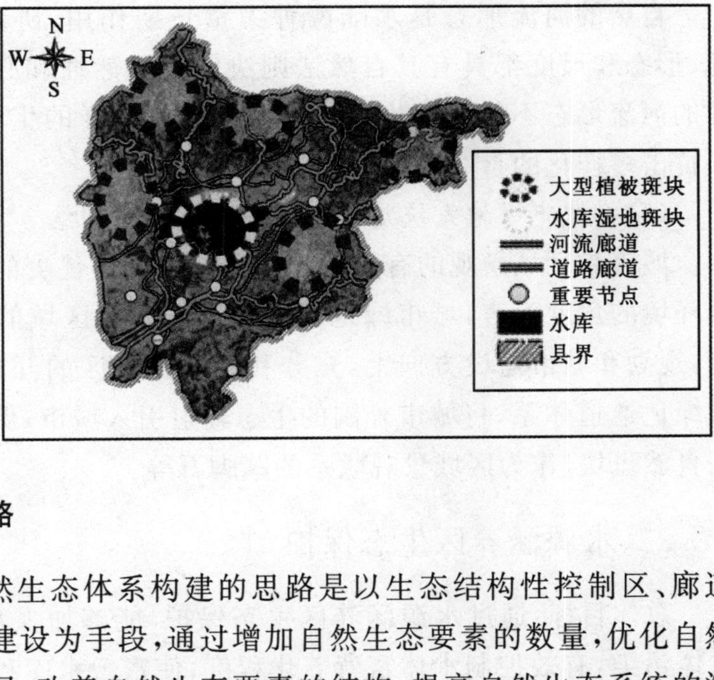

2. 基本思路

密云县自然生态体系构建的思路是以生态结构性控制区、廊道和重要节点的建设为手段，通过增加自然生态要素的数量，优化自然生态要素的布局，改善自然生态要素的结构，提高自然生态系统的涵养水源、保持水土、维持生物多样性等功能。从县域景观生态安全格局和城区绿地网络两个层次上构建区域自然生态体系。

(1)维护区域内自然山水的完整性

区域生态体系的基础是大型的自然山水，这是区域平衡和发展的地脉，维护自然山水的完整性是尊重区域自然环境、因地制宜进行开发的首要条件。

(2)保护和建立多样化的乡土生境系统

区域发展和城市建设是一个景观类型和结构显著改变的过程，在改变区域的景观类型和景观结构的过程中，许多并不引人注目的乡土生境值得保护，这些小型的乡土生境斑块作为小范围区域内生态的支撑点，因而具有较高的保护价值。

(3)保护和恢复区域的大型自然斑块

就水源涵养和物种保护而言，区域大型自然斑块的维护和恢复工作是区域生态体系建设的重要任务。也只有大型自然斑块，才能保存更多的本土物种和生态系统，具有更强大的生态辐射能力和生态价值。

(4)尽量保留河道的自然形态

自然的河流形态是水陆两种力量长期作用、协调的结果，其质地、形态和尺度都具有其自然法则决定的必然性和必要性。复杂多样的河流形态不仅为水生生物提供了丰富多样的生境，而且也有利于抗击多样化的自然灾害。

(5)将城市绿地系统建设与区域景观格局相结合

城市是区域景观的有机组成部分。就创建优美的城市景观和人居环境的角度而言，城市绿地系统建设需要与区域的景观格局相结合，规划和城市建设方向上，充分利用外围地区的开敞绿地；构建城市绿色通道体系，将城市外围的生态辐射引入城市；保留城市中的小型自然斑块，作为区域景观联系的踏脚石等。

二、水源涵养区生态保护

总体目标：通过水源涵养区生态保护，能够加强水源涵养，防止水体污染，有效控制水体富营养化程度，使密云水库和地下水源的水质达到二类标准，符合饮用水源的标准，为北京城市建设和经济发展提供合格安全的供水保障，促进经济、社会和环境保护的可持续发展。

密云水库是北京市集中式饮用水源地之一，境内70%以上的面积属于水源保护区，其中包括密云水库一级保护区、密云水库二级保护区、密云水库三级保护区和地下水源保护区(图9-5)。

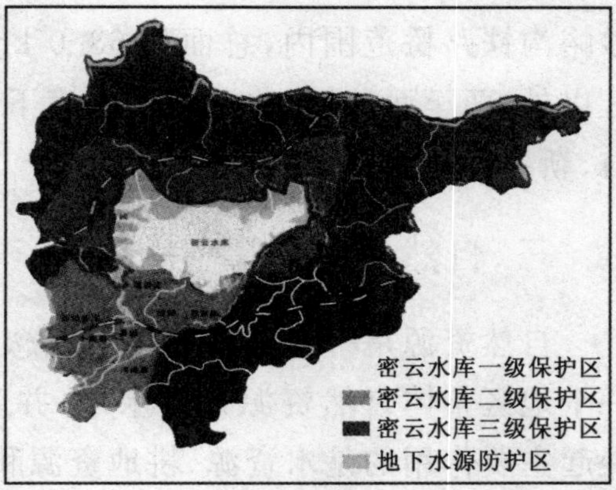

图 9-5 密云县水源涵养区示意图

1. 密云水库一级保护区

范围为密云水库环库公路以内，包括内湖区以及环库公路以外由市人民政府规划的近水地带、密云水库调节池及入调节池的尾水渠道上口线两侧各水平外延 100 m 以内的地区。总面积 273 km^2。涉及石城、冯家峪、不老屯、高岭、太师屯等 11 个乡镇的 41 个行政村（自然村 67 个）。

2. 密云水库二级保护区

一级保护区外至密云水库的向水坡范围以内，以及密云水库调节池的汇水范围以内的地域，总面积 381 km^2。区内包括不老屯、太师屯、冯家峪、石城、高岭、溪翁庄和穆家峪 7 个镇的 56 个行政村（自然村 123 个）。

3. 密云水库三级保护区

二级保护区以外上游河道的流域至密云县境的范围。包括高岭、古北口镇、新城子镇、北庄镇等 9 个镇的 160 个行政村（自然村 473 个）。

4. 地下水源保护区

分为核心区、防护区和补给区。其中核心区指县城规划区内以供水井为中心半径 50 m 的范围内。防护区：南起潮白河道；西起潮白河汇合处，沿工业开发区南侧至西山村、西田各庄村；北起卸甲山村至河北庄村；东至西智村、密溪公路与京承铁路交汇处、京承铁路、沙峪沟铁路桥范围内，总面积 63.0 km^2。补给区是指地下水源防护区以外；西至西沙河；北至密云水库下游岸；东至潮河河道；南至河槽村、靳各寨村、沿村为界的范围内。

三、自然资源保障

自然资源是一个外延很大的概念。目前比较公认的能直接反映一个地区整体自然资源条件水平，并且对一个区域整体的可持续发展起主要作用的是水资源、耕地资源和森林资源。

1. 水资源保护目标

水资源的涵养能力和调节利用能力明显增强，区域性和阶段性缺水进一步得到改善，水资源利用效率得到较大幅度提高，水体富营养化趋势得到遏制。水环境质量达到功能区要求，并争取各项指标在达标的基础上有较大的提高。

2. 耕地资源保护目标

全县耕地资源得到较好保护，耕地生产能力有所提高，人均耕地面积保持稳定，优质良田控制在 27 万亩，生态退耕 15 万亩。

3. 森林资源保护措施

提高森林覆盖率；调整林分结构、提高森林质量；加强自然保护区的建设；加强森林资源的管理。受保护地区占国土面积比例达到59％以上；森林覆盖率山区、丘陵、平原分别达到 75％、45％和 23％以上。

四、环境质量保障体系

1. 水环境保护目标

主要河流分别达到相应的水体标准；密云水库、沙厂水库作为水源地，达到《地表水环境质量标准》(GB 3838－2002)的Ⅱ类标准；地下水源作为饮用水达到《地下水质量标准》(GB/T14848－93)的Ⅲ类标准；潮白河作为城市主要水体景观，可以使用中水或再生水补充水体，但水体要达到Ⅲ类水体标准。采取的主要保护措施如下。

(1)防止水源污染

在密云水库和京密引水渠一级保护区内禁止新建、改建、扩建水利或者供水工程以外的工程项目，禁止在密云水库和京密引水渠两岸水利工程管理范围内设置商业网点。

(2)严格功能分区划分

严格水源保护区的功能分区划分，并按照相应的要求严格管理，水源地及周边保护区不得有超标的污染源。

(3)加强市政建设

建设城市市政排水管线，排水实行分流制，污水应处理达标排放；建设县城污水处理厂的中水处理工程，使处理后的中水满足景观用水的要求。

(4)加强水环境的监测和管理

防止重大污染事故造成对水环境的破坏。

2. 大气环境保护目标

大气环境质量执行《环境空气质量标准》(GB 3095—1996)；保持大气环境质量，达到功能区标准；全年API指数小于100的天数占全年天数的比例达到80%。大气环境保护主要措施：

(1)继续加强燃煤锅炉房的改造和拆除工作，实施集中供热建设工程

按照已有的五年规划，逐步拆除小锅炉房、改造燃煤锅炉房。提倡使用清洁能源，20 t以上燃煤锅炉必须实施在线检测。

(2)近期重点进行集中供热建设工程

老城区在原有的基础上并网改造。改造28处燃煤锅炉房，供热管线改造2.8万m，分期逐步建设城市集中供热锅炉房和配套供热管网，以城市供热管网代替小型燃煤锅炉供热系统；按规划建设7个集中供热热源，总供热能力462 mW，建设12 161 m长的集中供热管网。

(3)推广清洁能源和地热技术

在有条件的单位推广使用天然气等清洁能源和地热技术，提高气化率，大力发展集中供热，减少烟尘污染。

(4)加强建设施工中运输车辆及物料堆放的管理

采用固定场地封闭堆放和使用密封车辆，减少二次扬尘。

(5)加强机动车辆检测

严格控制机动车尾气污染，机动车尾气排放应符合国家规定的标准。

五、县域环境建设工程

建设优美的生态环境是密云发展经济的基础和条件，也是密云经济发展的重要目的。有了好的环境经济才会健康快速地发展，经济发展之后才能有实力建设更好的生产生活环境，切实提高人们的生活水平。县域生态环境建设分为县级、城镇级和村级三个层次，力争把县城建设成为环保模范城市，同时建设一批环境优美乡镇。

第三节　生态资本运营的产业战略(增值)

根据图 5-4 生态资本运营对象、路线和产业关系图，要运营密云县的生态资本，即开发其共生功能、物化其服务功能、开发其整体功能，就要通过：①高生态质量附加值产品开发；②高生态品位需求产业支撑功能开发；③高端休闲功能开发；④打包出售等四类生态资本运营途径。具体实施则要分别在农业、工业和服务业领域通过“生态农业及有机食品产业、生态工业、生态旅游业、生态型建筑和房地产业、生态文化产业”等五条主要途径来实现。

一、生态农业及有机食品产业

1. 总体思路

密云农业植根于北京生态涵养发展区和首都饮用水源保护区两大区域功能定位，结合净土、净水、净气的区域环境优势和资源特点，密云农业发展方向必须走“发展生态农业，打造休闲产业”，即“都市型现代农业”之路。要打造都市型现代农业，必须改变农业生产经营观念，转化和更新农业功能。通过“强化农业经济功能、完善农业生态功能、开发农业休闲功能，挖掘农业文化功能”，推进生态农业的高效和可持续发展。

(1)强化农业经济功能，大力发展生态农业

密云发展生态农业有着坚实的基础。丰富的山区资源，得天独厚的生态环境，农业结构调整形成的绿色养殖、特色林果、无公害蔬

菜、民俗旅游主导产业，水利富民综合开发打造的基础设施条件，都为推进产业升级和发展生态农业提供了条件。面向首都中高档市场需求，以“提质增效、培育品牌”为重点，着力发展生态有机农业，培育区域唯一性特色农产品是开发农业经济功能的主要举措。

(2)完善农业生态功能，整体推进环境建设

经过多年的持续生态建设，密云形成了独具特色的水源区生态环境。14 万 hm^2 的林业资源，62.7%的森林覆盖率，为“环境立县”方略的实施奠定了坚实的基础，为生态农业发展积聚了后发优势。生态环境建设是完善农业生态功能的重要手段。通过流域治理、农田节水灌溉、封山育林、人工造林等综合治理和旧村改造、污水处理、垃圾治理、安全饮水、改水改厕等一系列环境工程建设完善农业生态功能。

(3)开发农业休闲功能，突出打造休闲产业

随着北京国际化大都市的快速发展和 2008 年奥运会的举办，郊区生态休闲产业正成为新型产业而迅速发展起来。密云定位于生态涵养发展区，开发农业休闲功能，挖掘农产品产业链，整合农业区域资源，是推进农业和休闲业连动发展的突破点。打造“生态密云，休闲之都”品牌，建设集经济、社会和文化功能于一体的首都重要休闲观光旅游基地，是开发农业休闲功能的总体目标。

(4)挖掘农业文化功能，着力培育农产品品牌

文化功能是产业发展到一定程度的集中体现，是推动产业升级，打造产业市场品牌的重要手段和有效方式。密云农业历史悠久，区域产品特色突出。燕山板栗有千年古树，黄土坎贡梨的历史可追溯到600 年前，御皇李子、密云水库鱼文化、传统农耕文化的内涵十分丰富，结合有机农业、生态环境和休闲功能的开发建设，将农业文化功能融入民俗休闲产业发展，将成为名优农产品品牌打造和生态农业形象培育的重要内容。

2. 规模目标

(1)种植业

主要以有机、绿色或无公害蔬菜、花卉、板栗等果林和有机小杂粮等为主。平原地区发展蔬菜和休闲农业，形成绿色食品基地，山区结合地形特点，相对分散布局，发展特色林果业和附加值较高的生态有机农业和观光休闲农业。种植业结构不仅适宜于土地资源的保护利用，从水土资源的适宜性角度趋于合理，规模稳定在现有基础上

(22 600 hm^2)，提质增效。

(2)水产养殖业

控制规模，提高质量，提升品位。鱼类总产量稳定在 3 000 t，其中绿色产品和有机产品达 33%，加工产量 1 000 t，创产值 3.14 亿元，实现渔业效益 1.1 亿元。

(3)畜禽养殖业

进行资源整合，适度规模集中饲养，并进行污水粪便的无害化处理。到 2010 年，奶牛存栏从 2004 年的 2.2 万头限制发展到 4 万头，肉鸡存栏从 2004 年的 3 200 万只发展到 5 000 万只、柴蛋鸡存栏从 2004 年的 190 万只发展到 300 万只，肉羊从 2004 年的 44.7 万只减少到 20 万只。生猪原则上不扩大规模，结合有机蔬菜生产和沼气的综合利用，可根据家庭院落的大小适度发展。

3. 重点和布局

密云水库上游山区耕地多为浅山开垦的梯田和坡耕地，均为低产田，多为密云水库上游地区。经过多年的结构调整，已经形成了以花生、甘薯等有机小杂粮生产区。水库下游多为平原地区，是发展特菜、食用菌、花卉的最佳地段。种植业区域布局见图 9-6。

图 9-6 种植业区域布局图

(1)创造蔬菜品牌

从规模发展和形成区域特色的品牌战略出发，密云蔬菜花卉总体布局为：以西田各庄镇、河南寨镇、十里堡镇为中心的水库下游有机特菜基地和以巨各庄镇为中心的花卉生产基地。蔬菜花卉基地建设要从选种、苗木培育、技术服务与培训、良种辐射、产品包装加工等一系列技术，带动农民进行有机、绿色和无公害蔬菜生产，大面积提高有机和绿色蔬菜占有率，不仅能达到生态县建设标准，最重要的是延长蔬菜产业链,使农民多方位、多元化增收(图 9-7)。

(2)提升板栗产业带

但密云板栗必须建设名牌板栗基地,增加农民收入。以选用优质高产新品种,开心整形,精细修剪,测土配方施肥,科学节水灌溉,生物控制病虫害等新技术和传统技术相结合的板栗密植优质丰产配套技术,可使板栗获稳产高产高效,提升板栗产业带的经济效益。利用生态资源打造密云"甘栗"品牌,扩大板栗生产、加工企业规模,通过有机、绿色认证,塑造密云板栗品牌形象,在 2008 年大面积板栗盛果期时,实现板栗品牌、经济效益的大丰收。环密云水库 2 万 hm^2 板栗区将成为京郊最大的板栗基地(图 9-8)。

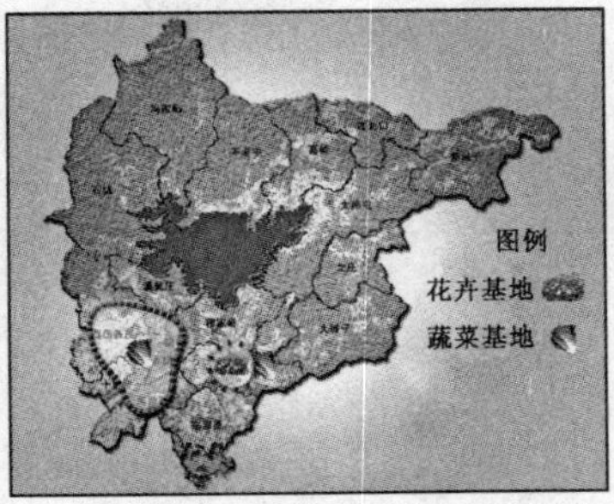

图 9-7 蔬菜花卉规划图

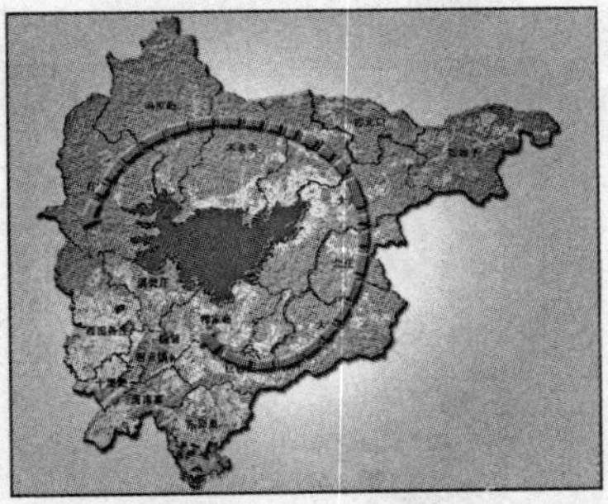

图 9-8 板栗产业带示意图

(3)完善六大特色果品发展区

虽然密云有燕山板栗、新城子苹果、黄土坎鸭梨、红肖梨、石峨御皇李子、黑宝石李子等名特优果树品种群,但是这些特色品种没有得到很好的品种选育和发展,也没有更好的推广和宣传,缺少"京果"大品牌、知名品牌,造成市场竞争能力较低,出售到外省以及出口到国外的品种和数量较少。尤其是板栗的销售和出口目前还贴着别的地方的牌子,市场上销售贴着密云品牌的果品较少,林果业发展没有从"量的发展"转变为"质的提高"(图 9-9)。

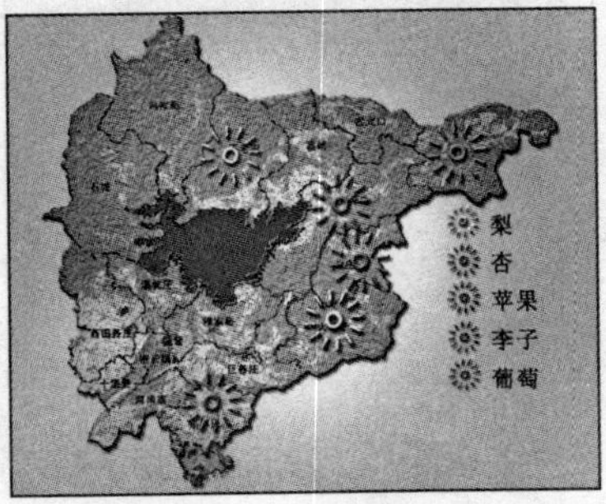

图 9-9 特色果品规划图

通过完善六大特色果品发展区打造密云林果唯一性产品品牌,并结合休闲旅游、观光采摘,多方面、多渠道增加农民收入。六大特色果品发展区要完善现有果园基础设施，并进行唯一性果品园景观规划，将果园发展为融种摘尝为一体、新品种展示观赏、吃住休闲一条龙的综合性高品质农业休闲园区，充分实现优势农业的经济价值、休闲价值、生态价值，成为果品龙头品牌，带动周边果品的产、供、销，多方面促进农民的增收。见图 9-9。

(4)建设 101 国道“葡萄庄园、红酒文化”休闲产业带

密云良好的生态环境和自然环境已经成为北京高端阶层人士休闲娱乐的理想区域。但由于目前密云农家院、民俗村(户)娱乐服务跟不上，游人滞留时间短，还没有真正的高消费、高档次项目。红酒文化一直是人们崇尚的高品质文化项目。101 国道沿线现在已经有一些葡萄酒庄园启动，无论食宿、还是庄园风貌，备受人们青睐。以穆家峪镇和太师屯镇为主，建设 101 国道“葡萄庄园、红酒文化”休闲农业产业带(图 9-10)，集种植葡萄、采摘葡萄、品尝葡萄、参观酿酒工艺、品尝红酒，再加上完备的基础服务和娱乐设施的综合性高尚休闲农业区，将给两镇和周边农户区来可观的经济效益。

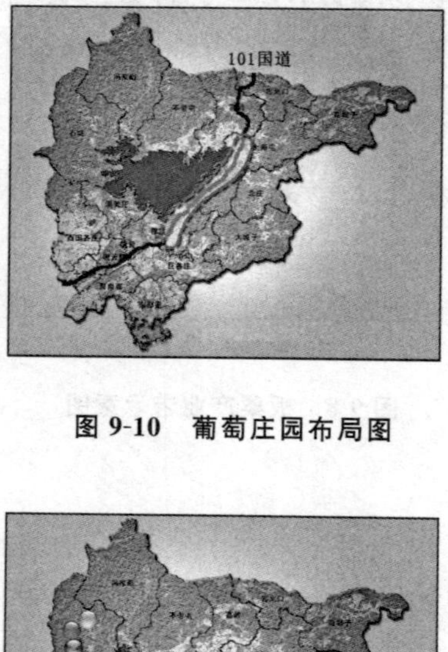

图 9-10　葡萄庄园布局图

(5)打造“云蒙山野果采摘园”

石城镇是密云县较贫困的乡镇，云蒙山最高峰就在石城镇。随着云蒙山的逐渐开发，来石城镇旅游休闲的人将逐渐增多。利用云蒙山旅游资源和山上丰富的野生果品，建立“登云蒙巅峰—尝深山野果—赏石城民俗”为一体的休闲农业旅游项目(图 9-11)，带动石城民俗旅游的发展。

图 9-11　云蒙山旅游休闲图

(6)建设标准化畜禽养殖业

根据可持续发展、集约化经营和资源循环利用原则，按照水库上游的生态环境要求，规划畜牧业发展规模，削减水库上游奶牛规模或转移到水库下游地区，进行集约化、标准化养殖。水库上游肉羊的养殖量要尽量减少，水库上游主要发展肉鸡、柴蛋鸡和部分肉羊；水库下游主要发展奶牛、肉羊和生猪，总体布局见图 9-12。

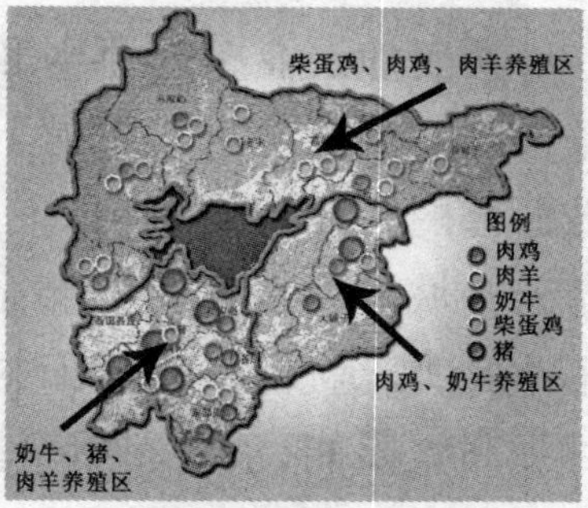

图 9-12 畜禽养殖业规划图

(7) 发展休闲渔业

休闲渔业产业基地的建设。现有休闲渔业小区向环保、节水、增效方向发展，进一步完善环保设施，增加经营特色，提高服务水平；促进池塘、中小水库向休闲产业方向的发展。中小水库因地制宜发展观光型休闲渔业；有条件的池塘向生态型休闲渔业方向发展。水库发展“有机渔业”：密云水库、沙厂水库、遥桥峪水库、半城子水库形成“一大三小”水库有机渔业生产发展区。五条河川发展“休闲渔业”：清水河川以生态养殖垂钓型休闲渔业为主；汤河川、安达木河川以旅游型休闲渔业为主；白马关河川以度假型休闲渔业为主；潮河川以科普观赏型休闲渔业为主(图 9-13)。

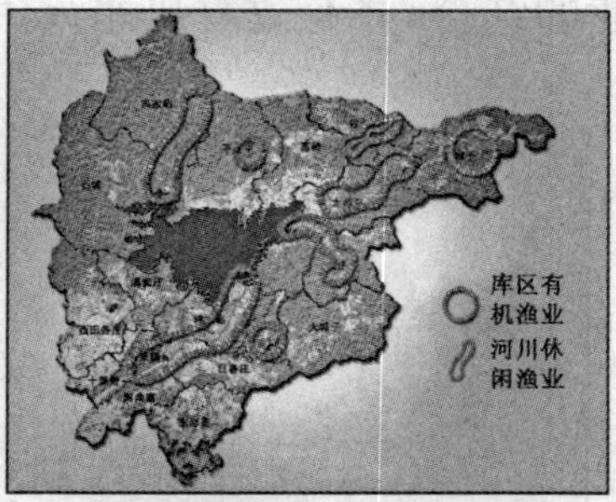

图 9-13 渔业发展区域布局图

(8) 扩展特色养蜂业

密云的环境和植被优势为养蜂业发展奠定了资源基础。水库上游库东形成倒“V”形蜂业发展区。到 2004 年，养蜂已发展到 3.5 万箱。由于养蜂对环境不产生负效应，规划到 2010 年总存量达到 8 万箱(图 9-14)。

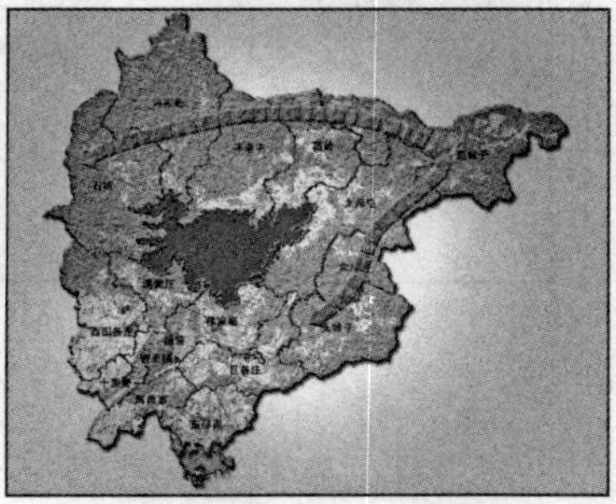

图 9-14 养蜂基地现状图

(9) 整合提高农产品加工业

按照加工业布局原则和加工业发展思路，规划三个农产品加工基地。两个位于水库下游，一个位于库东。水库下游一个规划于县城西部的工业开发区内，一个临近县城。水库下游两个加工基地和密云县城成为水库下游剩余劳动力的主要就业场所，基础设施容易集中完善，铺设路线短，旧村改造方便，见效快，而且多属平原地区，可提高太阳能、沼气利用率。水库上游基地规划于北庄和太师屯镇，利用北庄现有加工业和手工业基础，继续扩大规模和深度、广度。将加工业与休闲农业紧密相连，与太师屯的葡萄园、北庄的杏园及红酒庄园形成密云县域内的另一个经济增长点，促进生态经济发展与休闲农业的结合，并有效解决水库上游地区农民搬迁和就业问题(图 9-15)。

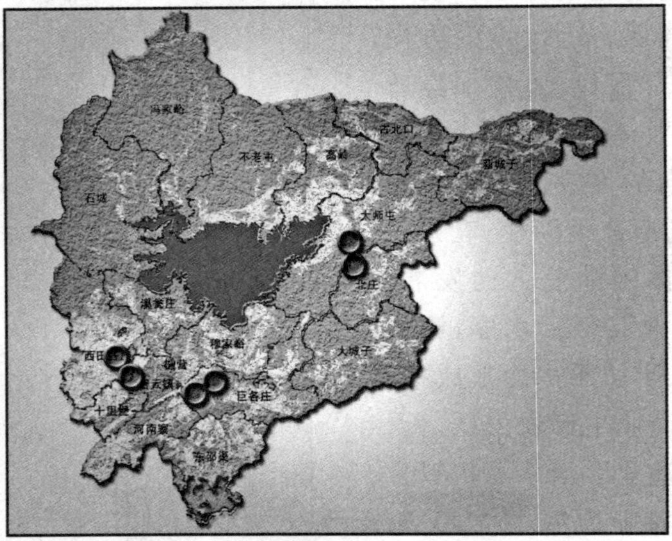

图 9-15 加工业布局位置示意图

二、生态工业

1. 总体思路

工业总体规划思路以转变经济增长方式为主线，以工业开发区为龙头，辐射七个农民就业基地，以主导产业为支撑，大力发展循环经济，充分利用资源优势，加大招商引资力度，迅速扩充工业经济总量，全力构建“布局合理、产业友好、主导突出、节约高效、总量增加”的密云生态工业发展体系。

具体建设以一区七基地为基础，进行规模、结构、效益、布局调整与提升。在空间布局上，也主要分水库上下游两类地区。在水库下游产业发展区，以开发区为龙头发展科技含量高、无污染、能耗低的新型现代工业，与其他就业基地的劳动密集型产业形成互补、互动，逐步形成大区域管理模式，最高效率地发挥水库下游大区域的综合产业功能。通过水库下游产业区的发展，提升密云经济总量和运行质量，同时为解决水库上游农民搬迁提供必要的物质基础，带动水库上游生态涵养区的持续发展，由此形成南北两区的良性互动和滚动发展。重点建设五大生态工业工程，到 2010 年，形成主导突出、多业并举的发展格局。

(1)国家生态工业示范园区创建工程

在密云县工业开发区基础上，依据清洁生产要求和循环经济理念及工业生态学原理，积极创建国家生态工业示范园区。即充分利用密云县工业开发区具有的区位优势、交通优势和各种资源优势，积极促进主导产业的产业生态链的形成；严格推行国家环保总局的相关规定，保持区内生态环境，保证所有企业遵守国家法律法规，污染物排放达到国家规定的排污标准。

(2)生态型农民就业产业基地创建工程

在密云县已有的七个农民就业产业基地基础上，进行存量整合，淘汰能耗大、污染高的企业，引导工业企业向生态型发展，努力创建生态型农民就业产业基地。根据现有七个农民就业产业基地的不同情况，分别给予一定的财政支持，帮助其整合存量资源，对现有的基础设施进行改造等；将现有企业进行技术改造以满足生态工业要求，逐步淘汰能耗大、污染严重的劣质企业，通过招商引资工作引进一批环境友好型工业。

(3)规模以上工业企业 ISO 14000 环境管理体系认证工程

积极推广密云县工业企业通过 ISO 14000 环境管理体系认证，在 3 年内完成县域规模以上工业企业完成 ISO 14000 环境管理体系认证工作。

(4)工业循环经济建设工程

在密云县工业企业内推行循环经济，在物质的循环再生利用基础上发展经济，在“十一五”期间，建设一批符合循环经济要求的工业企业。

(5)生态工业发展工程

在前四个工程的基础上,促进密云县工业向生态型工业转型,淘汰能耗大、污染高的企业,集约高效,生态环保,以工业发展促进全县整体建设,并以全县建设推动生态工业发展。

2. 主要措施

制定鼓励与奖惩措施,将生态工业发展任务细分到各镇、各工业园区/基地,实行责任制;制定"土地集约化利用、资源消耗和环境保护的控制指标",建立相应的约束机制,强化县生态工业园和七个生态型农民就业产业基地中工业项目的"土地投资率、土地产出率、土地税收产出率、吸纳本地农民就业率、单位产值水耗能耗"的监督考核,加大整合力度,依法盘活现有工业闲置资产,实现有限资源利用的最大化,同时加强生态工业发展方向的引导,依照控制指标要求,对引进企业进行严格的审查,促进全县工业经济向集约化、生态型循环经济方向发展。

"一区七基地"要以节地、节水和节电为核心,提高工业用地效率,降低工业能耗,推进工业集约化发展。到2010年"一区七基地"工业项目的建筑密度力争分别达到≥50%、40%,容积率力争分别达到≥0.8、0.7;土地投资率力争达到50万～120万元/亩;土地产出率力争达到60万～150万元/亩;土地税收产出率力争达到8万～12万元/亩;吸纳本地农民就业率力争达到12～18人/亩;万元产值水耗和能耗:电子信息业力争分别为1.2 m^3/万元、0.14 t标煤/万元,汽车零部件业分别为1.8 m^3/万元、0.21 t标煤/万元,机电产业分别为1.6 m^3/万元、0.11 t标煤/万元,生物保健产业分别为2.5 m^3/万元、0.28 t标煤/万元,都市产业分别为3.2 m^3/万元、0.43 t标煤/万元;工业用水重复率≥68.91%,工业固体废物处理利用率≥94.4%,无危险、有害废物排放,县域烟尘控制区覆盖率保持100%,污染防治设施运行率保持100%。

三、生态旅游业

1. 总体思路

旅游产业是密云县经济发展的四大支柱产业之一,要与县域生态环境建设相结合，形成生态型的旅游产业体系，使得旅游产业成为弘扬密云生态文化，普及生态知识，形成生态意识，促进经济社会协调发展的推动产业。通过实施绿色旅游通道工程、生态旅游示范区工程、园林化的生态型旅游城市工程、生态型的民俗旅游村工程、义务植树活动等工程来实现旅游产业的生态化。具体发展战略包括一个重点工程和六大产业集群建设。

(1)一个重点工程

一个重点工程是“一山、两河、一湖、一带、一中心重点开发工程”。“一山”是指进行云蒙山旅游区的全面整合；“两河”是指全面开发白河和潮河两条会议、会展、度假旅游产业带；“一湖”是指搞好环密云水库区域生态建设，构筑全生态化的观光区；“一带”指长城文化旅游带建设工程；“一中心”是指以县城为中心的旅游休闲购物、旅游接待、信息服务和管理中心的建设。

(2)六大产业集群

六大旅游产业集群分别为以会议中心、会展中心、豪华宾馆、度假村为主的由高档接待服务设施和企业构成的产业集群；以休闲渔业养殖、特色农产品种植和养殖、特色农副产品加工为主的休闲农业产业集群；以大型购物街区、现代化的娱乐场所、特色餐饮街区为主的旅游休闲产业集群；以大型旅游景区、主题公园、农业观光园区为主的景区类产业集群；以豪华旅游大客车、旅游巴士为主的旅游交通服务产业集群；以旅游中介、会议、会展策划和服务、旅游信息服务为主要构成的旅游服务产业集群。

2. 重点旅游区域建设

(1)旅游中心城镇建设

重点建设一个一级旅游接待中心——县城旅游中心城镇，太师屯特色旅游城镇、溪翁庄专业化旅游城镇、穆家峪专业化旅游城镇等三个二级旅游接待中心和古北口、石城、不老屯镇、新城子等四个特色旅游城镇。

(2)重点旅游设施集聚区建设

白河旅游度假设施发展轴：以休闲度假旅游、商务会议旅游、民俗旅游、生态旅游、康体疗养旅游为特色的旅游功能区，其中溪翁庄镇至密云县城段为大型旅游设施集中分布区，溪翁庄至清凉谷为峡谷观光和休闲农业区；潮河会议会展旅游设施发展轴：重点进行休闲度假旅游、商务会议旅游、会展旅游、现代休闲渔业旅游设施建设，建设目标是密云县大型和高档会议会展旅游设施的集中布局区和现代城市旅游景观区，结合潮河改造，全面开展潮河沿线的旅游项目招商，建设潮河旅游产业带；清水河休闲产业发展轴：严格控制养殖小区的污水排放，实施污水的无害化排放；进行沿线的景观环境改造，实施园林化工程；对沿线的建筑风格进行统一设计，注重突出乡土化特色；对沿线植被树种进行调整，大规模发展观赏树种，提供景观质量。

(3)重点观光旅游区

包括云蒙山自然观光休闲旅游区、雾灵山-云岫谷自然观光休闲旅游区、环库区自然生态观光区、古北口-司马台长城文化休闲观光区、白龙潭文化休闲旅游观光区。

3. 休闲农业旅游产品发展

休闲农业旅游发展模式要实现3个转化。从单纯的采摘园向综合性的企业化的"休闲农场"转化：重点发展企业化管理的集农业生产、科技示范、农产品加工、度假休闲、农村体验为一体的综合性农业园区；从独立发展的休闲农业园区向与度假区紧密结合的"休闲农庄"转化：改变度假区与休闲农业、休闲农业与民俗旅游发展相互分离的发展模式，依托度假区发展庄园经济，将休闲农业引入度假村旅游项目中，通过联营或自营，开辟菜园、果园等休闲农业项目；依托旅游资源或旅游景区，以自然景观、古石城堡、古村落、古民居等历史文化遗产为根基，以民俗文化特色为内涵，形成文化内涵丰富的，综合性民俗旅游产品。

(1)建设休闲农业旅游产品

建设15个大型休闲农场、100个标准化的休闲农庄、一个农业主题公园和一个市民农园。

(2)升级民俗旅游区

遥桥峪民俗村，提高服务水平和服务技能；曹家路民俗村，塑造密云民俗旅游的品牌；石城民俗村，建设生态环保综合旅游试点；石塘路民俗村，加强生态环境管理；石马峪，全面进行旧村改造。

4. 建设休闲度假区

(1)建设度假基地

包括城区度假组团的商务游憩化，打造“休闲之都”的旅游形象、潮河改造工程与旅游设施、白河度假组团的休闲化与特色化、穆家峪度假组团的生态环境与景观环境改造、金鼎湖度假组团旅游季节的延伸性建设、南山滑雪场组团的休闲娱乐功能建设、密云水库库区度假组团的功能调整、建设101国道休闲走廊建设等。

(2)提升度假区整体功能

将县域特色产业(服装业)引入旅游业，形成北京市服装展示中心。要依托服装企业，举办定期的服装展示节；通过招商引资，建设大型服装展示中心。大力发展城市休闲娱乐产业。建设以县城为核心的快速旅游交通网。形成以县城为中心的旅游交通网络，在一定程度上弱化了县城的旅游接待中心的功能，加强县城与各个景区之间的交通联系的畅通性建设，强化县城的中心功能。

5. 开发长城与水库旅游产品

(1)古北口—长城旅游区

形成司马台长城景区、卧虎山-蟠龙山-古北口长城文化景区、古北口镇以长城文化为特色的旅游城镇3个区状景区，遥桥峪古城堡、西庄子古城堡、墙子路古城堡3个点状景区的长城旅游资源开发格局。

(2)古北口段长城

将古北口的恢复性建设作为长城旅游的形象工程，力争修复古北口长城，重建古北口镇作为军事要地的历史风貌。

(3)司马台景区

调整景区规划，限制在景区进行大规模的商业开发，完善景区入口处景观质量，建设与景区环境相协调的标志性入口区；将景区建设的重点调整到景观环境的改善方面；完善景区的游览功能，全面提高步行游览道的建设质量。

(4)环密云水库旅游景观区

建设沿101国道的休闲产业带，建设两大湿地保护区，形成白河、潮河生态长廊，对环湖林区进行景观美化改造，打造“密云山水画廊”

旅游品牌，湖区东南岸实现景观亮化工程，水库上游万亩果园休闲农业旅游区实施生态化开发。

6. 整合云蒙山旅游区资源

(1)经营原则

针对目前存在问题，对现状经营管理体制、管理方式、建设思路方面存在的问题，对景区进行全面的调整，实现多个景区的统一投资、统一管理，提高资源利用效率和景区总体竞争力。

(2)经营模式

可综合使用大企业出资统一收购多个景区的经营权、引入现代企业制度组建新的旅游开发总公司、鼓励现有景点联合成立云蒙山旅游协调委员会、对现有景区实施股份制改造、由最有竞争力的景区兼并其他弱小景区。

(3)景区整合

将14个景区按照空间分布进行整合，形成4个统一投资主体、统一管理的复合型旅游景区体系，分别为黑龙潭-九道湾-桃源仙谷-云蒙峡-五座楼景区、白道峪-三峪-黑山寺景区的资源、清凉谷-龙云山-天仙瀑风景区和精灵谷-京都第一瀑的整合。

四、生态建筑和房地产业

立足首都对密云的区域定位和本县环境特点，依据建筑和房地产业发展的现实需要，围绕“水”资源的优势做生态文章，特别要在环境保护和节约能源方面创出行业特色。以生态带动行业发展，培育支柱产业，建设生态人居环境，打造宜居城市，走环保节能的可持续发展道路。

建设密云县生态型建筑和房地产业的总体思路是：以县内外两个市场为导向，以满足人民群众多样的住房需求为目标，牢牢抓住住宅郊区化的发展机遇，选准市场定位，发挥区域优势，调整产业结构、控制总量、盘活存量，以生态改造和建设为契机，加大建筑和房地产业的科技含量，逐步实现行业的产业化，为人民群众营造数量质量都好得多品位生态节能住宅和更为健康舒适的居住环境。

1. 新建城市住宅的生态化

建设目标：新建住宅及公共建筑以青灰色调为主，禁止在主要街道两侧建住宅，特别要禁止新建区底商的商住楼，严格按北京市《居住建筑节能设计标准》节能65％的要求进行设计建设，有目的地选择成熟度高的生态技术措施，提高产品的生态节能效果。

2. 现有城市住宅生态化改造

改造目标：从基础条件较多的20世纪90年代后期建设的住宅入手。结合住宅大修、分期分批改造，力争用10年时间，将50％的旧住宅达到北京市《居住建筑节能设计标准（节能50％）》的要求。

3. 农宅的生态化改造

改造目标：从目前每年新建、翻建的近10万 m^2 农宅入手，通过推广标准图集住宅试点入手，推广对现有农宅的改造。

4. 公共建筑的生态化

建设目标：配合我国2005年7月1日起正式实施的综合性国家标准——《公共建筑节能设计标准》，通过选择成熟度高的生态技术措施，改善建筑围护结构保温、隔热性能，提高供暖、通风和空调设备、系统的能效比，采取增进照明设备效率等措施，在保证相同的室内热环境舒适参数条件下，与20世纪80年代初设计建成的公共建筑相比，达到全年供暖、通风、空调和照明的总能耗减少50％的目标。

5. 绿色施工现场管理及措施

管理目标：施工现场不仅应严格按照规划、设计阶段的要求进行施工，还应积极贯彻绿色施工的方针和技术措施，通过切实有效的管理制度和工作制度，最大限度减小施工活动对环境的不利影响，减少资源与能源的消耗，实现可持续发展的要求。

五、生态文化产业

生态文化建设目标主要有生态文化意识、生态文化素养和生态文化产业等三个层次，重点和终极目标在产业建设，文化意识和文化素养是产业发展的基础。

1. 生态文化主要建设目标

(1)培育公民环境意识,改善生态环境

建设密云生态文化的认知体系,凸现密云仁山智水、厚德远识的历史底蕴,培育公民爱国护根、守望家园的民族传统精神,结合体现现代生活时尚元素,引导人们养成保水、护绿、节能、减废的行为习惯,护家园之根、建和谐社会、过绿色生活,为密云生态产业建设奠定文化根基。

(2)提高公民文化素养,构建和谐社会

对公民进行以仁、智、康、乐为内涵的生态文化素养的培育,通过传播手段、机制培育、设施保障、队伍组建等方式,使生态文化成为密云人民的共识和共同的行为规范,并由此形成良好的社会风气,促进公民素质的提高和社会生活的改善,构建和谐社会。

(3)发掘生态文化潜力,繁荣文化产业

密云的生态环境和浓厚的人文底蕴为生态文化产业发展提供了得天独厚的机会。以民俗旅游为载体、乡村建设为依托、民间文化为内核、人文奥运为契机,实现以旅游、体育、美育、环保为主体的文化产业创新;打造中国生态文化产业的明星品牌。建立集影视、文化、休闲、娱乐、科研、交流、培训等于一体的开放性、国际性的多功能型文化产业区域,以此形成产业链,实现文化建设拉动经济建设的跨越性飞跃。

2. 生态文化建设主要内容

(1)清晰的生态文化理念

2008 年前进行两次公众生态文化现状调查;2006—2010 年,每年举办一次与“生态集市”连办的生态文化论坛;出版一本生态文化论文集;创建一套密云生态文化指标体系(包括乡村、社区、学校、旅游、商场、餐饮及其他企业等领域)。

(2)深入的生态文化传播

建立县、镇、村三级生态文化教育基地;对全县各级干部和村干部进行至少一次生态文化培训,并通过各种方式对全县群众进行生态文化教育;制作生态文化教育教材、影视作品、招贴画、密云历史文化长卷和相关文化手册。

(3)坚实的社会参与机制

建立各级生态文化联席会和志愿者大队；三年内创建生态乡村、绿色社区和绿色学校的试点，五年进行全县推广；全县垃圾分类达到50%，全面实施26度空调计划，扩大节能产品的使用范围，率先实现绿色奥运行动计划的有关指标。

(4)繁荣的生态文化产业

发展生态教育产业；开发体育健身产业；扶植传统、民俗产业；带动相关文化产业，建立生态文化产业体系。

(5)完整的生态文化设施

完善各级生态文化建设的硬件设施，安装展示牌、垃圾分类箱、草地指示牌、节水节电指示牌等标志性设施；建设至少一处太阳能和低能耗的示范建筑；在县城一条主要街道和各乡镇办公区设置生态文化宣传栏；在县生态教育基地安装免冲厕所。

(6)出色的生态明星品牌

设计一套密云县形象标识；请知名人士出任密云形象大使；打造"护根之旅"、"绿色大巴"和"校园之星"等品牌；召开记者论坛，展示密云文化长卷，推广宣传"生态密云"的文化品牌。

3. 生态文化建设核心工程

(1)建立生态文化教育基地

国家教委、国家环保总局明确要求对未成年人要进行环境保护的素质教育，结合2008年的奥运契机，密云县以自身的环境优势可以率先成立环境保护教育基地，结合现有的文化科普教育中心和"生态环保教育工程"，进行生物多样性和文化多样性保护的大众教育。以吸引京津冀地区的大中小学生，以此可以带动密云的教育产业。基地的目的是让公民在亲近自然的同时萌生环保意识，通过具体生动的培训确立中国公民的环保权利和责任，将环保意识融入生活中。基地包括：展览区，设置密云历史文化长卷展示墙，中国水状况展板，绿色农产品、节能产品和垃圾分类展示；培训区，组织专家队伍，对当地群众每周一次培训，内容包括绿色社区和生态乡村的建设培训、青少年环保培训、志愿者大队和生态文化联席会的组织架构和活动方式培训、绿色建筑培训、环境经济政策培训等；活动区，设计环保小游戏(如抢椅子、快速抢答等)，举办儿童环保歌曲擂台赛、"我眼中的水"图片漫画展等活动。

(2)建设生态乡村

生态乡村的建设应当因地制宜,根据各地实际情况制定合理的时间表。原则上,一年内各个乡镇应当创建一个示范生态乡村;五年内全县范围内实现村村有村社生态联席会,人人选择绿色生活方式。2010年以前,在全县树立一到两个国内外知名的明星生态乡村。

(3)系列公民活动

建设生态乡村、绿色社区和绿色学校,是公众对全县生态文化建设的日常式参与。发动公民环保活动,则是公众对全县生态文化建设的运动式参与。力争通过一系列公民环保活动,使生态文化变成公民环保行为,充分调动群众的积极性,进而大力促进全县生态文化建设工作。与其他部门的群众活动相结合,在全县范围内,分期策划发起各种大范围公民活动。

第四节　密云创建国家生态县的思路

一、为什么要创建国家生态县

1. 创建国家生态县是密云发展历史的选择,是多年来我们努力寻找的"保水富民强县"之路

密云的发展历史是紧紧围绕"水"进行的。1958年开工修建密云水库,全县24万亩良田被淹,密云从北京的鱼米之乡变成了缺粮县。1985年,密云水库的主要功能由防洪和灌溉变为向北京供应饮用水,全县83%的土地被划为水源保护区或水源补给区。为了保水,密云停办了红火的水库旅游业,主动关闭了200多家乡镇企业,严格限制对铁矿石储量达11亿吨的矿山开采,最大限度地消除了污染源。"靠山不能吃山,靠水不能吃水",如何正确处理保水与富民的关系,是密云历届县委、县政府和全县人民面临的一个重大课题。近年来,密云人民逐步认识到,多年的保水虽然使密云丧失了许多发展机遇,但由此形成的一流的生态环境,为密云经济社会发展积累了巨大的后发优势。在进一步总结历史、认清现状的基础上,我们认为创建国家生态县是延续了密云的历史、符合密云实际,能够促进密云更好地走上"保水富民强县"的发展道路。

2. 创建国家生态县是密云落实科学发展观，高标准履行北京生态涵养发展区功能定位的需要，是我们现在要走的具有水源区特色的科学发展之路

2003年1月25日，胡锦涛总书记来密云考察时指出："密云水库无论从水资源的保护还是从居民生活和城市建设来讲，都是北京的生命之水，关系着北京的发展大局。"北京新的城市总体规划把密云定位为"生态涵养发展区"，确定密云是"北京东部发展带上的重要节点，是北京重要的水源保护地，也是国际交往中心的重要组成部分"，这为密云今后发展提出了明确要求。同时，"新北京、新奥运"战略中"绿色奥运"的理念，也为密云的发展提出了新的要求。面临新的形势和机遇，我们清醒地认识到，密云虽然因为保水累积形成了良好的生态环境，但密云在经济发展和社会进步方面与北京先进地区相比还存在着较大差距。由于保护水源和建设生态的标准越来越高，密云的资源开发以及产业发展也受到越来越严格的限制。密云要落实科学发展观，高标准保护水源，高标准履行北京生态涵养发展区功能定位，就必须坚持生态优先的原则，促进生态优势向经济社会综合优势转化。创建国家生态县，正是一条我们要走的具有水源区特色的科学发展之路。

3. 创建国家生态县是推动全县各项工作，不断增强密云可持续发展能力，促进密云生产发展、生活富裕、生态良好的文明发展之路

国家生态县建设指标包括经济发展、环境保护和社会进步三大类，结合密云的实际和发展需要，我们认为创建国家生态县是密云高水平建设小康社会、努力推进社会主义新农村及和谐社会建设的有效载体。密云创建国家生态县，就必须摒弃以牺牲环境为代价的不可持续发展模式，避免走"先污染，后治理"的发展老路，就应当全力实现保护水源和经济发展的双赢目标，不断增强可持续发展能力，全面促进生产发展、生活富裕和生态良好。基于以上认识，我们在北京市率先提出利用4～6年时间实现创建国家生态县的奋斗目标以来，全县上下思想高度一致、士气空前高涨，全县各部门、各单位纷纷行动起来，迅速掀起了创建国家生态县的热潮。

二、创建国家生态县的理论基础

图9-16是密云经济发展模式的示意图，也是密云进行生态资本

运营的理论基础。图中横坐标表示的是一个国家或地区的经济发展水平,纵坐标表示的是一个国家或地区的环境质量水平。从国际经验来讲,除了个别极端情况,一个国家或地区的生态环境质量水平与其经济发展水平基本是正相关的,最直接的表现就是,欧美等发达国家的生态环境水平明显高于发展中国家。具体到密云与北京其他区县的比较,多年的保水使密云在北京的 18 个区县中经济发展水平在相对落后,同时也积累了明显的生态环境优势。在科学发展观的背景下,密云充分认清了自身的生态环境的价值以及经济发展的后发优势,积极从被动保水向主动保水转变,力争真正避免走"先污染、后治理"的弯路,加速生态环境优势向经济发展优势的转化,提高自身实施生态补偿的能力。

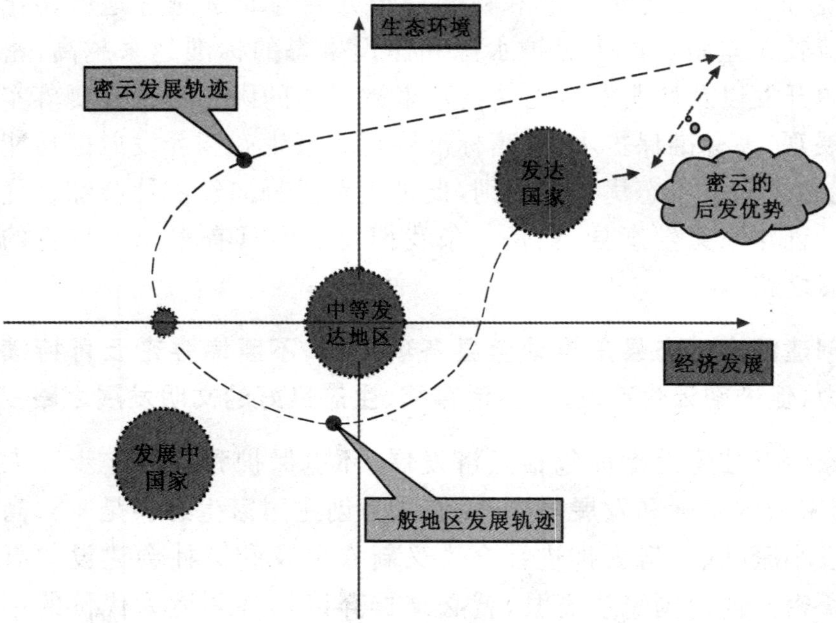

图 9-16 密云发展的后发优势示意图

具体实践中,密云是以创建国家生态县为载体和平台来实现生态资本运营的。图 9-17 是密云生态县建设的整体思路。为保护好密云水库这"一盆净水",密云县于 2000 年制定并全面实施了首都水源区发展战略,2004 年启动创建国家生态县。通过"环境立县、引进强县、科教兴县、依法治县",努力寻求保水、富民、强县的最佳结合点坚持走生态环境保护和经济社会发展"双赢"之路。密云县找到了正确处理经济发展和水源保护关系、促进区域协调发展的路子。

密云县的生态县建设规划、县城规划和"十一五"规划中,按照贯

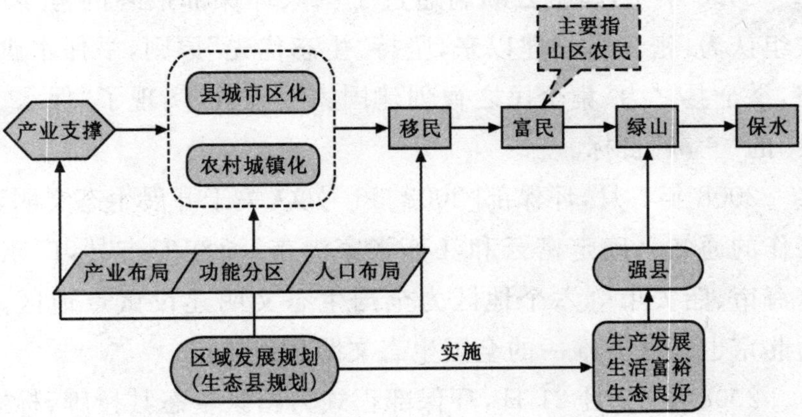

图 9-17 密云生态县建设整体思路

彻科学发展观和落实北京区县功能定位的要求，将密云县域整体功能区分为，水库上游生态涵养发展区和水库下游城镇与产业发展区，水库上游重点涵养生态，水库下游重点发展经济。明确了统筹区域发展，大力发展以密云工业区为龙头的水库下游城镇产业发展区，带动水库上游生态涵养发展区产业和人口转移、疏散，促进水源保护，发展密云经济，实现农民增收的总体部署。在这种发展思路指导下，密云县逐步将自身的生态优势转化为经济优势，走上了保护首都水源和富民强县相互促进的快速发展之路。

第五节　密云创建国家生态县的历程和举措

一、创建国家生态县的基本历程

2001 年，密云确立了首都水源区发展战略。

2004 年 9 月，国家环保总局批准密云为国家生态示范区。

2005 年初，密云在北京市率先提出利用 4～6 年时间实现创建国家生态县的奋斗目标。

2007 年 3 月，根据工作进程和环保总局的建议，我们提出全面提速创建步伐，确保在 2008 年北京奥运会前实现创建目标。

2007 年 10 月，密云顺利通过北京市环保局的考核验收。市考核验收组认为：密云的创建工作成效显著，使密云出色地发挥了首都绿色生态屏障作用，有力地保护了首都的生命之水，为北京建设首善之区做出了重要贡献。

2008年4月，密云顺利通过了国家环保部最终的考核验收。验收组认为：密云自创建以来，坚持“生态优先”原则，举保水旗，走生态路，举全县之力、集全民之智创建国家生态县，实现了“保水、富民、强县”的“三赢”目标。

2008年5月，环保部[2008]36号文《关于开展生态文明建设试点工作的通知》，确定密云和江苏张家港市，浙江安吉县，广东深圳市、珠海市、韶关市等六个地区为全国生态文明建设试点地区。密云成为北京也是北方唯一的全国生态文明建设试点。

2008年10月21日，环保部正式为国家生态县授牌，标志着历时四年的国家生态县创建工作圆满完成。国家生态县的创建工作为密云全国生态文明试点的建设工作打下了坚实的基础。

二、创建国家生态县的主要举措

密云创建国家生态县的整体思路是以“保水富民强县”为目标，以“生态优先”为原则，以生态环境建设为切入点，以生态经济建设为着力点，以生态文化建设为支撑点，整体打造“生态密云、休闲之都”区域品牌形象，全面建设生态、富裕、和谐的新密云。在具体推进创建的过程中，坚持“四个有力保障”和“七个紧密结合”。

（一）四个有力保障

1. 组织保障、创新机制，建立了上下贯通、指挥有力、运转高效的领导体系和工作机制

成立了由县委书记、县长任总指挥，县人大主任、政协主席任顾问的创建国家生态县总指挥部，下设创建进程督导、全民参与、新农村建设、城市建设和管理、产业支撑、文化事业和创建保障七个分指挥部。为保证将全县的工作融入到生态县创建中，研究制定了涵盖全县政治、经济、文化、社会发展各个方面，包含十大工程186项指标任务的《创建国家生态县折子工程》，明确了“属地管理、一把手负总责”的工作原则，并列入了县局级单位和各乡镇、街道领导班子的年终考核。创建过程中，每到创建取得阶段性进展的关键时期，都及时召开创建国家生态县总指挥部工作会议，总结进展和经验，研究部署下一阶段的创建工作。以生态县建设的26项精品工程和70个示范典型为重点，县里各位主要领导多次带队拉练检查，以现场办公的形式及时帮助基层解决创建中遇到的难点问题。

2. 宣传保障、广泛动员，形成了群策群力、全民参与的创建局面

创建国家生态县三年以来，县委县政府每年都把年初的全县工作会议与“创建国家生态县动员大会”合二为一，每年都研究出台密云县创建国家生态县实施意见。由全民参与分指挥部组织实施了生态县建设“全民参与四个一工程”：制定并推行了一套《密云生态文明行为规范》；以“生态知识宣讲、文明行为传播、奥运志愿服务”为使命组建了一支3万人的“生态使者团”，以生态使者为主力，发起了全民参与建设生态密云的系列活动。

3. 规划保障、科学布局，使整体创建工作紧张有序、集约高效

我们采取“内外脑结合，以我为主”方式，编制了科学可行的《生态县建设规划》，明确了“水库上游为生态涵养发展区和水库下游为城镇产业发展区”的县域功能分区以及“一区两带”的产业布局和“一城六重点镇”的城镇布局。《生态县建设规划》为密云编制和完善十一五规划以及新城规划打下了扎实的理论和思想基础，保证了规划的统一性和有效性。

4. 政策保障、确保投入，形成了政府引导、社会筹措与群众自愿投工投劳相结合的多元化投入机制

从2005年起，每年县政府至少拿出县财政收入的10%专门用于农村环境建设；制定了《环境优美乡镇、文明生态村扶持奖励办法》等文件；鼓励广大农民投资、投劳；2007年底正式成立了中国第一个水源保护基金会，积极争取社会各界对首都水源保护的关注和支持，形成全社会支持“保首都水源、建生态密云”的合力。

（二）七个紧密结合

1. 与社会主义新农村建设紧密结合，以“高标准、低成本、能承受、可推广”为原则，大力推进环境优美乡镇和文明生态村建设

创建环境优美乡镇和文明生态村，是密云创建生态县的重点和难点，也是密云推进社会主义新农村建设的主要内容。目前，全县18个乡镇，除正在整体转制的檀营乡之外，其余17个镇全部通过了专家组的考核验收。全县334个行政村中，已有259个通过文明生态村验收，未验收的村也都实施了环境整治工程。

2. 与建设园林型宜居城市紧密结合，努力提升城市建设和管理水平

对于密云的城市建设和管理来讲，创建国家生态县的具体目标是建设成园林型宜居城市。2007年1月，经过两年的努力，密云成为北京首个“国家卫生县城”，去年年底被评为“全国绿色小康县”，今年又荣获“国家园林县城”。

3. 与促进密云经济实现“又好又快”发展紧密结合，通过产业联动大力发展生态经济

密云经济能否实现“又好又快”的发展是检验生态县创建是否成功的重要标志。为了实现这一目标，我们通过一、二、三产产业联动大力发展生态经济。一是一产向三产转化，大力发展都市型现代农业。在不断提高已有的农业观光采摘园的基础上，建设了玉米迷宫、百年栗园等一批同时具有农业生产和旅游观光功能的新型项目。完善了以农业企业为龙头，以农民专业合作社为载体，努力延伸种植、养殖、加工、销售、旅游观光于一体的农业产业化链条。目前，全县发展绿色、无公害和有机食品基地45.05万亩，建成标准化农业基地247个，观光采摘园70个，休闲渔业小区103个，农民专业合作社283个，均在京郊名列前茅。二是二产向三产延伸，大力发展环境友好型工业。以创建生态工业园区为重点，整体提高企业环保标准和节能减排要求，90家规模企业通过ISO 14000环境管理体系认证。推进了首云矿山公园、铜牛制衣等10家生态理念清晰、生态成效显著的环境友好型企业的建设。三是以休闲旅游业为龙头，整体带动三产的发展。确立了“原生态山水、体验式休闲”的旅游理念，依托优良的自然环境，大力发展山地穿越、攀岩、攀冰、垂钓等健康时尚的户外运动。大力发展民俗旅游，全县有35个村1 800户农民通过发展民俗旅游实现就业。

4. 与切实解决好“民生问题”紧密结合，把创建国家生态县建成促进社会事业发展，群众普遍受惠的“民心工程”

“为群众谋利益，让群众得实惠”，是密云始终坚持的创建宗旨。三年来通过创建国家生态县，一批历史遗留问题得到妥善解决，群众信访明显减少。

5. 与“迎奥运、讲文明、树新风”活动紧密结合，把创建国家生态县做成密云的“奥运工程”

通过创建国家生态县，丰富和推动了密云的“迎奥运、讲文明、树新风”活动。

6. 与密云形象的提升和宣传紧密结合，通过创建国家生态县打造“生态密云、休闲之都”的县域品牌形象

从2005年起，每年都精心筹办一届密云生态文化节，文化节期间成功举办了“鱼王美食节”、“农耕文化节”、“北京密云休闲论坛”等活动。面向社会开展“生态密云”广告宣传口号以及“生态密云、休闲之都”县域形象标识征集活动，开展生态之星和“生态密云形象大使”评选等活动。大力开展绿色企业、绿色社区、绿色学校、绿色公交、绿色景区、绿色饭店等系列绿色创建活动，从不同的层面、不同的方式，培育生态理念，增强生态意识，弘扬生态文化，提升品牌形象。同时深刻挖掘密云文化，出版发行了《密云生态文化丛书》、《密云旅游文化丛书》、《密云生态文艺丛书》等系列文化丛书。群众自编自演了一批脍炙人口的文艺作品。密云正在致力于打造以“水缘”为主题的城市文化。“上善若水、厚德载物”的人文理念深深扎根在密云人的心中。

7. 与“三级联创”和保持党员先进性教育紧密结合，把创建国家生态县做成密云的“党建工程”

我们始终强调，广大党员干部是创建国家生态县的骨干力量，创建国家生态县是推进农村党建“三级联创”和保持党员先进性教育的实践载体。结合生态县的实际工作，我们在全县76个党委、1 238个党总支(支部)、32 000名党员，集中开展了保持共产党员先进性教育和“三级联创”活动。通过实行党员、代表包户监督，无职党员定岗定责等工作制度，巩固建设成果。全县各级党组织切实发挥宣传、组织、发动和推进工作的职能，成为推进创建生态县工作的坚强堡垒。

第六节 创建主要成效

经过近3年的努力探索和大胆实践，密云创建国家生态县取得了显著成效，实现了三个转变和三个增强。

一、实现了发展理念和思维方式的转变，增强了生态建设的自觉性

通过创建，密云人民更加清楚地认识到多年保水造就的良好生态环境已经成为密云发展的最大优势，环境也是生产力，保护环境就是创造生产力。许多人和许多企业都实现了从"被动保水"向"主动保水"、从"不能污染"向"不会污染"的转变。人们进行保护水源和建设生态的主动性和自觉性大大增强。

二、实现了产业结构和生产方式的转变，增强了发展经济的自信心

通过创建，密云的生态优势正在转变为经济优势。农民就业和增收方面取得突破性进展，通过建立和推行"养山就业"、"保水就业"和"保洁就业"的生态公益性就业机制，7 759名农民成为生态林管护员，1 722名农民成为农村保洁员，1 000名农民成为农村管水员，参与农民平均每人每年增收5 000元。2007年，地区生产总值95亿元，同比增长10.5%；财政收入8.74亿元，同比增长23%。2007年一季度，全县各项主要经济指标中，指标完成情况均高于年初计划增速，大部分指标增幅高于上年同期，创建国家生态县使密云的后发优势日益显现，发展经济的信心日益增强。

三、实现了城乡面貌和生活方式的转变，增强了密云人民的自豪感

通过创建，城乡面貌尤其是农村面貌发生了前所未有的改观。截至目前，全县农村硬化路面近300万m^2，安装太阳能路灯近2万盏，全县农户节能吊炕、太阳能热水器和改厕的普及率分别达到73%、78.3%和100%，山区农村千百年来的生活习惯改变了，农村的

生活环境质量大大改善了。在创建生态县近三年的历程中，密云获得了“首都文明县”、“中国魅力名县”等诸多荣誉，密云创建国家生态县的士气以及密云人民心中的自豪感与日俱增。

第十章

文化生态补偿与首都水源区生态文化建设

第一节　文化生态补偿意义

一、生态文化概述

1. 生态文化的内涵

人类文明史在走过了史前文明(原始文明)、农业文明、工业文明之后,产生了严重的资源枯竭、环境污染和生态破坏问题,引发了诸多全球性危机。经过反思与调整,受到广泛认可的可持续发展理论体和技术系把人类文明史推进到一个崭新的阶段——生态文明阶段。人类文明史及其与主流文化的对应关系见表10-1。生态文化是生态文明时代的主流文化形态。

表10-1　文明进程和主流文化的对应关系

历史时期	产业特征	文明特征	文化特征
原始社会	采集狩猎(未发育为产业)	史前文明	原始文化
小农经济时代	传统农业	农业文明	农业文化
大机器工业时代	规模工业	工业文明	工业文化
从当代开始	生态产业	生态文明	生态文化

文明和文化的概念内容都极其丰富。文明是表征人类进步程度的,表示的是人类在历史纵坐标上前进的距离,包括物质、精神两个方面;文化则是表征人类对自然(包括人类自身)非自然化的特征,具有正、负的方向性(比如先进文化和腐朽文化),包括物质文化、精神

文化和行为文化三个层次。

从广义上讲，生态文明就是工业文明之后的文明阶段；如果以核心产业注解——比如说，工业文明是以工业为主要特征的文明形态——则生态文明就是以生态产业为主要特征的文明形态。生态文明的本质是人类在处理人与自然关系上的文明和进步，其最重要的特征是广泛传播和全面贯彻可持续发展的思想。生态文明在文化上的反映和积淀就是生态文化，是一种以“非人类中心主义”为哲学指导思想，追求人与自然和谐共处、协同进化，实现经济社会可持续发展的文化形态。其主要特征表现为精神、物质以及制度层面上的含义。

(1)精神层面

在精神层面，或者说在价值观层面，要走出“人类中心主义”，抛弃人与自然割裂、对立的思维方式，确立人与自然和谐共处、互相促进的可持续发展关系模式，培育和提倡生态价值观、生态伦理意识、生态保护意识、生态科技意识和尊重自然的态度。

(2)物质层面

在物质层面，即在生产生活过程中，要坚持生态效益、社会效益和经济效益三结合的原则，努力走无污染、零排放、节约、高效的道路，大力发展循环经济，比如绿色、环保、高效的高新科技产业，绿色人居，生态休闲产业，无污染和高附加值的农产品加工业等；提倡节约的生活方式和保护环境的生活习惯。

(3)制度层面

在制度层面，即在政策法规、风俗习惯等各种社会约束中，要建立保护生态环境的政策、法律、法规和管理办法，积极鼓励健康文明的社会习俗和生活方式，改革或禁止不利于生态环境保护的政策、法规以及风俗。

2. 生态文化思想简史

人类古代文化中包含着许多朴素的生态文化思想，包括中国的“天人合一”思想和整体观念，古希腊、古罗马尊重自然的思想。但真正的生态文化意识则出现于大工业发展之后。

工业文明帮助人类通过“人造工程”取得了“战胜自然”的巨大成就，这些成就也导致人类自我意识的极度膨胀，进而形成“人类中心主义”哲学，只承认人类自身的价值，只关怀人类自身的利益，只对人负有直接的道德义务，不关注环境的价值或者把对环境价值的关怀只视为对人的一种间接义务。这种哲学是导致现代严重的环境问题和生态危机的根源。而"非人类中心主义"哲学对这种极端的哲学进行了矫正并最终催生了生态文明观和生态文化。

以辛格（P. Singer）和雷根（T. Regan）为代表的动物解放/权利论从感知能力或生存权利出发，要求人类尊重动物的生存，突破了人类中心论的局限，把道德关怀的视野从人类扩展到了人类之外的动物；施韦泽（A. Schweìtzer）"敬畏生命"的伦理学和泰勒（P. Taylor）"尊重自然"的伦理学则重新定位了人在自然中的位置；利奥波尔德（A. Leopold）的大地伦理思想、奈斯（A. Naess）的深层生态学、罗尔斯顿（H. Rolston）的自然价值论则把有价值实体和人类关怀的范围推广到所有自然存在之物，认为人应该对生态系统负有道德责任。

1886 年德国生物学者恩斯特.海克尔首次提出并定义了生态学的概念。特别是 20 世纪的后半叶，学术界以几个里程碑式的事件为先导，推动了全球生态文化的发育进程。这些事件包括 1962 年《寂静的春天》的出版；1968 年"罗马俱乐部"成立；1972 年《增长的极限》报告发布；1987 年《我们共同的未来》报告发布，以及在 20 世纪 70 年代创刊的、后来对全球产生了重大影响的《环境伦理学》和《生态哲学》等学术刊物。

经过努力和带动，政府和民间组织也积极行动起来。1972 年首次联合国人类与环境大会召开，发布了《联合国人类环境会议宣言》，并确定每年的 6 月 5 日为世界环境日；1973 年，联合国成立环境规划署，1983 年，联合国成立环境与发展委员会；1992 年在巴西召开的世界环境与发展大会，通过了《里约环境与发展宣言》和《21 世纪议程》，会上还提出了全球伦理三个公平原则，即代内公平、代际公平和人类与自然之间的公平性。到这个时期，可持续发展已经成为世界共识，而谋求人与自然的和谐发展则是全球共同推崇的道德准则，生态文化作为一种先进的文化形态得道了广泛的认同，并逐步渗入到社会经济活动的角角落落之中。

20 世纪 90 年代以后，生态文化的研究和发展呈现出蓬勃兴起的多元化趋向。生态与文化、宗教、政治、经济、伦理、现代化、全球化等学科和问题的结合，产生了诸如生态哲学、生态经济学、生态伦理学等多种新学科和新理论。在实践方面，许多国家、区域、民族和城市都提出了自己的原生态文化模型和生态文化建设纲领，比如西藏生态文化、傣族生态文化、安吉生态文化等。一批具有特色自然生态条件和历史传承的城区，成功地做响了具有自身特色和世界影响的生态文化品牌。

二、密云生态文化的范畴

2005年8月，《密云生态县建设规划》通过北京市环保局和国家环保总局的专家组评审，9月，顺利通过了县人大常委会的审议。这一规划的出台对密云的发展具有重要的历史和现实意义：①明确了目标、统一了思想，以《生态县建设规划》为基础，密云先后制定和完善了《密云"十一五"经济社会发展纲要》以及《密云县域规划》和《密云新城规划》；②明确了思路、找准了抓手，密云县委、县政府明确以创建国家生态县为总抓手，统领全县的经济社会各项工作，将全县工作整体分为"生态环境、生态经济、生态文化"三大块；③突出强化了生态文化的地位和作用，以生态文化建设统领各项社会事业的发展，国家环保总局与北京市环保局的领导和专家对一个地方政府把生态文化提高到这样的地位表示高度肯定和支持。

1. 密云生态文化的内容

需要说明的是本研究对象"生态文化"不同于按照行政部门划分的文化概念，而是一种"大文化"的概念。宏观上包含精神（理念）、物质和制度三个层面。从抽象思想意识、指导思想，到具象的文化载体、文化活动，从民间的风俗约定、村规民范，到政府的产业政策、发展导向，生态文化是密云县生态、经济、社会发展的灵魂。具体的分解，密云生态文化包括：第一，人与自然的哲学态度，其中包括人与人的态度，属精神文明范畴；第二，产业发展的指导原则，包括工、农、商等各业，属物质文明范畴；第三，社会规范习俗，包括以法律、制度、规定和公约等各种形式确立下来的对公民行为具有约束力的条文，属制度文明范畴。

在密云创建国家生态县的背景下，研究密云的生态文化建设包含传统意义上的文化事业建设，并以其为主要内容，但又不局限于狭义的文化建设。

2. 密云文化是一种典型的生态文化

自从1958年密云水库开工建设起，保护环境、保持水土的观念就深深植根于密云各级各类组织和人民的心中。为了修建水库和保水，密云先后进行了三次大规模的人口搬迁，相当一部分原因是为了减少水库上游的人口数量，降低居民生活对水库的环境压力。

水库建成后，密云在生产、生活的各个领域更是以保水为第一要务。第一，把保水和治山以及全县生态环境整治紧密联系起来。密云的荒山治理和植树造林活动取得了巨大成效，多次被国家林业部门褒奖，曾获"全国林业生态建设先进县"荣誉称号，2006年再次获得"全国绿化模范县"荣誉称号。密云县城镇环境建设也取得了丰硕成果，获得国家"园林卫星城镇"荣誉称号。第二，长期积极发展生态农业。努力减少化肥、农药和难降解塑料的使用量，并大力发展生物防治等无污染和少污染农业技术。在绿色食品和有机食品生产方面，密云走在京郊区县的前列，已成为北京重要的绿色食品生产地，并被农业部认定为"国家级无公害蔬菜生产示范基地县"。

在工业发展思路上，杜绝污染型企业，并积极改进三废处理设施，提高废弃物资源化水平，鼓励和倡导生态型产业发展，县城以高新技术工业和生态环保产业为主的工业园区已初成规模。在乡村环境整治方面，着重抓改水改厕、污水处理和废水达标排放。经过数十年的积累，当前密云县不仅水质、空气质量都达到优良的标准，广大城乡居民和各类从业者也已经养成了保护环境的生活习惯和形成了低污染、高生态效益的生产标准。

密云县在生态环境建设和生态经济发展上所取得的综合成就还赢得了全国"山区水利富民综合开发优秀区县"、"环境综合整治定量考核先进单位"、"全国水土保持生态环境建设'十百千'示范工程示范县"、"国家生态示范区"(一类示范区)等荣誉称号。密云一直在按照很高的要求建设本县生态环境，也坚持严格的生态标准建设各种产业，因此可以说，密云的产业是典型的生态产业。那么与密云主导产业和经济社会相适应的密云主体文化自然是典型的生态文化。

三、密云生态文化建设的意义和必要性

1. 思想和理论层面的意义

文化是一个地区、一个城市得以生存和发展的基础。有什么样的文化，将在一定程度上决定这个地区、这个城市的特色和个性，决定具有什么样的综合竞争力。密云，历史悠久，人文荟萃，古时就被称为“燕国天府”。密云文化底蕴深厚，县域内长城绵延 220 km，占北京市的三分之一；千年古镇古北口有“京师锁钥”之称，自古为兵家必争之地，至今这里仍有大量的古迹遗存；密云的五音大鼓被称为“北京的纳西鼓乐”，全国独有；五音大鼓、蝴蝶会等民间流传的古老艺术已申报了国家级非物质文化遗产。密云既要继承这些优秀的传统文化，又要与时俱进地丰富和发展密云特有的文化内涵，出精品、出人才，打造品牌，特别是要打响“生态密云、休闲之都”生态文化品牌，做深做透生态文化文章，提升文化品位，树立密云新的形象。

当前广为流传的一句话就是“今天的文化就是明天的经济”。文化可以创造财富，文化可以出生产力。经济竞争力的背后是文化，文化是经济社会发展的源泉和动力。随着科学技术的不断发展，文化和经济出现了加快融合甚至一体化的趋势，文化已经成为增强经济综合实力和提高区域竞争力的重要因素。作为经济社会发展的重要战略资源，文化生产已日益成为当代经济生活的一部分，成为复杂的现代化生产的一部分。经济活动中注入的文化内涵越多，竞争力就越强，效益就越好；文化发展中吸收的经济成分越多，科技含量越高，文化的覆盖面就越广，影响力就越大，渗透力就越强。从这个意义上说，现代经济就是文化经济。尤其是创意文化产业是一个集中代表现代经济、政治和文化发展全球性的新兴产业，具有科技含量高、能耗少、生产工艺先进、产品附加值高的特征，正以迅猛的发展态势，成为人类社会不可缺少的产业门类。在一些发达国家和国内的一些大中城市，已经成为支柱产业。为此，密云要树立起文化也是生产力的观念，认真研究“文化经济”，理清思路，突出重点，大力发展文化产业，更好地发挥文化力对经济社会发展的巨大推动作用，使之成为密云新的经济增长点。可以相信，繁荣文化事业，发展文化产业，将为密云的经济社会发展构筑起一个新的平台。

2. 实践和工作层面的意义

2006 年 12 月，密云委县政府召开全县文化工作大会，依据《密云生态县建设规划》，结合中央和市委市政府分别出台的《关于进一步加强农村文化建设》的意见的精神和要求，密云专门编制和出台了《关于加强文化建设的意见》。在密云创建国家生态县的具体工作中密云生态文化建设具有特殊的重要意义。

(1)是实践“三个代表”重要思想、贯彻科学发展观的必然要求

“三个代表”重要思想，把代表中国先进文化的前进方向，同代表先进生产力的发展要求和代表最广大人民群众的根本利益作为一个有机整体统一起来，作为一个有机整体，从而进一步明确了建设先进文化在全党工作中的重要地位，明确了先进文化在建设中国特色社会主义事业中的重要作用。代表先进文化的前进方向，是我们党保持先进性的一面旗帜。发展先进文化，加快文化建设，是我们按照“三个代表”要求，实践党始终要代表先进文化的前进方向的具体行动。

党的十六大以来，新一届中央领导集体提出了树立和落实科学发展观、构建社会主义和谐社会的战略要求。科学发展就是经济、政治、文化与和谐社会建设四位一体的全面协调可持续发展；和谐社会建设既是这四位一体的重要组成部分，又贯穿于经济、政治、文化建设始终。落实科学发展观、构建和谐社会，不仅要发展先进生产力，而且要发展先进文化，真正体现以人为本，实现经济社会全面协调可持续发展。文化是科学发展的重要手段和重要组成部分，是维系社会和谐的精神支柱和纽带。近几年在密云推动发展的实践中，我们深刻体会到全面发展、协调发展、和谐发展的极端重要性，实践也证明，推进密云各项事业的发展，离不开先进文化的支撑。我们一定要发挥文化在全面落实科学发展观、积极构建社会主义和谐社会中的独特作用，进一步加强文化建设，从根本上提升密云的持续发展能力，为经济社会快速发展提供更加有力的思想保证、精神动力和智力支持，促进社会的全面进步与和谐发展。

(2)是满足人民群众日益增长的精神文化需求的客观需要

人民群众是文化的创造者和生产者，也是文化成果的受益者，不断满足人民群众日益增长的物质文化需求，维护最广大人民群众的

根本利益，是我们党全部工作的出发点和落脚点。我们发展的一切目的都是为了人的发展，而人的发展又以精神文化为内核，丰富健康的精神文化生活是衡量人的生活质量和发展水平的重要标准。没有文化的繁荣发展，就谈不上人民群众生活质量的真正提高和人的全面发展。随着人类文明程度的提高，特别是社会生产力的迅速发展，人们对物质产品的需求相对降低，而对精神文化产品的需求则不断增长。过去群众听听戏、看看电影、听听广播就很满足了，现在液晶电视、家庭数字影院、电脑、DVD、数码摄像机等现代化的设备陆续走进普通百姓的家里，不出门，在家里就可以自娱自乐，人们的生活方式和休闲方式正在不断的发生变化，人民群众对精神文化生活的渴望与追求在日益增长。他们不仅希望欣赏通俗的民间文化，更渴望能够欣赏到交响乐、芭蕾舞这样的高雅艺术，这就要求我们不断更新观念，繁荣文化事业，推进精神产品生产，努力把更多代表先进文化前进方向的优秀作品奉献给人民，满足不同群体、不同层次群众的精神文化需求。

(3)是建设社会主义新农村和创建国家生态县的客观要求

在社会主义新农村建设中，要求做到“乡风文明”，乡风文明能否做到取决于文化的发展。创建国家生态县是我们建设社会主义新农村的具体实践，是具有密云特色的建设社会主义新农村的平台。创建国家生态县要求我们建设生态环境，发展生态经济，弘扬生态文化。三个方面缺一不可，紧密相连，其中弘扬生态文化为打造生态环境和发展生态经济提供精神动力和智力支持。当国民人均年收入在1 000～3 000 美元时，是一个国家国民素质整体转换的关键时期，即文化发展的关键期。我们密云 2005 年人均年收入约为 2 200 多美元，正处在文化发展的关键时期。现在国内很多地方都提出“文化强省”、“文化强市”的口号，像大连的“服装文化”、南宁的“民歌文化”、厦门的“会展文化”等，都极大地提升了城市的吸引力和经济发展力。因此，我们必须充分认识发展先进文化在全县经济发展中的重要性，解放思想，抓住机遇，加快文化建设步伐。

(4)是密云塑造形象、树立品牌、发展生态经济的重要平台

文化是一个民族的身份证。对于一个国家、一个地区来说，文化是经济发展水平的重要体现，是社会文明程度的显著标志，文化可以展示形象，文化可以吸引人才，文化可以出投资环境，文化可以创造

财富。可以说，文化是灵魂，是特色，是品牌。成功的文化品牌效应将直接影响到经济效应和社会效应。

3. 生态文化建设在生态县建设中的地位

“经济分强弱、文化定输赢”，密云国家生态县建设在强调生态环境与生态经济的同时也十分强调生态文化的建设。

“建设生态环境、优化发展空间；发展生态经济、支撑生态建设；弘扬生态文化、发展实现升华”是密云创建国家生态县的初衷理念，也是密云国家生态县建设的总体思路。这三句话明确了生态环境、生态经济、生态文化三者之间的关系，概括了生态县建设的三个阶段，并指出了每个阶段的工作重点。

建设生态环境、优化发展空间。优良的生态环境是发展生态经济的条件和基础，也是生态经济的一项重要建设内容。建设生态环境、优化发展空间，是整体生态县建设的第一阶段。这一阶段的主要任务是城乡生态环境综合整治。建设生态密云，是要建设“近者悦、远者来”的宜居之地、休闲之都，是要让在密云生活居住的和来密云休闲旅游的人们能够在这里具有更好的生态的感觉和状态，其中包括生存状态、生产状态和生活状态。建设安静优美的环境是生态建设的一个重要方面，而不是其全部内容。不能把生态建设简单地理解为环境建设。

发展生态经济、支撑生态建设。经济实力的增强是巩固深化生态环境建设成果的根本保障，如果没有实现“实力密云”的目标，“生态密云”就是无源之水、无本之木，不久就会枯竭、消亡。发展生态经济、支撑生态建设，是整体生态县建设的第二阶段。这一阶段的主要任务是发展壮大经济开发区，落实“一区两带”产业布局规划，全面提升经济水平和实力。一方面将第一阶段生态环境建设的成果努力转化为经济实力，另一方面为巩固深化生态环境建设成果提供支撑和可能。

弘扬生态文化、发展实现升华。生态文化是生态环境和生态经济建设的原动力和催化剂，也是环境和经济建设成果的重要标志。只有在优良的生态环境和较强的经济实力的基础上，才有可能构建高水平的生态文化。越来越多的人已经开始认识到，经济分强弱、文化定输赢。弘扬生态文化、发展实现升华，是整体生态县建设的高级阶段。这一阶段的任务是，一方面巩固和提升生态环境和经济建设的成果，不断丰富和充实密云特色的生态文化体系，一方面弘扬生态文化，促进环境建设与经济建设在新的起点上实现新一轮又好又快地发展。

虽然生态县建设的三大领域生态环境、生态经济、生态文化，分别是生态县建设三个阶段的建设重点，但并不是在每个阶段内就可以只抓其一而忽视另外两个方面。进一步认清生态县建设的三大领域以及三个阶段和每个阶段的重点，是为了面对不同的形势，在不同的发展阶段能够统筹兼顾、有所侧重，抓住主要矛盾、集中力量，更加科学地、一步一个脚印地扎实推进生态县建设。

在生态县建设的三个阶段当中，弘扬生态文化、发展实现升华，是整体生态县建设的高级阶段，但不是说在前两个阶段就可以把生态文化束之高阁，而一味地抓环境和经济的发展。生态环境和生态经济都不是短期内能够一蹴而就的，需要扎扎实实、坚持不懈地努力，需要靠生态文化提供源源不断地强有力地思想动力。虽然与环境建设和经济发展相比，生态文化建设相对较虚，但要想建设高水平的生态文化并使其发挥思想动力的作用，却需要更加坚定的态度、更加具体的措施、更加持久的耐心、更加有力的宣传、更加广泛的参与。

第二节　密云生态文化建设的目标和内容

一、建设目标和内容

1. 战略定位

纵观密云的发展历程，结合北京对密云的功能定位和发展要求，显而易见“举保水旗、吃环境饭”是密云唯一的选择也是最好的选择。同时，因为北京是世界上水资源最紧张的大都市之一，而密云是北京最重要的饮用水源区，所以密云是决定北京可持续发展的最关键区域。

根据《密云生态县建设规划》，密云把县里的全部工作划分为“生态环境、生态经济、生态文化”三大领域，并明确提出了“建设生态环境、优化发展空间；发展生态经济、支撑生态建设；弘扬生态文化、促进科学发展”的整体工作思路。在密云，生态环境、生态经济和生态文化三者之间具体的关系如图 10-1 所示。

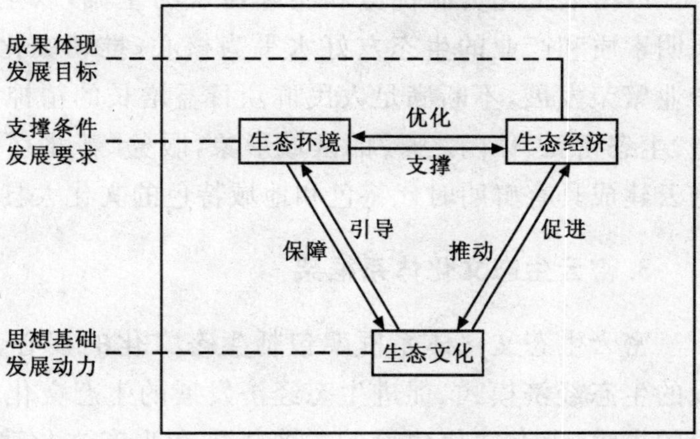

图 10-1 密云生态县建设体系示意图

综上分析我们认为，应从密云和北京两个层面来认识密云生态文化建设的战略定位。

(1)密云层面

密云生态文化建设是密云创建国家生态县、建设社会主义新农村、构建和谐新密云的重要举措；是以生态文化建设促进和推动区域整体经济社会发展的理论和实践创新。

(2)北京层面

密云生态文化建设是影响水源保护的重要工作；是落实新北京规划、推进生态涵养发展区建设的重要探索和示范；是建设宜居城市、实现首都可持续发展的必然要求。

(3)形象比喻

水库像“紧箍咒”一样“限制”了密云的经济发展，但最终也会让密云的发展取得正果。“生态文化”就是使“紧箍咒”产生力量的“咒语”，它将引导和约束密云“又好又快”地实现科学发展。

2. 指导思想与目标

坚持以“三个代表”重要思想为指导，牢固树立科学发展观，紧紧围绕创建国家生态县、建设社会主义新农村、构建和谐社会的总体目标，积极推进文化体制创新，规范文化市场建设和管理，扶持文艺精品创作及文化品牌建设，加强文物保护与合理利用，繁荣发展文化事业和文化创意产业，努力塑造生态文化，为全县经济和社会发展创造良好的文化环境，为指导生态产业建设和孕育新的生态产业夯实基础。

以密云文化资源优势和实际需求为基础，以全面提高人的生态文明素质和产业的生态友好水平为核心，推动文化事业和文化创意产业繁荣发展，不断满足人民群众日益增长的精神文化需要，着力打造“生态密云、休闲之都”的区域形象，服务“新北京、新奥运”战略，把密云建成具有鲜明时代特色和地域特色的文化大县。

3. 密云生态文化体系框架

密云生态文化体系框架包括生态文化的核心、推动生态文化建设的生态经济模式、促进生态经济发展的生态文化理念、生态密云建设的主线、生态文化建设的主要措施和生态文化建设的重要保障六部分内容。这六部分内容分别就像一朵花的花心、花瓣、绿叶、花茎以及土壤和花盆。组合到一起，形成了一朵美丽的生态文化之花(图10-2)。

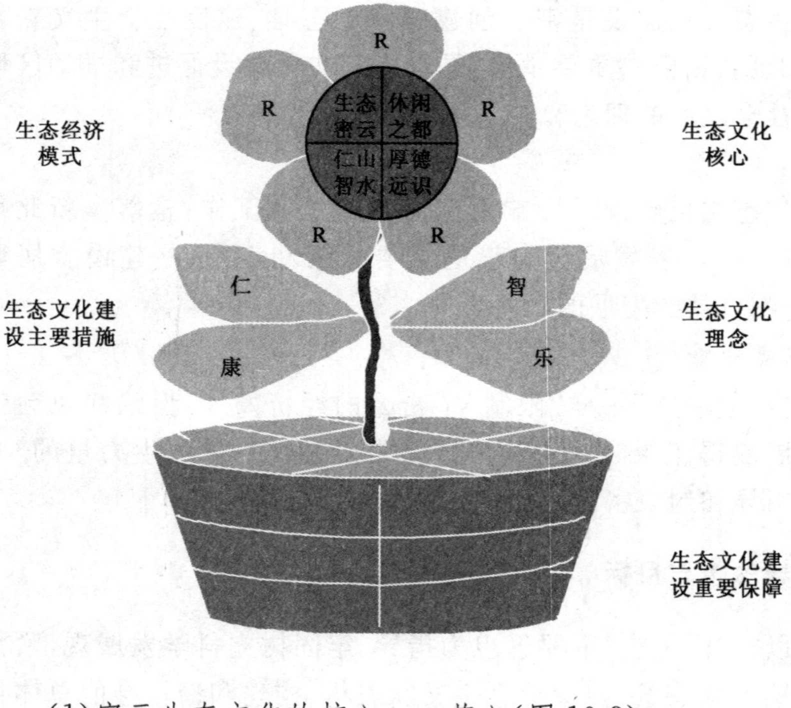

图 10-2 密云生态文化之花

(1)密云生态文化的核心——花心(图 10-3)

“生态密云、休闲之都，仁山智水、厚德远识”是密云的品牌，也是密云特色生态文化的高度概括，是密云生态之花的花心。

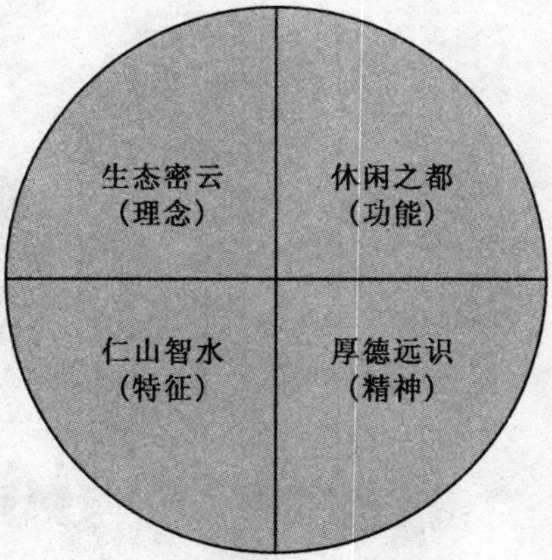

图 10-3 密云生态文化之花的核心

“生态密云”强调“生态”是密云文化的核心理念。具体讲它包含“仁、智、康、乐”。仁，是指善待自然、和谐平安；智，是指崇尚自然、和谐发展；康，是指热爱自然、关爱生命；乐，是指回归自然、陶冶性情。

“休闲之都”指出的是文化建设的目标和功能。优美的环境、秀丽的山水只能用来发展一般化的观光旅游业，必须再加上历史文化的底蕴和现代时尚的元素才有可能建成休闲之都。

“仁山智水”说明的是密云文化的载体和特征。历史和现实都证明，密云的山是生态的山、文化的山，是仁山；密云的水是鲜活的水、生命的水，是智水。

“厚德远识”概括了密云文化的精神和品格。仁者乐山、厚德载物，智者乐水、慎终追远。密云人民建水库、保水源，以首都千万市民安全饮水为己任，可谓仁者、可谓厚德。制定首都水源区发展战略，创建国家生态县，走上一条既能促进首都可持续发展又能实现生态富裕和谐的科学发展之路，可谓智者、可谓远识。

(2)推动生态文化建设的生态经济模式——花瓣(图 10-4)

文化建设是属于上层建筑的范畴，生态文化的建设必须在发展生态经济的基础上。推动生态文化建设的生态经济模式可以概括为“5R 模式”。分别代表了低耗经济、适度消费，循环经济、循环消费，知识经济、健康消费，仿生经济、人文消费，品质经济、耐用消费。

(3)促进生态经济发展的生态文化理念——绿叶(图 10-5)

经济发展是文化建设的基础，文化建设是经济发展的导向。对于一个区域的发展来讲，经济是硬件，文化是软件。就像电脑一样，没有硬件，软件就没有用武之地，没有软件，硬件就没有了灵魂，值钱

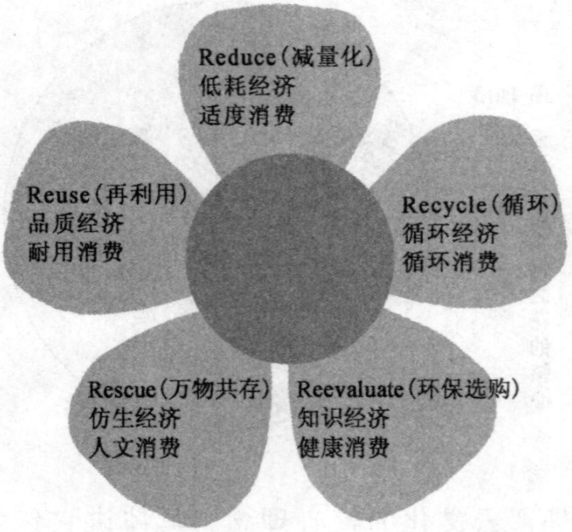

图 10-4 推动生态文化建设的生态经济模式

但没用。笔者近几年在密云倡导对地方发展来讲“经济分强弱,文化定输赢”,得到不少乡镇和部门的认可和支持。

密云的生态文化理念可以用“仁、智、康、乐”四个理念来概括,集中体现了人与自然的和谐关系。分别代表了善待自然、和谐平安,崇尚自然、持续发展,热爱自然、关爱生命,回归自然、陶冶性情。

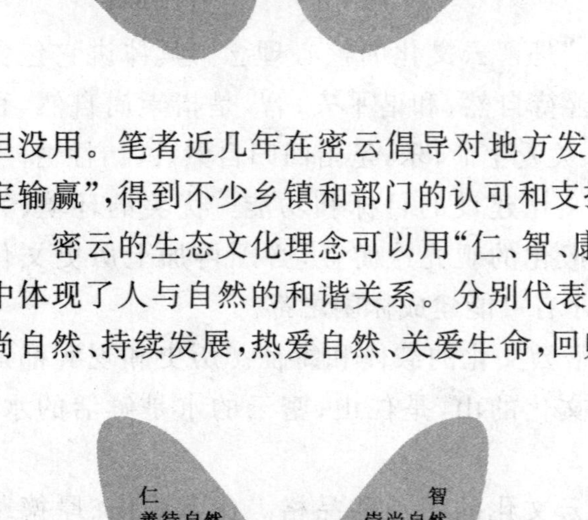

图 10-5 促进生态经济发展的生态文化理念

(4)生态密云建设的主线——花茎(图 10-6)

密云是北京的生态涵养发展区,也是北京唯一的地表饮用水源地,围绕“生态密云、休闲之都,仁山智水、厚德远识”的目标和要求,生态密云建设的主线就是保水和富民。密云当前的发展强调“三个第一”的理念:保水是第一责任,发展是第一要务,生态是第一资本。密云生态文化建设也必须紧紧围绕保水、富民这两条主线。

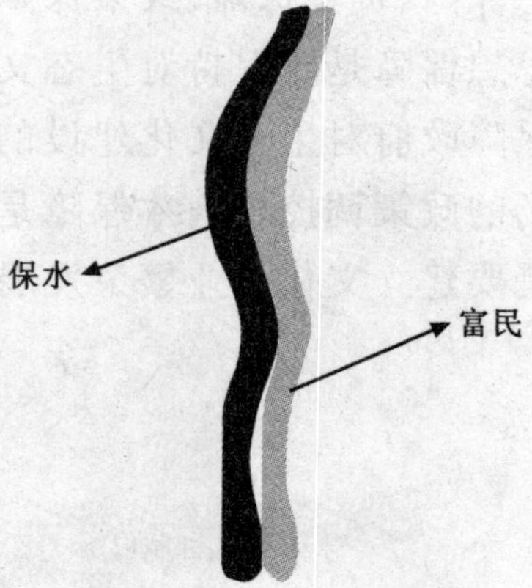

图 10-6 密云生态文化建设的主线

(5)生态文化建设的主要措施——土壤(图 10-7)

文化建设在地方工作中往往被认为比较软,所以说的时候地位高,做的时候就被往后排了。研究和推动生态文化建设一个关键环节是要培植文化的土壤,提出具体的文化建设的举措。密云生态文化建设的主要举措包括六方面内容:动员各方力量、加强生态文化基础建设,加强内外宣传、树立密云生态文化品牌,开展文化活动、丰富群众精神文化生活,结合民俗旅游、保护发展密云本土文化,发展文化事业、提升密云生态文明水平,狠抓文化产业、促进密云生态经济发展。

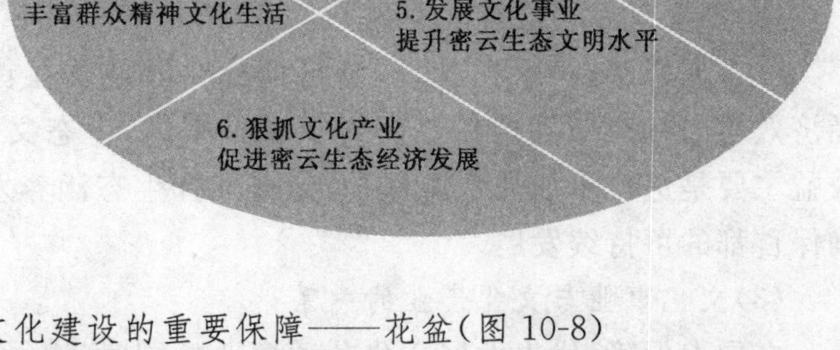

图 10-7 生态文化建设的主要措施

(6)生态文化建设的重要保障——花盆(图 10-8)

能够盛满生态文化建设的土壤,养育出美丽生态文化之花的花盆就是生态文化建设的重要保障。生态文化建设的重要保障包括思想保障、资金保障、政策保障、人才保障和机制保障五个方面。其中，思想保障是要保持对生态文化建设的高度重视。资金保障是要切实保障政府对生态文化建设的投入。政策保障是要加强对拓宽文化市场的政策调控。人才保障是要进一步加强文化队伍建设。制度保障是要建立文化事业繁荣发展的长效机制。

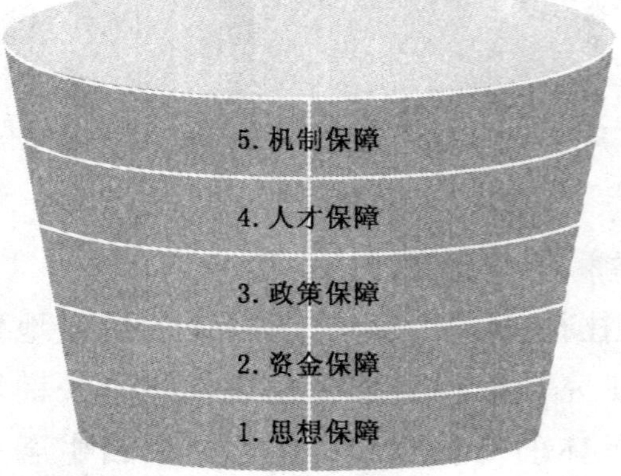

图 10-8 生态文化建设的保障

二、建设原则

1. 重点处理好四个关系

(1)弘扬主旋律与提倡多样化的关系

要坚持“为人民服务、为社会主义服务”的“二为”方向，坚持“百花齐放、百家争鸣”的“双百”方针，使主旋律成为文化生产的主流和时代最强音。同时积极倡导多样化，做到普及与提高兼顾，更好地满足人民群众多层次的精神文化需求。

(2)社会效益与经济效益的关系

一手抓繁荣、一手抓管理，始终把社会效益放在首位，力求取得经济效益与社会效益的统一。对于密云来讲，生态文化建设的社会效益主要是进一步加强水源保护，充分发挥生态涵养发展区的功能，确保首都的可持续发展。

(3)文化事业与文化产业的关系

在重点保障、优先发展文化公益事业的同时，遵循市场经济和文化自身规律，培育、发展壮大文化产业，不断增强密云文化的竞争实力。

(4)继承与创新的关系

在继承中华民族优秀传统的基础上，发展凝练具有密云特色的文化精粹，海纳百川，兼容并蓄，扩大文化交流，吸收先进成果，使先进文化在创新中得到发展。

2. 具体把握四条原则

(1)培育公民环境意识，改善生态环境

建设密云生态文化的认知体系，凸现密云仁山智水、厚德远识的历史底蕴，培育公民爱国护根、守望家园的民族传统精神，结合体现现代生活时尚元素，引导人们养成保水、护绿、节能、减废的行为习惯，护家园之根、建和谐社会、过绿色生活，为密云生态县建设奠定文化根基。

(2)发掘生态文化潜力，繁荣文化产业

密云的生态环境和浓厚的人文底蕴为生态文化产业发展提供了得天独厚的机会。以民俗旅游为载体、乡村建设为依托、民间文化为内核、人文奥运为契机，实现以旅游、体育、美育、环保为主体的文化产业创新；打造中国生态文化产业的明星品牌。建立集影视、文化、休闲、娱乐、科研、交流、培训等于一体的开放性、国际性的多功能型文化产业区域，以此形成产业链，实现文化建设拉动经济建设的跨越性飞跃。

(3)提高公民文化素养，构建和谐社会

对公民进行以仁、智、康、乐为内涵的生态文化素养的培育，通过传播手段、机制培育、设施保障、队伍组建等方式，使生态文化成为密云人民的共识和共同的行为规范，并由此形成良好的社会风气，促进公民素质的提高和社会生活的改善，构建和谐社会。

(4)规范生态文明行动，建设生态文明制度

有机结合传统和科学两个准则，提倡有利于生态文明的行为、风俗、规定；改革或者废除对自然和环境有害的政策、法规、措施。建成具有地方特色、符合传统特点的密云生态文化制度。

三、主要措施

1. 保持宣传力度，弘扬生态文化，营造和谐氛围

策划系列宣传活动，在县内外营造更加浓厚的创建氛围。精心

筹办密云生态文化节，积极争取筹办国内外大型会议、论坛、文化、娱乐、商务活动。抓好大型旅游、文化品牌项目的引进工作。进一步挖掘、凝练、弘扬密云生态文化。以开展文明生态村、文明生态户等创建活动为载体，面向社会各个行业、各个群体，全面加强生态知识教育、提升生态意识。推进生态县建设细胞工程，深入开展十大绿色创建活动。继续开展生态县新农村建设百村行、生态知识进社区等活动，普及生态知识、增强生态意识，大力提倡清洁生产、文明生活、绿色消费。

研究制定生态文明行为提升计划。坚持密云在编制《生态县建设规划》过程中采用的“内外脑结合、以我为主”的原则，组织相关力量、充分发挥内外脑的作用，结合密云的情况和需要，研究编写通俗易懂、简明生动的《密云县生态文明行为规范》(表 10-2)。坚持从基础抓起，将生态县建设知识和生态理念融入到中小学教育中。组织短小精悍的“密云生态文化宣讲团”，充分调动和发挥工会、共青团和妇联的积极性和作用，开展全面深入地、不拘一格地生态文化教育宣传活动，全面加强生态文化的教育和宣传工作。

表 10-2　密云生态文明行为规范

生态使命		生态文明试点县，人人行为讲规范 七条准则牢牢记，七类规范天天见
行为准则		1. 以我为荣的参与原则 2. 尊重自然的生态原则 3. 关爱生命的健康原则 4. 节约资源的简朴原则 5. 循环再生的回收原则 6. 尊重文化的乡土原则 7. 互助互促的监督原则
行为规范	言语文明规范	从我做起 言语文明讲礼貌 恭谦礼让 见面主动问个好 谈吐得体 说笑逗趣讲分寸 言行一致 诚实守信最重要
	仪表文明规范	举止端庄 自尊自爱重仪表 和蔼亲切 和谐融洽带微笑 穿戴适宜 朴素整洁又大方 光明磊落 朝气蓬勃精神好

续表 10-2

行为规范	卫生行为规范	庭院整洁 房前屋后勤洒扫 美化市容 门前记得要三包 垃圾袋装 废弃杂物分类放 讲究卫生 乱扔乱吐要戒掉
	居家文明规范	尊老爱幼 居家文明风气好 和睦相处 邻里团结纠纷少 移风易俗 休闲健身尚科教 遵章守约 长治久安见成效
	交通文明规范	遵规守法 生命健康太重要 规范驾驶 安全礼让不可少 文明乘车 老弱病残多关照 从容行走 严守信号不乱跑
	绿色消费规范	循环再生 物尽其用是正道 环保选购 包装标识要记牢 重复使用 物品拒绝一次性 生态旅游 只留足迹是荣耀
	生态环保规范	保护环境 爱护树木和花草 节约资源 水电纸张少消耗 尊重自然 生态和谐维护好 万物共存 生态文明风尚高

2. 统筹社会各项事业,全方位构建和谐密云

推进全国科技进步县创建工作,积极申报科技项目,抓好重大科技专项的落实,实施科技富民示范等科技专项工程。完善电子政务平台和网上办公、决策辅助系统,进一步提升信息化水平。继续推进"首都农村教育现代化试验区"建设。按计划落实北京市中小学校办学条件新标准,完善城乡教师岗位交流工作机制,进一步加快发展学前教育、职业教育和成人教育,整体提升办学水平。加强医疗队伍建设,提高医疗服务水平,推进县医院三级甲等创建工作,完善县、镇、村(社区)三级医疗服务网络,提高新型农村合作医疗参合率,进一步完善公费医疗管理制度。推进县体育中心体育场建设,办好密云县第六届全民健身体育节。继续严格执行计划生育政策和责任追究制度,计划生育率保持 96%以上。认真落实"十一五"时期妇女儿童发展规划,维护妇女儿童合法权益。

3. 加强和谐社区、和谐村镇建设,夯实和谐社会基础

认真落实北京市《关于建设和谐社区和谐村镇的若干意见》,进一步完善社区、村委会民主自治制度，支持和鼓励广大人民群众参与和谐社区、和谐村镇建设，提高社区和村镇的民主管理水平。发挥驻区单位、社区民间组织、物业管理机构、专业合作经济组织在社区建设中的积极作用，开展群众性自助和互助服务，实现政府行政管理和社区自我管理的有效对接，实现政府依法行政和居民依法自治的良性互动。加强村级民主建设，坚持农民对农村事务管理的主体地位，尊重农民的知情权、参与权、决策权和监督权，健全和完善村务公开制度、重大事项村民代表决策制度、决策执行情况的报告和反馈等制度。开展宣传教育活动，引导农民知法守法、崇尚科学、抵制迷信、尊老爱幼、邻里和睦，努力形成“知荣辱、讲科学、谋发展、创和谐”的社会风尚。

第三节　密云生态文化建设的实践成果

近几年密云的生态文化建设工作紧紧围绕创建国家生态县、创建首都文明县的中心，服从和服务于全县改革发展稳定大局，为促进全县经济和社会快速、协调、可持续发展，为创建国家生态县、创建首都文明县、构建和谐新密云做出了重要贡献。

一、促进了全县上下思想统一

人以德立，业以才兴。在经济体制改革不断深入和市场经济体制逐步完善的过程中，出现了经济成分和经济利益多样化、社会生活方式多样化、社会组织形式多样化、就业岗位和方式多样化，各种观念、思想相互冲突和碰撞，人们的世界观、人生观和价值观都在发生变化，群众的思想道德素质面临严峻的挑战，全县文化工作者坚持弘扬主旋律，提倡多样化，大力弘扬优秀文化，自觉抵制腐朽文化，积极改造落后文化，通过生态县建设百村行、百场礼仪讲座、百场培训进社区等丰富多样的文化活动载体，具体、生动、形象地宣传社会主义思想道德，倡导文明新风，净化人的心灵，规范人的行为，营造良好的社会风尚和人际关系，促进了广大群众道德素质的提高，促进了干部群众的团结，也直接对经济发展做出了贡献。

二、完善了文化基础设施建设

建设、改造了一批文化设施，包括密云文化馆、密云图书馆、密云博物馆、密云大剧院、新华书店分店等，县级公益性主要文化设施达到郊区县先进水平。在县城内建设、改造文化广场13处，总面积2.6万m^2；建设主题公园16处，占地面积1 234亩；制作城市雕塑403个。这些设施不仅大大改善了群众的文化生活条件，而且为密云新城增添了文化底蕴。

为解决农村群众看电视难的问题，密云大力实施有线光缆进村入户工程和广播电视“村村通”工程。广播、电视有线光缆已通达18个乡镇、110个行政村，入户3.5万户；广播电视“村村通”工程已经完成12个乡镇372个自然村，入户近3万户，并完成了卫星前端的KU转C、模拟转数字、增加中央第七套节目工作。“十五”期间，密云被评为北京市广播电视“村村通”工程“特殊贡献先进单位”。

县图书馆建立了共享网站和37个农村送书点，最大限度地共享图书资料和公共信息。各乡镇建设了乡镇文化服务中心，建农村（社区）文化活动室306个、图书室116个，活动室和图书室建筑面积共3.6万m^2。投资1 400余万元，建设镇村文体广场276处，占地面积15.8万m^2，拥有文体广场的行政村达到了总数的80%，为基层开展文化活动创造了有利条件。

三、提高了文化建设工作队伍

坚持“抓好骨干、培育新人、突出特色、群专结合”的工作方针，大力推进文化队伍建设。以机构改革为契机，调整充实文化单位、文化部门工作人员，县直属文化单位在岗在编人员252人，乡镇文化中心在编117人，形成了一支具有一定专业素质的文化工作者队伍。以加强文联作用为抓手，大量吸收专门文艺人才，目前拥有各门类县级艺术人才418人，文艺人才队伍不断壮大。在群众文化队伍建设中，以“普及农村业余文化队伍，发展优秀文化队伍，培育品牌文化队伍和文化特色户”为原则，扩大群众文化队伍规模，目前全县业余文化团队已达460余支，队员12 000多名。

按照“贴近实际、贴近生活、贴近群众”的要求，全县文艺工作者经常深入基层、深入群众开展文艺演出活动，创作出一批群众喜闻乐见、具有鲜明时代特色的优秀节目。大型舞蹈《水之魂》，五音大鼓《新世纪、新密云》，京韵大鼓《创建生态县、卫生要达标》，快板舞《群星璀璨映密云》，戏曲联唱《生态密云行》等自创节目，展示了密云文艺队伍的创编表演水平。

近5年，密云编辑发行了《密云生态文化丛书》、《密云旅游文化丛书》、《刘墉诗文》、《密云题咏》、《密云地区抗日斗争史料选编》、《白乙化烈士纪念文集》、《腾飞的韵律》、《密云美术书法摄影作品集》、《古北口历代名人诗咏》等文化方面的书籍，一些文艺工作者或文艺爱好者出版了《灵魂的花朵》、《燕山风情》、《碧水壮歌》、《听松集》等诗歌散文专著。

四、加重了密云生态文化氛围

现今密云城乡随处可见利用多种媒体形式做出的生态文化宣传，先宣传部门通过诸如此类的方式，在全县营造了浓烈的生态文化氛围，带动了轰轰烈烈的生态文明行动。

一是基层文化活动形成规律。按照“让基层活起来，让群众动起来”的原则，采取调演、汇演、巡演等多种方式，推动基层开展群众文化活动。“春节系列文化活动”、“五月的鲜花”、“夏日文化广场”、“金秋放歌”等，群众文化活动唱响了“四季歌”。据不完全统计，仅2006年一年，举办各类群众文化活动近千场次，参加人数超过40万人次。这些活动的开展，展示了密云人民奋发有为的精神面貌，在全社会形成了良好的文化氛围。

二是农村文化活动重点突出。在广泛开展农村群众文化活动的基础上，突出重点活动的开展。“生态县建设百村行”活动，送图书下乡、送戏下乡、送电影下乡的“文化三下乡”活动，优秀文化队伍的巡演活动，丰富了农村群众的文化生活。大力实施农村电影“2131工程”，解决了山区群众看电影难问题，目前全县18个乡镇全部成为农村电影“2131工程”达标乡镇，密云连续四年荣获北京市农村电影工作先进单位称号。

三是大型文化活动影响广泛。在春节、五一、七一、十一、奥运申办成功、抗战胜利、长征胜利等节日纪念日，县里积极组织大型文化活动，5年来举办县级大型文化活动160多场次。以县级大型文化活动为龙头，引导基层围绕主题开展丰富多彩的文化活动，极大地丰富了群众的文化生活。

四是文化交流日益密切。密云积极与中央、市属文化院团合作，邀请了中央音乐学院、中国戏曲学院、中央广播说唱团、中央民族乐团、北京歌舞团等专业院团来密云慰问演出，联系北京市“燕山情”艺术团到密云边远山区和少数民族乡进行公益演出。这些文化的交流提升了密云的文化品位，满足了群众欣赏高水平文艺演出的需求。

五是区域性品牌文化活动逐渐形成。2005 年，在总结多年开展文化活动的基础上，以创建国家生态县为契机，推出了以“打造生态密云、建设休闲之都”为主题的“首届密云生态文化节”，历时一个月，参与者达 20 多万人次，盛况空前，在县内外产生了积极影响。文化节期间，成功举办了“鱼王美食节”、“生态农业精品展示”、“密云县招商资源及项目推介会”、“休闲论坛”等活动，突出生态品牌，形成了一条完整的“文化节”链条，为 2006 年及以后“生态文化节”的举办奠定了坚实的基础。

五、加快了生态文化产业发展

综合运用法规、行政、网络等多种手段，对文化市场进行监督与管理。完善了“一站式”全程办事代理制度，为文化经营者提供高效便捷的服务。集中开展了印刷业专项整治、娱乐场所专项整治、打击音像和图书盗版专项整治、网吧专项整治等专项行动，文化市场秩序井然。

积极推进文化产业发展。以云佛山度假村为投资主体的影视基地建设已初步启动；以北京大百科光盘有限责任公司为龙头的北京东方神韵文化(科技)产业园初具规模，其年加工生产光盘可达4 000万张，目前正在整合资源，打造光盘出版、复制、包装、发行一条龙产业服务体系。以图书音像批发为主，兼营会议和培训的综合性大型文化企业——北京共赢天下文化有限公司正式落户工业开发区。目前，密云文化娱乐市场、印刷复制业、广告业、广播影视业呈现出快速发展态势。2005 年全县 382 家文化企业吸纳劳动力 8 500 人，资产总值 10 亿元，年收入 2.78 亿元，实现利税 4 115 万元。

六、改善了县域内外发展环境

2005 年，密云面向全国征集国家生态县宣传用语。全国各地的同志们参与积极性极高。谜语宣传部在规定时间内收到 20 多个省市共计 3 175 条作品。经过筛选和公开投票，湖北夏门波的“文化古渔阳 生态新密云”、辽宁吕庆松的“来密云 自然是朋友”等 10 个作品获奖，并被选用在不同场合进行宣传。口号用于征集和评选活动引起了广大朋友们的参与积极性，也引起了他们关注密云的热情，扩展了密云的影响力。

2006 年 9 月 27 日，在一年一度的密云生态文化节期间，由北京奥组委工程和环境部、北京市旅游局、北京市环境保护局、密云县委和县政府等单位联合主办的“绿色奥运生态旅游论坛”在密云县召开，论坛上共同发布了《绿色奥运生态旅游密云宣言》。宣言全文如下：

绿色奥运生态旅游密云宣言

我们实践，奥林匹克的宗旨是使体育运动为人的和谐发展服务。绿色奥运倡导生态旅游，保护环境。每个体育爱好者、旅游爱好者应当行动起来，支持绿色奥运，共同促进人与自然和谐发展。

我们主张，当代人的旅游不以牺牲后代人的生存发展为代价。旅游地生态的可持续发展，应当建立在景观、生态与文化传统长久保持的基础上。生态旅游的发展应当以保护为前提，采取一切环境友好的措施，最大限度地降低旅游对环境的负面影响。

我们希望，以和谐为特色的中国传统文化，能够成为生态保护的精神资源和社会资源；中国古老的传统体育、乡土文化和生态智慧这三大遗产，能够与奥林匹克运动的体育、文化和环境这三大支柱互融互补；现代奥林匹克运动，能够成为中国本土精神遗产和生态遗产保护的推进器。

我们号召，与奥运相关的众多的旅游者们，旅游地区的开发者、食宿交通的服务者以及旅游产品的生产者们践行绿色奥运生态旅游的五个原则，即“崇尚自然”的生态原则、“节约资源”的简朴原则、“循环再生”的回收原则、“尊重文化”的乡土原则、“热爱生命”的健康原则。

我们努力，与一切致力于发展生态旅游和绿色休闲产品的政府、非政府组织、企业家和公众一道，提高奥运旅游中的生态意识，为实现构建环境友好型、资源节约型的和谐社会而努力奋斗。

我们相信，向往和平、友谊、进步的世界人民，都将成为本宣言的支持者和参与者。中国五千年的生态文化遗产，将为人类的生态文明和奥林匹克精神增添新的智慧之光。

北京奥组委工程和环境部
北京市旅游局
北京市环境保护局
密云县委、县政府
绿色环球 21
北京地球村
及绿色奥运与生态旅游论坛全体参会者

2006 年 9 月 27 日
于北京密云

该宣言在奥运历史上是一个创举，既反映了时代的要求，也体现了北京人的强烈责任感，还展示了密云优良的生态环境和浓厚的生态文化氛围。密云将因此而镌刻在奥运历史上。

第十一章
密云的生态文明建设

2008 年 8 月，国家环保部命名北京市密云县为“国家生态县”，标志着密云县自 2005 年以来举全县之力、集全民之智创建国家生态县工作取得了圆满成功。同时，因为密云县以生态县创建为载体的独具水源区特色的科学发展之路，又被国家环保部确定为全国 6 个生态文明建设试点地区之一，也是北方地区唯一的一个试点，密云县承担了为全国尤其是北方地区的生态文明建设探索经验、提供示范的重要使命。

从国家生态县到全国生态文明建设试点，密云的生态环境优势以及由此所展现出来的经济发展的强大后劲和后发优势也日渐显现。生态文明作为人类社会在从原始文明、农业文明和工业文明之后所提出的更高形态的文明，正在密云的土地上生根开花。

第一节　国家生态县和全国生态文明建设试点地区的比较

2008 年 5 月 26 日，密云县接到环境保护部于当月 14 日颁发的环发[2008]36 号文《关于开展生态文明建设试点工作的通知》，确认密云与张家港市、安吉县、深圳市、珠海市、韶关市被选为全国生态文明建设试点地区。环保部要求，各试点地区应结合自身实际情况，探索生态文明建设模式，研究制定生态文明建设指标体系。环保部将联合有关部门研究制定全国生态文明建设的指导意见，总结、推广试点地区的先进经验，及时推出一批生态文明建设的先进典型。

密云贯彻落实科学发展观，举保水旗、走生态路，举全县之力、集全民之智，创建国家生态县，促进了生态环境与经济社会的全面协调可持续发展。国家环保部把密云列为北京也是中国北方唯一的生态文明建设试点地区，是对密云工作的肯定和支持，为密云巩固和提高生态县创建成果指明了方向、注入了动力，也为密云未来的建设和发展提出了更高的标准和要求。

截至2008年底，国家生态县(市、区)共有11个，包括生态市6个：江苏张家港、常熟、昆山、江阴、太仓，山东荣成；生态区2个：上海闵行、广东深圳市盐田区；生态县3个：浙江安吉，北京密云、延庆。全国生态文明建设试点地区6个，分别是北京密云县，江苏张家港市，浙江安吉县，广东深圳市、珠海市、韶关市。其中，深圳、珠海、韶关正在争创生态市的过程中。

建设生态文明试点与创建国家生态县既有联系又有区别，表11-1是国家生态县与国家生态文明试点工作的比较分析。

表11-1　生态文明试点与国家生态县工作的比较分析

项 目	差 异			关 联
国家生态县	自下而上报	有指标，要求达到“标准”	要回答：够不够？	生态主题一脉相承； 现共有11个国家生态市(县)，6个生态文明试点，生态文明试点是国家生态市(县)中的先进典型
全国生态文明建设试点	自上而下选	没标准，要求成为“标杆”	要回答：什么是？试什么？	

第二节　对其他五个全国生态文明建设试点地区的考察

2008年5月14日，环保部环发[2008]36号文《关于开展生态文明建设试点工作的通知》颁布，确定密云为全国生态文明建设试点地区。8月1日，环保部环发[2008]73号文《关于命名密云等县(市、区)为国家生态县(市、区)的决定》正式命名密云为国家生态县。如何抓住生态文明建设试点的契机，在巩固生态县创建成果的基础上，利用好生态县创建成果，促进密云经济社会全面发展，是密云县委县政府一个重要而紧迫的课题。为学习借鉴其他五个试点地区关于开展生态文明建设工作的先进经验，在2008年8月底和9月初，县委县政府分别组织专人先后到浙江安吉、江苏张家港和广东深圳、珠海和韶关等五个地区考察学习。

一、浙江安吉考察小结

1. 基本情况

安吉县位于杭州西北部，是湖州市的一个偏远山区县，距上海209 km，杭州65 km，全县辖16个乡镇（开发区），人口45万，面积1 886 km^2。安吉物产丰富，品质优良，毛竹蓄积量和商品竹产量均名列全国第一，是著名的“中国竹乡”和“白茶之乡”。安吉经济、社会发展曾十分落后，自2000年，安吉以创建生态县为载体，积极探索，大胆实践，实现了环境保护与经济发展的“双赢”。2007年全县完成地区生产总值120亿元。财政总收入首次突破10亿元，达到11.11亿元，其中地方财政收入6.24亿元，分别增长26.5%和26.8%。城镇居民人均可支配收入1.85万元，农民人均纯收入9 196元。

2. 目标理念

总体围绕“建设民富县强和谐安吉”的目标，坚持扬生态之长、补工业之短、提开放之速，“奋战五年，再造安吉”。力争用10年时间，把安吉建设成为“环境优美、生活甜美、社会和美”的现代化新农村样板，打造“中国最美丽乡村”，使之成为续“中国竹乡”、首个“国家生态县”之后的第三个全国性品牌。着力打造一地四区：长三角“先进特色制造业的集聚区、新农村建设的示范区、休闲经济的先进区、山区新型城市化的样板区”和“创业与人居的优选地”。

3. 主要举措

安吉正在研究《生态文明实施行动纲领》，计划实施“环境、产业、素质、服务”四大提升工程：通过实施环境提升工程，夯实生态文明建设基础；实施产业提升工程，确立生态文明建设支撑；通过实施素质提升工程，树立生态文明建设理念；实施服务提升工程，建立生态文明服务环境。力争用3年时间基本建成安吉生态文明示范体系。制定了《建设“中国美丽乡村”行动纲要》，全力打造“村村优美、家家创业、处处和谐、人人幸福”的“中国美丽乡村”。10年时间，“中国美丽乡村”将全部覆盖全县187个建制村。

二、江苏张家港考察小结

1. 基本情况

张家港市位于长江下游南岸，是一座新兴的港口工业城市。1986年撤县建市，以境内天然良港——张家港港而命名。全市总面积999 km^2，下辖8个镇1个管理区，户籍人口88.8万。2007年全市完成地区生产总值1 050亿元，人均GDP达1.5万美元；完成全口径财政收入194.58亿元，其中地方一般预算收入83.98亿元；完成工业产品销售收入3 151.9亿元；实现工业利税244.9亿元，利润160.1亿元。在全国经济百强县(市)中名列第三，在全国县域经济基本竞争力排名第一位。

2. 目标理念

“黄金口岸、人居典范”。把张家港打造成为长江三角洲一个富有特色和竞争实力的现代港口工业城市；一个富有内涵和独特个性的生态园林城市；一个富有精神和文化底蕴的文明法治和谐城市。在开发建设中，市委、市政府“把自然引入城市，把城市融入自然”作为城市发展的重要理念。将整个市域分为生态保护区、生态控制区、生态协调区、生态工业区等功能区，基本形成“一城四区”的区域格局。

3. 主要举措

成为首批“国家生态市”以后，市委市政府以巩固成果、深化内涵为目标，以培育生态精品为重点，点、线、面结合，做到思想不松、队伍不散、标准不降、力度不减、措施不少，提出了“三个升级”的思路：人文素质升级、城市功能升级、产业结构升级。提出并实施了“树立新资源观、推进产业升级”的战略，积极探索依靠无形资源开拓发展空间的新思路，为深受土地、环境等自然资源瓶颈制约的张家港区域经济发展带来了取之不尽的“新资源”，提出“五年再造一座新港城”。率先在全省完成镇村布局规划，全市5 023个自然村规划撤并为620个农民集中居住点，96个新建农民集中居住区规划全部到位。完善并强调三个机制：一是科学决策机制。聘请了一批专家顾问，重要决策坚持“部门联席会议制度”。二是双重考核机制。强化各级政府守土有责和持续发展的责任，市委、市政府明确提出：“既要考核GDP，又要考核COD”。三是项目准入机制。对新建项目做到“两个优先、双重控制和三个坚决不办”，即优先发展科技型、环保型和资源集约型的新型产业，优先发展具有产业互补性、链式发展的产业；新建项目必须同时拥有排污总量和符合环境容量双重控制标准；坚决不办不符合国家产业政策、不符合产业结构调整方向、不符合节能减排要求的项目。

三、广东深圳考察小结

1. 基本情况

深圳市位于珠江入海口之东偏北。东西长81.4 km，南北宽（最短处）为10.8 km，被称为“香港的后花园”。土地总面积为1 953 km^2，其中，深圳经济特区为396 km^2。下辖6个行政区和光明新区。罗湖区、福田区、南山区、盐田区位于经济特区内，宝安区、龙岗区和光明新区地处经济特区外。全市有55个街道办事处；总人口1 200万人，其中常住人口862万人（户籍人口212万人）。是世界第四大集装箱港口。一条“基本生态控制线”使深圳市一半的土地得到绝对保护——此范围内禁止任何开发项目；相继获得“国际花园城市”、“环境保护‘全球500家’”等殊荣。2007年实现生产总值6 765.4亿元；人均GDP在内地大城市中率先突破1万美元，达到10 628美元。地方财政一般预算收入658亿元；上划中央收入突破2 000亿元，达2 112亿元。

2. 目标理念

把深圳建设成为中国最美丽、最干净、最生态化的城市，建设成为中国风格、中国特色、中国气派的现代化国际化城市，建设成为可持续发展的全球先锋城市：以生态文明的标准和要求谋划城市功能布局，打造精品深圳；以生态文明的标准和要求推进节能减排和生态建设，打造绿色深圳；以生态文明的标准和要求优化城市资源管理，打造集约深圳；以生态文明的标准和要求提升人居环境质量，打造人文深圳。

3. 主要举措

以新加坡为标杆，市长带队开展第三轮共10批专项调研。随后制定出台了《关于进一步解放思想学习追赶世界先进城市的决定》。将提升环境质量、建设生态文明作为赶超世界先进城市的基础工程。制定了《深圳生态文明建设行动纲领(2008—2010)》及9个行动方案的配套文件，80个生态文明建设工程项目。出台九个行动方案：关于绿色政府、关于提升城市规划品位和内涵、关于打造最干净最优美城市、关于推进节能减排、关于打造绿色建筑之都、关于水资源可持续利用、关于推进住宅产业现代化、关于建设绿色生态一体化综合交通体系、关于打造安全深圳。

四、广东珠海考察小结

1. 基本情况

珠海市位于珠江出海口西岸，南与澳门相连，东与深圳、香港隔海相望。1980年设立特区，下辖香洲、斗门、金湾3个行政区。全市常住人口145万人，总面积7 653 km^2，其中陆地面积1 688 km^2，海洋面积5 965.2 km^2，海岸线长691 km，146个岛屿，被誉为“百岛之市”。清华大学、北京师范大学、中山大学等大学在珠海纷纷设立校区，高新技术产品产值达950亿元，占全市工业总产值的38%。2007年全市GDP 887亿元，人均达到6.1万元，居广东省第三位。地方财政一般预算收入83亿元。珠海是一个花园式的海滨旅游城市，凭借优美的环境，珠海成为了全国第一批“国家园林城市”、“国家环保模范城市”、“国家生态示范区”、“中国优秀旅游城市”、“国家卫生城市”、“中国十大最具幸福感城市”和“中国十大和谐名城”，并成为中国内地第一个荣获联合国颁发的“国际改善人居环境最佳范例奖”的城市。

2. 目标理念

以建设生态文明新特区、争当科学发展示范市的发展目标，以新一轮思想大解放为动力，坚持经济发展与环境保护双赢，经济发展与改善民生共进，建设经济发达、生态良好、社会公平，既有魅力又有实力的城市。在建设生态文明、实现科学发展上争当排头兵。

3. 主要举措

审议并通过了《关于建设生态文明新特区、争当科学发展示范市的决定》。强调要进一步夯实建设生态文明的物质基础、环境基础、社会基础和制度基础。正在研究《珠海生态建设四个百分百行动方案》，提出 3～5 年实现生态建设“四个百分百”目标（该方案正在激烈讨论过程中）：新增工业项目百分百进入园区；裸露山体百分百恢复绿化；垃圾污水百分百达标处理；节能减排百分百实现目标。城市建设摒弃“水泥森林”模式，顺着自然地势发展城市，城市布局采取富有弹性的组团式结构，各组团之间以山体水域自然分割，避免了城市在发展过程中“摊大饼”通病，城市设计采取以中低建筑为主，高楼点缀其间，山景、海景被最大限度地保留，正在处理“遮山挡海”的建筑。在考核机制方面，将环境保护作为各区和经济功能区领导班子以及工业园区政绩考核的重要内容，对领导干部年终考评实行“环保一票否决”。利用特区立法权，制定颁布了多个环境保护法规，对土地、山体、植被、海岸线、水体等国土和环境资源实施刚性保护，对产业结构、产业布局、能源结构、行业准入、城市规模与人口实施刚性制约，建立了重大决策环境影响评价制度。

五、广东韶关考察小结

1. 基本情况

韶关市位于广东省北部，下辖乐昌、南雄 2 市；浈江、武江、曲江 3 区；仁化、始兴、翁源、乳源、新丰 5 县。面积 1.84 万 km^2，人口 321 万。人口密度全省最低。是全国闻名“有色金属之乡”。全市林木绿化率 72.5％，号称是地球上同一纬度森林覆盖率最高的地区。珠江的三大支流（东江、西江、北江）之一的北江就是由浈江和武江在韶关市中心汇合而成。与密云一样是“三河六岸”之城。韶关是老工业城市，韶关工业以钢铁、有色金属、电力、烟草、机电、建材等产业为主，有全国知名的韶关钢铁集团公司、韶关卷烟厂、韶关发电厂等大型工矿企业，机械装备工业基础较好，产业配套能力较强。2007 年，全市实现生产总值 482.5 亿元，来源于韶关的财政总收入 88.1 亿元，地方财政一般预算收入 30 亿元。

2. 目标理念

打造粤北区域中心城市，到 2020 年，把韶关打造成生态经济发达、生态环境良好、人居环境优美、生态文化繁荣、人与自然和谐相处的现代化生态文明城市。着力打造“新兴制造业、农产品生产加工和旅游休闲”三大基地。

3. 主要举措

坚持“以生态文明城市为目标，以生态工业为龙头，以生态农业为基础，以生态旅游为纽带”，正在积极探索生态文明指标体系建设。计划将生态文明建设按照文明程度分为初、中、高三级分步实施，按不同的文明程度制定不同的阶段性目标。总体目标是建成物质循环良好的生态产业体系，构筑开发与保护并重的生态环境与安全体系，构建人与自然和谐相处的人居环境体系，形成以生态理念为核心的生态文化体系。

六、整体考察小结及启示

五个试点地区都认为“全国生态文明建设试点地区”既是极高的荣誉，也是难得的机遇。考察团通过交流学习，更加坚定了从“首都水源区发展战略”到“国家生态县”再到“全国生态文明试点”密云走上了一条科学发展之路的认识。考察交流过程一方面起到了宣传密云形象、树立密云地位的作用，一方面也增加了密云做好生态文明建设试点工作的压力和紧迫感，全国六个生态文明建设试点地区的比较分析见表 11-2 和表 11-3。

表 11-2 六个全国生态文明建设试点地区的比较分析

项目	类别	地区	重点或特点
从与国家生态市(县)的关系上分	以生态市(县)为基础建生态文明	密云、安吉、张家港	巩固提升创建成果
	以生态市为目标和抓手建生态文明	深圳、珠海、韶关	围绕生态市的目标
从生态与经济的关系上分	生态经济化	密云、安吉、珠海	抓生态促经济，先有环境后有钱
	经济生态化	张家港、深圳、韶关	先有经济和产业基础，有钱之后建环境
从区位特点上分	三个水岸城市	张家港、深圳、珠海	思想开放、经济发达、人们环境需求强烈
	三个水源城市	密云、安吉、韶关	生态涵养发展区，人们发展需求强烈

表 11-3 六个试点地区综合经济实力粗评

地区	人口（万人）	陆地面积（ km^2 ）	GDP（万元）	财力（亿元）	GDP/人（万元）	GDP/ km^2 （万元）	人均财力（元/人）
安吉	45	1 886	122	9	2.71	0.06	2 000.0
张家港	90	999	1 050	84	11.67	1.05	9 333.3
深圳	862	1 953	6 765	658	7.85	3.46	7 633.4
珠海	145	1 688	887	83	6.12	0.53	5 724.1
韶关	321	18 400	482	30	1.50	0.03	934.6
密云	43	2 041	95	41	2.21	0.05	9 534.9

1. 主要的考察启示

- 生态和文明是两个大而软的词汇，二者加在一起之后，生态文明的概念和内涵从学界到政府、从中央到地方都还没有清晰的概念、更说不上统一。
- 对生态文明的理解和认识应当因地制宜、为我所用。不应追求对概念的阐述，而应追求对形象的描述。
- 分析其他五个试点的相关材料和信息，可以看出生态文明试点工作基本是理念和要求多，且都偏重于环保工作。
- 分析选密云做生态文明试点的原因主要有三个：首都水源地的政治性、北方地区的代表性、我们用创建生态县和建设生态文明试点作为目标和平台来推进全县工作的示范性。
- 生态文明与物质文明、精神文明、政治文明之间的关系有不同的说法，但有一点可以肯定：生态文明必须建立在物质文明的基础之上。

● 由于生态环境质量与经济发展水平的失衡而导致人们生活的幸福指数与预期差距较大，是六个生态文明试点地区存在的一个共性问题：深圳和张家港的经济发达，可城市中多是人工生态，他们向往自然山水和休闲生活；密云和安吉自然山水秀美，可经济实力相对较弱，人们向往更加富足的生活。

● 密云生态文明建设试点工作必须对外有高度、对内有深度。高度：国家标准、北方特色、首都气质；深度：工作中生态理念的深入，生活中文明素养的体现。

● 密云生态文明的目标：增添魅力、增强实力，关键在实力。生态文明建设试点工作本质上是“建设生态谋发展；提升文明促发展”的发展模式。具体目标：巩固创建成果、树立更好形象、争取更多支持、促进经济发展。

● 对于密云来讲，生态环境建设既是经济发展的目的，也是经济发展的手段。见图 11-1，优质生活的构成。

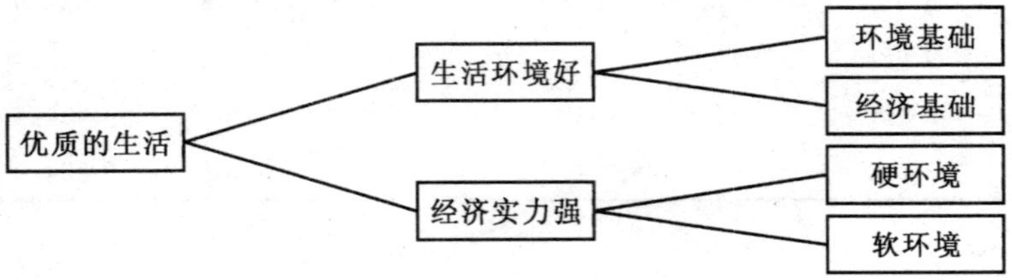

图 11-1 优质生活的构成

● 密云必须紧紧抓住生态文明建设试点的机遇，积极争取三个层面的支持：国际机构和组织在舆论和智力和财力方面的支持，走国际生态化的品牌战略；国家部委及北京市在政策和项目方面的支持；通过描绘催人奋进的蓝图，让群众感受到实实在在的好处，积极争取百姓的支持。

2. 密云做实、做好生态文明建设试点工作的五个关键问题

密云是北京也是中国北方唯一的全国生态文明建设试点地区。与创建国家生态县相比，生态文明试点工作的意义更大、标准更高、难度也更大，容易流于形式、错失良机。做实、做好密云生态文明试点工作的关键是要在领导机制、投入机制、考核机制、创新机制和生

态补偿机制五个机制上下功夫：

(1)关键问题之一

领导机制。统一高效的领导机制是我县生态县建设取得成功的重要经验。生态办由临时机构变为正式机构是国家生态县工作的延续，也是重视和抓好生态文明试点工作重要举措。密云在创建国家生态县时成立的临时的生态办成为正式的事业单位(密云生态建设发展研究中心)后，若生态文明试点工作也成为部门工作，则可能出现“加强的目的，削弱的结果”。建议成立生态文明建设领导组，领导组下设办公室，办公室设在生态建设发展研究中心。

(2)关键问题之二

投入机制。目前巩固生态县建设成果主要问题在投入机制。近几年县域基础设施和环境建设成果的后期维护和保养问题颇多。密云要积极争取市里的政策支持，同时也应当在本级财力范围内积极探索投入新机制，花小钱、办大事。建议将生态县建设专项资金调整为生态文明建设专项资金。用途中应当包括：巩固生态县建设成果，推进生态环境建设长效机制；有针对性的研究生态文明试点建设中的重要课题；在生态县精品工程和示范典型的基础上，包装和提升县内生态文明试点项目和工程。

(3)关键问题之三

考核机制。研究和落实乡镇和主要经济部门绩效考核指标中生态建设部分的内容(密云乡镇的责任制中，生态文明建设占25分)；研究并探索推行水库下游的乡镇以经济发展为主要考核指标，水库上游的乡镇以生态建设为主要考核指标的分类指导政策。

(4)关键问题之四

创新机制。认清优势、看清不足，找准主要问题和瓶颈，有针对性地开展系列课题的研究和攻坚，如：研究反映及监测生态文明程度的主要指标而不是实现生态文明的全部指标。建立可采集、可量化、可对比的生态文明评价体系。实现生态文明程度变化的直观表达。与其他五个试点相比“真山真水、四季分明”是密云城市的特点。结合密云实际，整体研究和设计“树-草-花”四季间及物种间科学搭配的标准和模式。县内生态文明建设试点工作及项目的系统科学管理。要真正实现“以奖代补”，关键在于奖励方式和执行程序，奖励内容上应当从“奖好坏”变成“奖变化”。

(5)关键问题之五

生态补偿机制。中央和北京对生态补偿用的都是“抓紧建立”这样的表述方式。密云一方面要积极争取国家和北京市对我们的生态补偿,一方面也要主动做好水库下游地区对上游地区的生态补偿。北京市正在研究制定《促进生态涵养发展区协调发展的若干意见》,计划以水资源费为突破口完善水资源生态补偿政策。从宏观上密云应争取将生态文明建设试点工作纳入全市的重点工作,微观上首先争取落实水资源费50%返还的政策。

第三节 《密云县生态文明建设纲要》

经过密云县委十一届七次全会和密云县人大十四届五次会议的决定,2009年1月,密云县委县政府以2009年1号文件的形式下发了《密云县生态文明建设纲要》。纲要全文如下。

为认真贯彻党的十七大和十七届三中全会精神,深入落实科学发展观,巩固提高国家生态县创建成果,加强生态文明建设,更好地履行首都生态涵养发展区功能职责,促进密云经济社会又好又快发展,根据《国家环保部关于推进生态文明建设的指导意见》、《密云县生态县建设规划》和《密云县关于巩固提高国家生态县创建成果建设生态文明的意见》,制定本纲要。

一、建设生态文明的重要性和必要性

(一)建设生态文明是密云落实科学发展观、高标准履行生态涵养发展区职责的必然要求

党的十七大将生态文明作为全面建设小康社会的奋斗目标首次写入党的报告,提出要使“生态文明观念在全社会牢固树立”,要“基本形成节约能源资源和保护生态环境的产业结构、增长方式、消费方式”。密云是首都生态涵养发展区和首都重要的水源保护区,密云要落实科学发展观,高标准保护首都水源,高标准履行生态涵养发展区职责,就必须坚持生态优先的原则,以生态文明建设为抓手,促进生态优势向经济社会综合优势转化,坚持走具有首都水源区特色的科学发展之路。

（二）建设生态文明是首都水源区发展战略的深化，是国家生态县的巩固和提高，是密云发展的历史选择

2001年密云确立了首都水源区发展战略。2005年制定并颁布了《密云县生态县建设规划2005—2020》，明确提出了举全县之力、集全民之智创建国家生态县的奋斗目标。2008年密云提前实现了创建国家生态县的目标，并被环保部选定为“全国生态文明建设试点地区”。历史和现实都证明，深化实施首都水源区发展战略、巩固提高生态县创建成果、建设生态文明是密云围绕保水、富民、强县的目标，正确处理保护与发展的关系，促进经济社会又好又快发展的必由之路。

（三）做好生态文明建设试点工作事关“绿色北京”和全国生态文明建设的大局，是密云的光荣和责任

国家环保部确定密云为全国生态文明建设试点地区，而且是北京乃至北方唯一的试点地区，这是对密云创建国家生态县工作的充分肯定，是一份光荣也是一份责任，是一次机遇也是一次挑战。作为全国生态文明建设试点地区，密云承担着为北京和全国生态文明建设探索经验、提供示范的重要使命，要按照“人文北京、科技北京、绿色北京”的理念和要求，坚持走生产发展、生活富裕、生态良好的文明发展道路。

二、指导思想、主要目标和基本原则

（一）指导思想

贯彻党的十七大和十七届三中全会精神，坚持邓小平理论和“三个代表”重要思想，深入落实科学发展观，按照“人文北京、科技北京、绿色北京”的要求，强调“发展是第一要务、保水是第一责任、生态是第一资源”的理念，坚持生态立县、产业强县、科教兴县、依法治县，保护生态环境、发展生态经济、促进生态富民、建设生态文化。紧跟北京率先基本形成城乡经济社会一体化的新格局，努力将密云建设成为生态富裕和谐的全国生态文明建设示范区。

(二)主要目标

根据党的十七大提出的全面建设小康社会的发展目标和生态县建设规划，确定密云生态文明建设近期、中期、远期三个阶段发展目标。

近期目标：到2010年（“十一五”末），实现GDP 130亿元，人均GDP达到2.6万元，单位GDP能耗比2008年下降7%。不断巩固提高生态县创建成果，完善生态县建设长效机制，形成更加高效的生态文明建设领导和工作机制。确立科学的生态文明建设指标体系，在县内选择一批生态文明建设的典型进行整体提升，促进其率先发展，积极探索并逐步完善生态文明建设理论体系和工作体系。

中期目标：到2015年（“十二五”末），GDP比2008年翻一番以上，达到230亿元，人均GDP超过4万元，单位GDP能耗比2008年下降16%。基本建立生态经济支撑体系、生态环境安全体系、生态文化发展体系，基本形成节约能源资源和保护生态环境的产业结构、增长方式、消费方式。总结和推广县内生态文明建设典型的经验和模式，紧跟北京率先形成城乡经济社会发展一体化的新格局，成为北京生态文明建设的示范区。

远期目标：到2020年（“十三五”末），GDP比2008年翻两番以上，达到460亿元，人均GDP超过7万元，单位GDP能耗保持稳中有降。经济社会在更高层次上实现又好又快发展，生态更加良好，生产更加发展，生活更加富裕，社会更加和谐，生态文明观念在全社会牢固树立。建成一批在北京和全国具有示范意义的生态文明精品工程，成为具有国家标准和密云特色的全国生态文明建设的示范区。

(三)基本原则

坚持统筹兼顾，科学发展原则。生态文明建设是一项长期而艰巨的历史任务。以生态文明建设为抓手，促进全县政治、经济、文化和社会建设，需要正确处理好生态涵养与经济发展的关系、加快发展和保持稳定的关系、城镇化与新农村建设的关系、水库上游与水库下游的关系以及三次产业发展之间的关系。

坚持以发展生态经济为工作重心的原则。建设生态文明前提是保护环境、核心是加快发展、根本是促进富民。发展生态经济是生态文明建设最重要的内容、最直接的成果和最根本的保障。建设生态文明必须始终坚持把发展生态经济作为整体工作的重心，建设生态谋发展、提升文明促发展，在生态县建设取得阶段性成果的基础上，立足好、突出快、集中精力抓发展。

坚持勇于创新，突出特色原则。建设生态文明，在全国还没有统一的标准和现成的模式，作为北京唯一的生态文明建设试点地区，应根据北京和密云的实际，不断推进生态文明建设的理论和实践创新。努力探索大城市水源区、生态涵养区和北方地区生态文明建设的新理念、新机制和新举措，形成富有密云特色的生态文明建设模式。

坚持群策群力，全民参与原则。广大人民群众是生态文明的建设主体和受益主体。要按照生态文明建设依靠人民、建设成果惠及人民的要求，不断完善社会参与机制，充分调动广大干部和群众的主动性和创造性，在全社会树立和弘扬生态文明观念，形成群策群力、全民参与生态文明建设的良好局面。

三、主要任务

（一）大力发展生态经济，不断壮大经济实力

以循环经济理念为指导，以“一区两带”为依托，调整经济布局，优化产业结构，转变发展方式，不断延长和完善产业链。充分发挥生态环境好和产业空间大的优势，吸引资本和人才等生产力要素向密云聚集。注重发展实体经济，有针对性地引进一批大项目，培育一批大企业，促进产业融合，实现企业集群发展。积极发展品牌经济，全面提升密云产业的生态品牌形象和经济附加值，以更小的资源消耗和环境代价实现更大的经济效益和社会效益。

1. 深化结构调整，加快发展都市型现代农业。以“优化生态、服务首都、繁荣经济、富裕农民”为目标，加强农业基础建设，深化农业结构调整，促进农业与二、三产业的链接融合，不断提高农业的土地产出率、资源利用率和劳动生产率，努力建设“高产、优质、高效、生态、安全”的都市型现代农业体系。按照“两带多群落”的发展布局，大力发展设施农业。大力发展有机食品、无公害食品和安全食品。进一步拓展农业的生态功能、休闲功能、文化功能。着力培育密云特色农业品牌，建设主题特色鲜明、功能设施完善、生产集约高效的优

势产业带，实现主导农产品专业化、规模化、区域化生产。进一步规范和发展农民专业合作社，促进农业产业化经营。以土地集约化、产业规模化、农民组织化为目标，探索形成农村土地流转经营新机制，引导农民依法、自愿、有偿流转土地承包经营权。完善和推进银农合作信贷担保机制，加快农村金融体系建设步伐，为农村经济发展注入新的活力。

2. 推动产业升级，大力发展环境友好型工业。按照“结构优化、产业升级、融合发展、辐射带动、实力增强”的要求，大力发展科技含量高、能源资源消耗低、环境污染少、吸纳就业能力强的环境友好型工业。切实发挥县经济开发区在全县经济发展中的龙头带动作用，扎实推进与中关村科技园的合作共建，充分利用北京优越的智力资源和市场资源，高标准实现开发区“一区四园”(绿色工业园、现代信息服务园、研发总部会展园和文化创意产业园)的发展规划。以现代制造业和现代服务业为主导，积极发展规模工业企业，提高产业关联度，延长产业链，形成企业集群。通过开发区的产业链向区外进一步延伸，实现库南经济发展区整体协同发展。进一步加快生态型农民就业基地建设，完善基础设施，拓展发展空间，培育和引进科技密集型和劳动密集型的农产品加工企业，促进农民就业增收。

按照建设生态宜居城市要求，重点建设商业、旅游服务设施和生态节能型住宅。深入开展绿色工地创建工作，确保建筑工程清洁施工。严格落实节能建筑标准，积极推进农村住宅节地节能改造。充分利用铁矿尾矿等资源，发展环保节能绿色建材。

3. 以休闲旅游业和生产性服务业为重点，逐步提升三产的品质和比重。以“原生态山水、体验式休闲”为理念，加强旅游资源保护、整合，完善旅游基础设施，优化产业空间布局，着力打造“生态密云、休闲之都”品牌形象，将休闲旅游业做成密云的富民工程和支柱产业。树立大旅游观念，以一区两带为重点，把县域作为一个旅游目的地进行整体规划和建设。按照生态功能与经济功能相结合的原则建设万亩滨河森林公园，加快县城向高端休闲旅游城市转化的步伐。加快潮河和白河两条休闲产业带综合旅游设施建设。结合云蒙山、雾灵山、古北口古镇和司马台长城等生态旅游骨干景区的建设，进一步加大力度发展流域经济，建成一批与自然高度和谐的高档休闲旅游度假区。规范和提升民俗旅游，推进农家乐向乡村酒店和休闲农庄的转化。拓展旅游领域，积极发展农业和工业旅游，实现三次产业的融合发展。

以密云新城为核心，大力发展现代服务业。按照新城总体规划，适度扩大新城规模，拓展服务业发展空间。大力发展现代信息服务、总部研发、会议会展、现代物流、服务外包等生产性服务业。积极推进北京呼叫中心产业基地建设。运用现代技术和发展理念加快传统服务业优化升级。以确保民生、持续发展和节约高效为原则，推进房地产业健康发展。

（二）深化实施环境提升工程，进一步优化生态环境

1. 以建设“秀美富裕乡村”为目标，扎实推进新农村建设。认真总结和推广新农村建设中环境建设和产业发展的典型经验，将新农村建设的重心从环境整治转向产业发展，从重基础设施建设的输血型扶持转向重产业发展的造血型帮扶。不断完善农村环境整治长效机制，以产业发展需求为导向，进一步加强农村基础设施和公共服务设施的建设和管护。以符合农村实际和便于农民生产生活为原则，不断完善农村环卫工作体系。积极引进先进适用技术，健全乡镇垃圾中转站运营和管理机制，完善覆盖城乡的“户分类、村收集、镇运输、县处理”的垃圾处理体系，推进垃圾处理资源化、减量化、无害化。进一步健全农村污水处理和监测体系，不断完善农村污水处理模式，提高污水处理能力。进一步探索适合北方特点的农村户厕改造新技术和新模式。完善农村保洁管理制度。深化实施“亮起来、暖起来、循环起来”工程，不断提高农村新能源利用水平。

2. 以建设“生态宜居城市”为目标，加强城镇建设和管理。积极推进城市化进程，着力提升城镇的人口和经济承载力。以基础设施建设为重点，以产业发展为支撑，以城镇管理体制和机制创新为保障，严格落实密云新城发展规划。以“一城六重点镇”为主要载体，做大做强密云新城核心区，构建密云新城四组团，壮大库北区域中心镇，塑造京北门户第一镇，适度发展一般建制镇，稳步推进人口和产业向城镇的转移和聚集。

积极推进城镇管理体制机制创新，坚持“建管并重、突出管理”的原则，建立健全相互衔接、合理分工、高效规范的城市管理框架，不断完善网格化城市管理机制。以方便群众为主要目标加强社区建设，

加快构建公共服务、公益服务、便利服务相结合的社区服务体系，完善社区居委会、物业公司和业主委员会“三位一体”的社区管理模式。

进一步加强道路、通讯、供热、供气等城市基础设施建设，完善城市功能。加强对城市河流管理，保障城市功能水质达标。完善城市公交网络，加强停车场等交通基础设施的规划和建设，加大机动车尾气治理力度，限期淘汰“黄标车”，不断改善城市交通秩序。加强农副产品市场、社区服务网点建设，加强对生产和生活噪声监管，进一步改善居民的生产和生活环境。

3. 严格落实责任制，切实做好节能减排工作。建立以政府为主导、企业为主体、全社会共同推进的节能减排工作机制，努力构建资源节约型和环境友好型社会。按照“低投入、高产出，低消耗、少排放，能循环、可持续”的原则，大力推进县经济开发区和农民就业产业基地生态园区建设。积极开展ISO 14000环境管理体系认证和生态示范型企业创建工作，推进清洁生产。加强县污水处理厂和再生水厂监管，对规模较大企业的污染排放施行自动监控管理体系。加强大气污染防治，加快新城集中供热系统建设，确保空气质量二级和好于二级的天数不少于市政府下达的目标任务。严格执行绿色工地标准，新建工程全部至少要节能65%。充分利用各种新型节能技术和可再生能源。严格实行节能减排目标管理责任制，确保高标准完成节能减排指标。

4. 按照功能定位要求，进一步提高生态涵养能力。落实区域功能定位，库北生态涵养发展区以生态环境保护为主要任务，库南城镇产业发展区在保护生态环境的前提下，加快生态经济发展，促进库北人口向城镇转移。完善水源保护区应急预案，强化水污染事故的预防和应急处理，加强饮用水源保护区的监测和管理，严格控制农业面源污染，确保居民饮用水达标率100%，密云水库水质保持国家地表水二级标准。大力推进县域生态型结构控制区、生态廊道、生态节点建设，形成由大型植被、大型水库、道路廊道、水系廊道以及小型植被斑块构成的自然生态体系。加快推进雾灵山、云蒙山、云峰山等北京市自然保护区建设。继续推进京津风沙源治理和小流域治理。继续实施水源涵养林、封山育林、爆破造林等绿化工程，进一步提高县域林木覆盖率。进一步加大对盗采盗运矿产资源行为的打击力度，及时实施一批生态修复工程，建设绿色矿山。

（三）构建生态文化体系，在全社会牢固树立生态文明观念

1. 培育生态文明理念，提升全民文明素质。围绕生态文明建设等中心工作，大力开展宣传教育，增强公众的生态文明意识，在公众中树立清洁生产、绿色消费、文明生活的生态文明理念，引导公众崇尚生态文明的社会风尚。制定实施密云生态文明道德和行为规范，大力倡导以保护环境、节约资源为主要内容的社会公德，以清洁生产、文明办公为主要内容的职业道德，以理性消费、邻里和谐为主要内容的家庭美德。加大对精神文明创建活动的考核力度，进一步深化文明村镇、文明社区等精神文明创建活动。坚持弘扬"脚踏实地、同心创业、自觉奉献、勇于争先"的密云精神，为生态文明建设提供强大的精神动力。

2. 充分挖掘文化资源，打造密云文化品牌。加强文化资源的挖掘、整理和保护，精心做好文化项目的策划、引进和包装，重点打造以"休闲、养生、快乐、安康"为主要内容的休闲文化，以密云水库、潮河、白河、雾灵山、云蒙山为主要载体的山水文化，以共工城、渔阳郡、司马台长城、古御道为主要载体的历史文化，以五音大鼓、蝴蝶会为主要代表的民间文化，以水库渔文化、红酒文化、板栗文化、农耕文化为主要代表的产业文化，以"中国印"、"白河健身长廊"为主要代表的奥运健身文化等六大特色文化品牌。进一步提升"密云生态文化节"、"鱼王美食节"、"农耕文化节"等文化活动的品位和品牌，提高密云特色文化的凝聚力和影响力。

3. 完善公共服务体系，丰富群众文体生活。按照结构合理、发展平衡、网络健全、运行有效、惠及全民的原则，建立起政府主导、部门管理、专群结合、覆盖全面的公共文体服务体系。加大文化惠民力度，实施文化惠民工程，增强基层文化发展活力。进一步完善县、镇（街道）、村（社区）三级文化设施的建设和管理机制。着力培育文化品牌队伍，培育文化特色镇、村、户。健全文化创作的引导和激励机制，创作和推广一批以弘扬生态文明为主题的文艺精品。进一步加强城乡体育设施的建设和管理。积极组织开展不同层次、多种形式的群众体育活动，提高全民体育意识，营造全民健身的良好氛围。

（四）加强社会建设，促进社会和谐发展

1. 健全教育服务体系，提升全民科学文化素质。整合教育资源，优化教育结构，深入推进“首都农村教育现代化试验区”建设，进一步增加教育投入，改善中小学办学条件。加强教师队伍建设，完善城乡教师岗位交流制度，整体提高师资水平。进一步加强职业学校和镇、村成人学校的建设和管理，全面推进农村实用人才培养，加快培育有文化、懂技术、会经营、善管理的新型农民。

2. 完善科技服务体系，发挥科技先导作用。以创建全国科技进步县为载体，进一步完善科技创新体系和科技推广服务体系。围绕生态文明建设及特色优势产业发展需求，积极组织相关课题的研究与攻关。加强与高等院校、科研院所的合作，加大重大科技项目引进实施力度，加快区域科技创新服务中心、科技企业孵化器、企业研发中心、技术市场和科技中介组织建设，推进企业自主创新和技术升级，发挥科技在节能、降耗、减排中的作用。加强县、乡镇、村三级科技推广服务网络建设，完善科技推广服务体系。

3. 健全劳动就业服务体系，促进城乡劳动力就业。制定全县促进劳动力就业中长期规划，完善城乡统一的就业政策。健全县职业介绍服务中心、乡镇社保所、村级就业服务站三级就业服务网络，加强劳动力就业管理和服务。建立面向全体劳动者的职业教育培训制度，健全农村富余劳动力转移就业与培训工作机制，开展农村富余劳动力定向、定单就业培训。建立就业援助制度，加大对就业困难群体的帮扶力度。加强劳动监察，维护劳动者合法权益。

4. 健全医疗卫生服务体系，提升公共卫生服务水平。坚持公共医疗卫生的公益性质，整合医疗卫生资源，建设覆盖城乡居民的公共卫生服务体系、医疗服务体系、医疗保障体系和药品供应保障体系。加强县级综合性医疗卫生机构建设，加强城市社区卫生服务机构建设和管理，完善乡镇卫生工作管理机制，合理配置村级卫生资源，不断提高基层医疗卫生服务水平。完善新型农村合作医疗制度，逐步提高农民的医疗保障水平。

5. 健全社会保障体系，逐步提高社会保障水平。健全以社会保险、社会救助、社会福利为基础，以基本养老、基本医疗、最低生活保障制度为重点，以慈善事业、商业保险为补充的社会保障体系，逐步

实现社会保障全覆盖。不断完善以最低生活保障为基础、专项救助相配套、应急救助和社会互助为补充的综合性、多层次、覆盖城乡的社会救助体系，逐步实现社会救助全覆盖。

6.健全基层社会管理体系，维护社会安全稳定。不断加强社会管理体制改革与创新，进一步完善党委领导、政府负责、社会协同、公众参与的社会管理模式。深入实施城市网格化管理。积极推进农村社区化管理。整合各方面维稳资源，加强县维稳矛盾调处联席会、乡镇（街道）综治维稳中心、村（社区）和谐创安自治协会三级平台建设，完善社会矛盾排查调处机制，确保社会安全稳定。严格落实安全生产责任制和事故责任追究制度，保障广大人民群众生命财产安全。

四、保障机制

（一）加强组织领导，确保各项工作有效落实

建立和完善强有力的生态文明建设领导和工作体系。成立由县委县政府主要领导组成的密云生态文明建设领导组，领导组下设办公室（简称生态办，设在密云生态建设发展研究中心）。县各职能单位和各乡镇、街道（地区）相应成立本单位的生态文明建设领导小组和相应的工作机构。生态文明建设工作纳入县、乡镇经济社会发展规划和年度计划。按照密云生态文明建设阶段目标和指标体系，科学制定和严格落实生态文明建设考核责任制。充分发挥人大监督、政协参政议政的职能作用，建立起权力监督、行政监督、媒体监督与社会监督“四位一体”的监督体系。重大决策和重大建设项目实行环保一票否决制。

（二）强化资金保障，确保生态文明建设顺利推进

按照生态县建设规划，县政府每年筹集不低于财政收入10%的资金作为生态文明建设专项引导资金，建立健全有效引导和推进生态文明建设的财政政策，不断完善奖惩分明的工作激励机制。倡导和宣传首都水源保护的公益性和荣誉感，充分发挥北京水源保护基金会等公益环保组织的作用，拓宽筹资渠道，完善“政府主导、市场推进、公众参与”的多元化投入机制。按照“谁破坏谁修复、谁受益谁补偿”原则，积极探索和推进市县两级的生态补偿机制和政策。

(三)深化体制改革,为生态文明建设提供制度保障

深化行政管理体制、投融资体制、土地流转、农村金融、集体林权以及国有和集体企业产权制度改革,以改革破难题、促发展。不断完善与各阶段发展水平相适应的财政、土地、产业、人口及环境等方面的政策体系。对生态文明建设的关键性问题进行深入调查研究,着力解决制约生态文明建设的体制机制障碍,营造有利于建设生态文明的体制环境、政策环境和市场环境。

(四)加大宣传力度,营造生态文明建设的良好氛围

充分利用网络、电视、广播、报刊等媒体,开展生态文明宣传教育活动,弘扬生态文化,倡导生态文明,营造良好的舆论氛围,在全社会营造加快科学发展的浓厚氛围和昂扬向上的精神状态,在全社会牢固树立生态文明观念。发挥工会、共青团和妇联等群团组织作用,加强基层生态文明建设的宣传和动员工作。创新活动载体,为各种社会力量参与生态文明建设搭建平台。

参考文献

1 左玉辉.环境经济学.北京:高等教育出版社,2003

2 宗文君,蒋德明,阿拉木萨.生态系统服务价值评估的研究进展.生态学杂志,2006,25(2):212-217

3 朱洪革,蒋敏元.国外自然资本研究综述.外国经济与管理,2006,28(2):1-7

4 郑建华.密云水库工程综合经济效益简述.北京水利,1999,6:43

5 赵荣钦,黄爱民,秦明周,等.农田生态系统服务功能及其评价方法研究.农业系统科学与综合研究,2003,19(4):267-270

6 赵济,等.中国自然地理.北京:高等教育出版社,1995

7 赵红.密云水库周边地区土壤养分分析与土地利用模式研究.首都师范大学硕士论文,2004.6

8 张志强,徐中民,程国栋. 条件价值评估法的发展与应用.地球科学进展,2003,18(3):454-463

9 张彤.南水北调中线工程对北京市供水风险初探,北京水利,2002.6

10 张丽娟.密云水库水文特性分析.北京水务.2007,32(4):40-42

11 张可兴.自然资本:环保的新视角.环境经济.2005,2(5):41-44

12 张军连,吴文良,刘鬯.国家绿色预算初探.中国生态农业学报,2003(2)

13 张军连,李宪文.生态资产估价方法研究进展.中国土地科学,2003,17(3):53-56

14 张惠远,刘桂环.我国流域生态补偿机制设计.环境保护,2006(10):49-54

15 张华,刘小军.资本概念的再界定及特征探讨.商业时代,2007, 25(4):6-7

16 张帆.环境与自然资源经济学.上海:上海人民出版社,1997

17 俞海,任勇.流域生态补偿机制的关键问题分析.资源科学,2007:29(2):28-33

18 于新晓,鲁绍伟,靳芳,等.中国森林生态系统服务功能价值评估.生态学报,2005,25(8):2096-2102

19 于峰,齐建国.我国环境库兹涅茨曲线解析.生态经济,2006,22(2):106-109

20 尹春荣,刘宁宁.小清河流域生态补偿机制初探.能源与环境,2007(3):73-75

21 杨仲山.国民经济核算方法论纲.北京:中国统计出版社,2002

22 杨志新,郑大玮,文化.北京郊区农田生态系统服务功能价值的评估研究.自然资源学报,2005,20(4):564-571

23 杨光梅,李文华,闵庆文.生态系统服务价值评估研究进展-国外学者观点.

生态学报,2006,26(1):205-212
24 谢高地,等.青藏高原生态资产的价值评估.自然资源学报,2003,18(2):189-196
25 谢高地,鲁春霞,冷允发,等.青藏高原生态资产的价值评估.自然资源学报,2003,18(2):189-196
26 项雅娟,陆雍森.生态服务功能与自然资本的研究进展.软科学,2004,18(6):12-14
27 夏强.谱写密云发展新篇章.前线.2007,50(8):19
28 魏啸亮.生态密云:历史赋予的必然选择——专访密云县县长王孝东.投资北京,2006(11):66-68
29 魏啸亮.落实科学发展观正确处理保水富民关系.投资北京.2006(11):69-70
30 王孝东,王海滨.北京市密云县生态县建设规划.北京:中国农业大学出版社,2005
31 王松霈.生态经济学.西安:陕西人民教育出版社,2001
32 王舒曼.曲福田.水资源核算及对GDP的修正——以中国东部经济发达地区为例.南京农业大学学报,2001,24(2):115-118
33 王健民,王如松.中国生态资产概论.南京:江苏科学技术出版社,2002
34 王海滨,邱化蛟,朱万斌,程序.以生态服务的价值观浅析生态补偿和生态资产经营.中国生态农业学报,2007,15(3):183-186
35 完颜素娟,王翊.外部性理论与生态补偿.中国水土保持,2007(12):17-20
36 孙刚.生态系统服务的划价.环境保护,2000,6:41-43
37 孙翠兰,程贤文.密云县生态经济发展模式设想.城市问题,2000,9(1)39:42
38 宋如华.北京山区综合开发工程效益价值评估-以北京市平谷区水利富民综合开发工程为例.北京林业大学博士论文,2003.12
39 曲福田.资源经济学.北京:中国农业出版社,2001
40 秦艳红,康慕谊.国内外生态补偿现状及其完善措施.自然资源学报,2007,22(4):557-567
41 乔光华,王海春.草原生态系统服务功能价值评估方法的探讨.内蒙古财经学院学报,2004,2:44-47
42 钱争鸣.国民大核算及其功能系统的研究.北京:中国统计出版社,2002
43 欧阳志云,赵同谦,王效科,等.水生态服务功能分析及其间接价值评价.生态学报,2004,24(10):2091-2099
44 欧阳志云,王效科,苗鸿.中国陆地生态系统服务功能及其生态经济价值的初步研究.生态学报,1999,19(5):607-613

45 欧阳志云,王如松,赵景柱.生态系统服务功能及其生态经济价值评价.应用生态学报,1999,10(5)
46 苗泽伟.水资源开发利用生态后果及流域生态资产经济评价方法综述.地质技术经济,2003,25(6):13-18
47 密云统计年鉴.1995—2003.密云县统计局
48 毛显强,钟瑜,张胜.生态补偿的理论探讨.中国人口·资源与环境,2002,12(4):38-41
49 罗良清.非市场服务产出核算问题研究.北京:中国统计出版社,2003
50 吕忠梅.超越与保守 可持续发展视野下的环境法创新.北京:法律出版社,2003
51 刘志雄,王卫东.中国物价指数与通货膨胀关系的实证检验.中国物价,2005,4:50-55
52 刘玉凤.参与式农业技术推广方法的应用研究.中国农业科技导报,2005,7(1):68-71
53 刘思华.对可持续发展的理论思考.经济研究,1997(3):46-54
54 刘璨,马广仁.密云水库水源涵养林环境经济政策研究.林业经济,1999,4:18-27
55 廖日红,李其军.密云水库流域可持续发展战略研究.中国水,2003(4):22-24
56 廖浪涛,丁胜,吴水荣.密云水库水源涵养林生态效益的评价与补偿.林业建设,2000,6:19-22
57 连纲,郭旭东,傅伯杰,等.基于参与性调查的农户对退耕政策及生态环境的认知与响应.生态学报,2005,25(7):1741-1747
58 李莹,白墨,杨开忠,等.居民为改善北京市大气环境质量的支付意愿研究.城市环境与城市生态,2001,14(5):62 8
59 李文华,等(中国生态补偿机制与政策研究课题组).中国生态补偿机制与政策研究.北京:科学出版社,2007
60 李双成,郑度,张镱锂.环境与生态系统资本价值评估的区域范式.地理科学,2002(3):270-275
61 李首成.川中丘陵区人为影响下的乡村景观格局和碳氮长期变化研究.中国农业大学博士论文,2005.6
62 李丽娟,郑红星.海滦河流域河流系统生态环境需水量计算.地理学报,2000,55(4):495-500
63 李京,陈云浩,潘耀忠,赵静.生态资产定量遥感测量技术体系研究——生态资产定量遥感评估模型.遥感信息,2003.3:8-12
64 李金昌,等.资源经济新论.重庆:重庆大学出版社,1995

65 李金昌,等.资源核算论.北京:海洋出版社,1991
66 李金昌,姜文来,靳乐山,等.生态价值论.重庆:重庆大学出版社,1999
67 李迪强,孙成永,张新时.中国潜在植被生产力的分布与模拟.植物学报,1998,40(6):560-566
68 雷明.绿色GDP.中国环境与发展评论.北京:社会科学文献出版社,2000
69 雷明.系统工程与市场经济,中国系统工程学会编.环境核算与环境计量——基于环境-经济一体化核算的研究.北京:科学文献出版社,1996
70 郎奎建,李长胜,殷有,等.林业生态工程10种森林生态效益计量理论和方法.东北林业大学学报,2000,28(1):1-7
71 孔繁文,等.林业产值理论方法与应用.北京:中国林业出版社,1988
72 蒋菊生.生态资产评估与可持续发展.华南热带农业大学学报.2001,7(3):41-46
73 黄兴文,陈百明.中国生态资产区划的理论与应用.生态学报.1999,19(5):602-606
74 环境科学大辞典编委会.环境科学大辞典.北京:中国环境科学出版社,1991
75 河北省宏观经济研究课题组.解决环京津地带贫困与生态问题研究.宏观经济研究,2004,7(7):57-60
76 韩维栋,等.中国红树林生态系统生态价值评估.生态学报.1999,19(1):40-46
77 郭树田.中国生态农业的希望——黑龙江省拜泉县生态农业建设的启示.中国生态农业学报,2001,9(3):105-107
78 郭淑敏,程序,史亚军.北京的资源环境约束与生态型都市农业发展对策.农业现代化研究,2004,25(3):194-197
79 高敏雪.环境保护宏观核算理论与方法.北京:中国统计出版社.2004
80 高成德,于新晓.密云水库集水区(北京境内)水源保护林最优林种结构的研究.林业科技通讯,2005,5:30-31
81 冯秀兰,张洪江,王礼先.密云水库上游水源保护林水土保持效益的定量研究.北京林业大学学报,1998,20(6):71-77
82 范金,周忠民,包振强.生态资本研究综述.预测,2000,5:30-35
83 杜桂森,王建厅,武佃卫,等.密云水库的浮游植物群落结构与密度.植物生态学报,2001,25(4):501-504
84 杜桂森,孟繁艳,李学东,等.密云水库水质现状及发展趋势.环境科学,1999,20(2):110-112
85 窦闻,等.生态资产评估静态部分平衡模型的分析与改进.自然资源学报,2003,18(5):626-634

86 董孝斌,高旺盛. 黄土高原丘陵沟壑区典型县域的能值分析. 水土保持学报,2003,17(1):89-92
87 董捷. 论自然资本投入与农业可持续发展. 农业技术经济,2003.1
88 戴星翼,俞厚未,董梅. 生态服务的价值实现. 北京:科学出版社,2005
89 戴波,周鸿. 生态资产评估理论与方法评价. 经济问题探索,2004,9:18-21
90 程序. 关于增加农民收入的若干科技思考. 科技导报,2003,8:10-14
91 程序. 对拜泉县生态农业成就与不足的思考. 中国生态农业学报,2005,13(3):5
92 陈艳莹,原毅军. 基于自然资本的经济增长可持续条件研究. 当代经济科学,2003.7
93 陈熙江,胡庭兴. 生态资本计量探讨. 林业财务会计,2004.9
94 陈建国. 资本的能量诠释. 求索,2003.4
95 北京市人民政府. 北京城市总体规划(2004—2020 年). 北京规划建设. 2005,18(2):5-51
96 Wu J, Skelton-Groth K. Targeting conservation efforts in the presence of threshold effects and ecosystem linkages. Ecological Economics, 42:313-331
97 World Development Report 1992, The World Bank, Oxford University Press
98 Weitzman M. On the welfare significance of national product in a dynamic economy. The Quaterly Journal of Economics, 1976,90:156-62
99 Wackernagel, M. An Evaluation of the Ecological Footprint. Ecological Economics, 1999, 31:317-318
100 Solow R M. On the inter temporal allocation of natural resources. Scandinavian Journal of Economics, 1968,88:141-49
101 Smith V K. Non-market valuation of environmental resources. Land Economics, 1993, (69): 1-26
102 Slocum N. Participatory methods toolkit——A practitioner's manual. 2003, www.kbs-frb.be
103 Pearce D, Turner K R. Economics of natural resources and the environment. New York: Harvester Wheat sheaf, 1990
104 Pearce D, et al. Sustainable development and cost-benefit analysis. LEEC paper88-03. London Environmental Economics Center. International Institute for Environment and Development, London, 1988
105 Odum. H. T. Environmental Accounting: emergy and environmental decision making. John Wiley & Sons. 1996

参考文献

106 Odum H. T. Self-organization, transformaty and Information, Science, 1988(242): 1132-1139
107 Odum E P. , 1983. Basic Ecology, Philadelphia. Saunders College Publishing, 487-498
108 Norgaard R B. Three dilemmas of environmental accounting. Ecologic Economics, 1989,(1), 303-14
109 Mitchell R, Carson R. Using survey to value public goods: the contingent valuation method. Resources for the Future, 1989
110 McCarthy S, Matthews A, Riordan B. Economic determinants of private afforestation in the Republic of Ireland . Land UsePolicy, 2003, 20: 51- 59
111 Maeler K G. National accounts and environmental resources. Environmental Resource Economics, 1991, 1(1): 1-16
112 Lutz E. Towards improved accounting for the environment. The World Bank, 1993. Solow R M. A contribution to theory of economic theory. The Quarterly Journal of Economics, 1956, 70(1): 65-94
113 Lan, S. F. , H. T. Odum and X. Liu. 1998. Energy flow and emergy analysis of the agroecosystems of China. Ecologic Science 17(l): 32-39
114 Kate B Showers. Water Scarcity and Urban Africa: An Overview of Urban-Rural Water Linkages . World Development, 2002, 30(4): 621-648
115 J. Brunckhorst. Institutions to Sustain ecological and social systems. Ecological Management & Restoration, 2002, 3(2): 108-116
116 Hartwick J M. Pollution and national accounting. Institute of Economic Research. Queens University. Kongston, Ontario, 1990
117 Hanley N, Spash C. Cost-benefit analysis and the environment. Aldershot: Edward Elgar, 1993
118 Hanley N, et al. Environmental economics in the oryand practice. MacmillanPressLtd, 1997
119 Faucheux S, O′Connor M. Valuation for sustainable development. Edward Elgar Publishing Limited, 1998
120 Davis R K. Recreation Planning as an Economic Problem. Natural Resources Journal, 1963 (3): 239-249
121 Cuperus R, Canters K J , Udo de Haes H A, et al. Guidelines for ecological compensation associated with highways. Biological Conservation, 1999 (90): 41-51
122 Constanza R. Social Goals and the valuation of natural capital. Environ. Moni. And Assess. 2003, 86: 19-28

123 Constanza R. et al.. 1997. The value of the world's ecosystem services and natural capital. Nature, 387:253-260

124 CARSON R T. Valuation of tropical rainforests : philosophical and practical issues in the use of contingent valuation. Ecological Economics,1998,24 :15-29

125 Brook shire D, Ives B, Schultz W. The valuation of a esthetic preferences. Journal of Environmental Economics and Management, 1976,3 (4): 325-46

126 Braden J, Kolstad C. Measuring the demand for environmental quality. Elsevier, 1991

127 Bateman I, Willis K. Value environmental preferences: theory and practice of the contingent valuation method. Oxford University press, 1995

图书在版编目(CIP)数据

生态资本运营/王海滨著.—北京:中国农业大学出版社,2009.5
ISBN 978-7-81117-754-1

Ⅰ.生… Ⅱ.王… Ⅲ.地面水资源-研究-北京市 Ⅳ.TV211.1

中国版本图书馆CIP数据核字(2009)第063681号

书　名 生态资本运营
作　者 王海滨 著

策划编辑	童 云	**责任编辑**	童 云 陈艳燕
封面设计	郑 川	**责任校对**	陈 莹 王晓凤
出版发行	中国农业大学出版社		
社　址	北京市海淀区圆明园西路2号	**邮政编码**	100193
电　话	发行部 010-62731190,2620	读者服务部	010-62732336
	编辑部 010-62732617,2618	出 版 部	010-62733440
网　址	http://www.cau.edu.cn/caup	**e-mail**	cbsszs@cau.edu.cn
经　销	新华书店		
印　刷	涿州市星河印刷有限公司		
版　次	2009年5月第1版 2009年5月第1次印刷		
规　格	787×1 092 16开本 22.5印张 339千字		
定　价	58.00元		

图书如有质量问题本社发行部负责调换